高等职业教育专科、本科计算机类专业新型一体化教材

PHP 程序设计与应用实践教程

（第2版）

林世鑫　主　编

電子工業出版社

Publishing House of Electronics Industry

北京·BEIJING

内 容 简 介

本书是学习PHP语言程序设计的基础教程。全书共13章，并以配套资源的形式附加1个综合项目实训。

其中第1 ~ 8章为程序设计基础知识部分，内容包括PHP概述与开发环境搭建、变量与常量、数据类型与运算符、程序控制结构、函数、字符串处理、数组与面向对象程序设计。第9 ~ 12章为PHP提高部分，包括PHP与Web数据交互、Session与Cookie、图形图像处理及文件系统。第13章为PHP操作与MySQL数据库。教材配套资源中附录为综合项目实训。

全书围绕PHP 7.3.4，注重对编程基础概念的分析与基本编程思想的训练，注重通过易读易懂的范例程序与解析，让读者更好地理解相应的知识内容。同时，注重训练学生的应用实践能力，强调其通过编写PHP程序能解决实际问题。

本书第1 ~ 13章都配套了课后思考练习与参考答案、制作精美的PPT课件及详细的教学视频。建议师生在教学相应章节以前先扫描二维码，通过教学视频预习相应章节的内容，再开展教学活动。完成课堂教学以后，可通过其中的“应用实践”与“技能训练”部分进行上机实践，学以致用。

全书所有的范例程序、“应用实践”与“技能训练”，均提供了完整的参考源代码，各位读者可通过二维码或相关链接进行下载，参考学习。

本书适用于高职院校的程序设计类、网站开发建设类以及软件开发类课程，也可用于计算机应用技术、网络技术类、信息工程或电子商务类专业的相关专业基础课程。对于培训机构、PHP程序爱好者而言，本书也有较大的参考价值。

图书在版编目（CIP）数据

PHP 程序设计与应用实践教程 / 林世鑫主编． --2 版． -- 北京：电子工业出版社，2021.11
ISBN 978-7-121-42116-7

Ⅰ．①P… Ⅱ．①林… Ⅲ．①PHP 语言－程序设计－教材 Ⅳ．①TP312.8

中国版本图书馆 CIP 数据核字（2021）第 194917 号

责任编辑：李　静　　　　特约编辑：付　晶
印　　刷：涿州市京南印刷厂
装　　订：涿州市京南印刷厂
出版发行：电子工业出版社
　　　　　北京市海淀区万寿路 173 信箱　　邮编　100036
开　　本：880×1230　1/16　印张：18.75　字数：480 千字
版　　次：2018 年 7 月第 1 版
　　　　　2021 年 11 月第 2 版
印　　次：2022 年 2 月第 2 次印刷
定　　价：56.00 元

凡所购买电子工业出版社图书有缺损问题，请向购买书店调换。若书店售缺，请与本社发行部联系，联系及邮购电话：（010）88254888，88258888。

质量投诉请发邮件至 zlts@phei.com.cn，盗版侵权举报请发邮件至 dbqq@phei.com.cn。

本书咨询联系方式：（010）88254604，lijing@phei.com.cn。

前　　言

本书的原稿，是编者的教学讲义，自2015年至今，基本每年都有修订，先后在高职院校的电子商务、移动应用开发、计算机应用技术、计算机网络技术等专业的《商务网站开发》《PHP移动互联网开发》《动态Web技术》《动态网站开发》等课程中实施过。

2018年编者按照教材的出版标准，对讲义进行了全面的整理编辑，并由电子工业出版社正式出版，发行后，承蒙多家院校的师生厚爱与支持，反响较好。

鉴于近几年高职院校学情与专业建设的变化，以及PHP本身的技术更新，该书已逐渐显露出不适应高职院校人才培养新形势的各种问题。

为此，编者对该书重新做了全面修订，更名为《PHP程序设计与应用实践教程（第2版）》。

修订工作主要围绕以下几方面展开：

（1）调整了全书的章节结构，每章增加了一节“应用实践”，通过1 ~ 3个实践项目，加强对该章知识的综合应用训练。

（2）考虑院校实际教学条件的限制，旧版最后两章的综合开发案例，改为附录内容，同时将教学视频、实验素材及范例源码，以配套资源的形式，供师生自行下载。

（3）增加了“图形图像处理”部分知识。

（4）对于旧版中不适合当前高职学情或在教学中不易实施的内容，主要从难度上做了大幅的修订、调整。

（5）以PHP 7.3.4版本为技术参考，删除了当前版本不再支持的内容，修正、测试了全部的范例程序，代码也更强调行业的工作规范。书中示范的相关工具软件也全部更换为当前企业界应用得更加广泛的工具。

（6）以知识点为单位，重新录制了教学视频，能够更好地满足师生的教学需求。

（7）修正了第1版中发现的其他错误。

修订版在继续保留第1版部分特点的基础上，努力展现一些新的特点，具体如下：

（1）在知识分析的文字表述上，尽可能避免使用一个名词术语去解释另一个名词术语，尽量避免晦涩难懂的专业术语。在对每个知识点分析时所举的范例程序中，尽可能做到范例程序本身也具备讲解功能。

（2）注重“学以致用”，借助大量的范例程序乃至实际应用中常见的软件功能用例，使读者在熟悉的应用场景中，更加直观地理解知识。

（3）对于当前章节未提及而范例程序中用到的知识，或者知识点在实际应用中需要注意的问题，以“注意”的形式简要阐述，便于读者进行扩展学习。

（4）随书配套的PPT不是简单的“文本搬家”，而是通过大量的图片、动画将每章的知识原理（尤其是范例程序的运行过程）形象化、生动化、可视化。

（5）通过完整、详细的教学视频，对教材中的每节知识，做了详细的讲解分析以及编码、测试演示。

（6）充分发挥现代媒体平台及移动智能终端的优势，篇幅较大的范例程序，书中只提供关键部分的代码，完整的程序以配套资源形式呈现。

（7）每章的“应用实践”与“技能训练”，可作为教师的项目教学实验，也可作为学生个人上机实操的训练内容。

本书特别参考了国家最新的“新型活页式教材”的指导思想，梳理了全书各章节之间的联系，根据不同院校的PHP类课程不同、学时不同、教学重点不同的情况，提供了不同的教学方案。各位教师可根据下列说明，参考并安排各自的教学计划。

（1）PHP程序设计类、PHP应用开发类课程，默认为每周4学时。对于每周6学时、8学时的情况，参考目录中的图例，组织各章节的教学即可。

（2）动态网站开发类的课程，可参考思维导图“动态网站开发类课程”的教学建议，结合每周的学时情况，组织实施教学计划。

（3）实验课程，可参考思维导图（扫描下面二维码获取）中的教学建议组织教学内容，以实验项目为主线，贯穿讲授相关的知识点。

本书的各项工作，自始至终均得益于电子工业出版社李静编辑的鼎力相助。在第1版出版发行过程中，惠州城市职业学院信息学院以及全国多家院校的同仁亦给予了大力支持，在此一并致以衷心的感谢。

写作是一项耗心劳神、细致烦琐的工作，即使再三校对与雕琢，也依然会有所疏漏。因此衷心期待广大师生对本书中的疏漏和不足之处，不吝指正，有任何建议，也欢迎与编者沟通（邮箱：522621691@qq.com）。

CONTENTS 目录

第1章 PHP概述与开发环境搭建

第2章 变量与常量

第3章 数据类型与运算符

第8章 面向对象程序设计

第9章 PHP与Web数据交互

第10章 Session与Cookie

第11章 图形图像处理

第12章 文件系统

第13章 PHP操作MySQL数据库

说明：

❖ 学生自行阅读学习　　❻ 周学时 6 节精讲　　❽ 周学时 8 节精讲

第 1 章　PHP 概述与开发环境搭建

扫一扫
获取微课

1.1 PHP 概述

1. PHP的历史

超文本预处理器（PHP：Hypertext Preprocessor），起源于1995年，是一种运行于服务器端、跨平台、HTML嵌入式、面向对象的脚本语言。它的语法混合了C、Java和Perl等语言的特点，语法结构简单，易于入门，被广泛应用于各种应用程序开发，尤其是Web应用程序开发中，在移动应用开发方面，近年来也应用得比较广泛。目前其官网推出的最新版本是8.0版本，业界比较常用的是7.X版本。

本书所有的范例程序均使用7.3.4版本。

2. PHP的优势

PHP语言属于开放源代码软件，使用PHP进行Web应用程序开发的主要优势如下。

- 易学性。PHP嵌入在HTML语言中，语法简单，书写容易，内置函数丰富，功能强大，易于学习掌握。
- 免费。PHP是免费的开源软件，在其官网可以免费下载。
- 安全性。在当前常见的Web应用程序开发脚本语言中，PHP的安全性较高是业界公认的，它经Apache平台编译后运行，这使它的安全设定更灵活。
- 跨平台性。PHP对操作系统平台的支持很广泛，几乎在所有常见的操作系统平台上都能很好地运行（Windows、UNIX、Linux、Operating System/2等），而且支持Apache、IIS等多种服务器（通常运行在Apache服务器中）。
- 强大的数据库支持。多种数据库均支持PHP语言，如MySQL、Access、SQL Server、Oracle等。目前比较流行的是PHP语言与MySQL数据库组合使用。
- 执行速度快。PHP中内嵌Zend加速引擎，性能稳定，并且占用资源少，代码执行速度快。

学习笔记

3. PHP的应用领域

PHP适用的开发范围非常广泛，主要有以下领域：

- 中小型网站开发。
- 大型网站的业务结果展示。
- Web办公管理系统。
- 电子商务应用。
- Web应用系统开发。
- 多媒体系统开发。
- 企业应用开发。
- 移动应用开发。

PHP在程序设计、软件开发领域的地位正日益突出，吸引了大量的开发人员，其发展速度也远快于在它之前出现的任何一种计算机语言。根据最新的统计数据显示，全球超过2千万个网站与近2万家公司正在使用PHP语言，包括百度、雅虎、谷歌等著名网站，还有许多银行、航空系统，甚至对网络环境要求非常苛刻的军事系统都选择使用PHP语言，可见其魅力之大、功能之强、性能之佳。

1.2 软件模式

随着网络技术的不断发展，互联网已经渗透到人们日常生活的方方面面，传统的单机模式的软件程序已经成为过去，取而代之的是网络模式下各种各样的软件程序。C/S模式与B/S模式是软件程序中运用得最多的两种模式。

1. C/S模式

C/S模式的全称是Client/Server，即客户机/服务器模式，在这种模式的软件程序中，所有的工作均由服务器与客户机完成。C/S模式架构如图1-1所示。

图1-1　C/S软件模式示意

在C/S模式中，软件分成两个部分，一部分运行在服务器端，负责管理外界对数据库的访问，为多个客户机程序管理数据，对C/S模式中的数据库层层加锁，进行保护。另一部分运行在客户机上，负责与软件用户进行交互，收集用户信息，通过网络向服务器提交或请求数据。此类软件常用的有腾讯QQ、微信。

2. B/S模式

浏览器/服务器（B/S：Browser/Server）模式的软件结构，不需要再在客户端安装任何软件程序，统一使用浏览器操作，用户通过浏览器向软件程序所在的服务器发出操作请求，再由服务器对数据库进行操作，最后将结果传回给客户机浏览器。B/S模式架构如图

1–2所示。

图1–2　B/S软件模式示意

由图1–2可见，B/S模式实质上是一种三层体系的软件结构。它简化了客户机的工作，把更多的工作交给服务器来完成，而数据的存储、处理、查询、安全等工作，则交给数据库系统来完成。

3. 两种模式的比较分析

（1）开发与维护成本。C/S模式的软件程序中，要针对不同的客户机环境（操作系统），开发不同的程序，而且所有的客户机都要进行程序的安装、修改、升级，因此，开发与维护成本较高。而B/S模式的软件程序中，客户机只需有通用的浏览器即可，无须考虑维护成本，所有的维护与升级工作都在服务器上进行，因此开发与维护成本大大降低。

（2）客户机负载。C/S模式中，客户机需要参与具体的数据处理、显示任务，因此负载较重。系统的功能越复杂，那么客户机的应用程序也就越庞大，客户机负载就会相应增加，称为“肥客户机”。B/S模式中，客户机只负责数据结果的显示，数据处理事务都交给了服务器未完成，因此客户机的负载较小，称为“瘦客户机”。

（3）可移植性。C/S模式的软件程序移植困难，使用不同的开发工具开发的应用程序，通常互不兼容，难以移植到其他平台上运行。而B/S模式的软件程序，因为客户端只需有通用浏览器，不存在移植性问题。

（4）用户界面。C/S模式中，用户界面是由客户机软件决定的。不同的客户机，用户界面可能互不相同，培训用户所耗费的时间很长，费用也很高。而B/S模式中，客户端浏览器所显示的数据界面，是由服务器统一返回显示的，并且通常浏览器的界面统一且友好，用户运行软件时，类似于浏览一个网页，因此培训用户所需的时间与费用会大大降低。

（5）安全性。C/S模式的软件适用于专人使用的系统，通过严格的管理来派发软件，C/S模式适用于对安全性要求较高的专用软件。B/S模式则适合交互性强、使用人数多、安全性要求不苛刻的应用环境。

综上所述，B/S模式相对于C/S模式而言具有更多的优势，因此，目前大量的应用开发软件都转移到B/S模式中，尤其是随着互联网日益深入人心，电子商务进一步发展的需求、移动通信终端技术的日益完善与强大、客户机简便化的使用要求等因素，都进一步推动了B/S模式的广泛应用。

1.3 PHP 工作原理

使用PHP开发的系统就是一个典型的B/S模式软件，它由一系列PHP程序文件组成，存放并运行在Web服务器上。PHP页面的工作原理如图1–3所示。

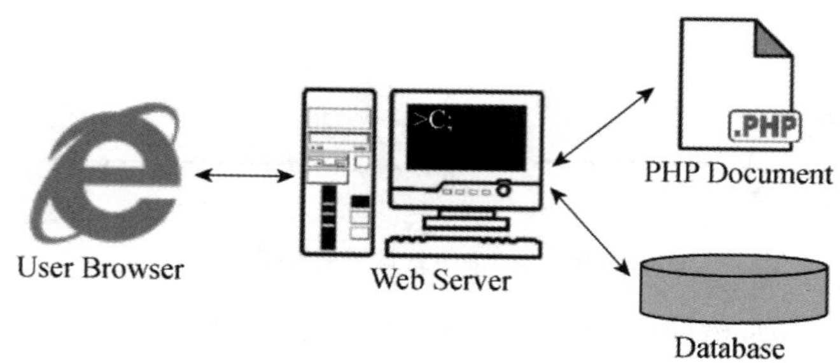

图1–3　PHP页面工作原理示意

如图 1–3 所示，User Browser 表示客户机浏览器，即 B/S 模式中的 B 端；Web Server 表示服务器端，从功能结构上讲，它同时包括 PHP 网站的脚本文档（PHP Document）和数据库（Database）。

用户通过浏览器向服务器发出访问 PHP 页面的请求，服务器接收到该请求后，在将页面信息发送到客户机浏览器之前，会先对文件中的 PHP 程序进行加工处理（Apache 的工作）。如果服务器中没有配置 Apache，则无法运行页面中的 PHP 程序，只能将用户请求的 PHP 页面以文件的形式直接发送到用户浏览器，以对 HTTP 的请求做出响应。在这种情况下，用户在浏览器中只能得到一个可下载的 PHP 文件或者一系列错误信息，无法看到正确的页面运行结果，如图 1–4 所示。

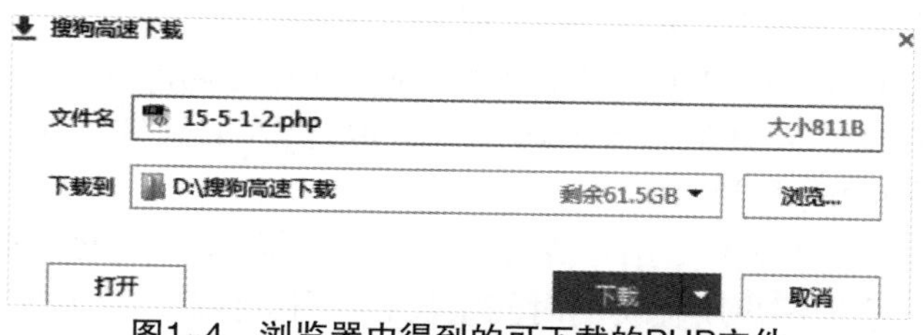

图1–4　浏览器中得到的可下载的PHP文件

PHP 页面的工作流程可以用图 1–5 描述。如果服务器（S）支持 PHP 程序，则服务器在响应客户机（C）对 PHP 页面的访问请求时会进行下列处理：首先，在一个 PHP 文件内，标准的 HTML 编码会被直接发送到客户机浏览器上，而内嵌 PHP 程序则先被 Apache 解释运行，涉及数据读写时，联系数据库（MySQL）完成；然后，把运行的结果以 HTML 编码的形式发送到客户机浏览器上。如果是标准输出，输出信息也将作为标准的 HTML 编码被发送至浏览器。典型的 PHP 页面文件的内容构成如图 1–6 所示。

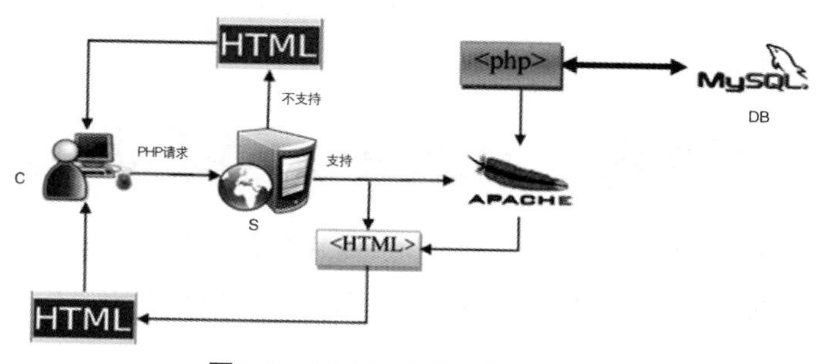

图1–5　PHP页面的工作流程

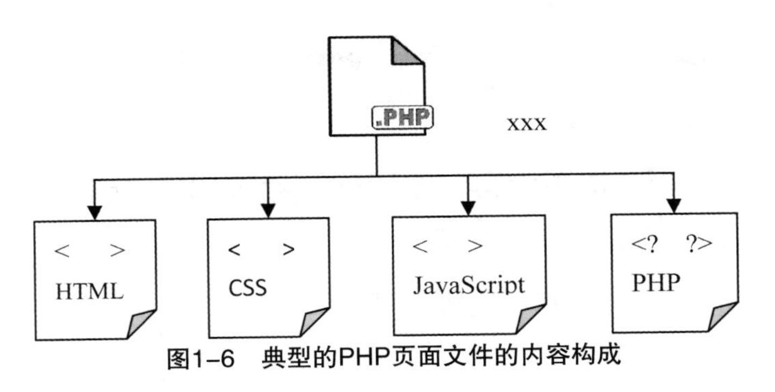

图1-6　典型的PHP页面文件的内容构成

由图1-6可见，PHP文档不一定是单纯的PHP程序，还可以在HTML语言中嵌套JavaScript。

【例1-1】下面是一段典型的PHP文档代码：

```
<!DOCTYPE html>
<html>
<head>
    <meta charset="utf-8">
    <title>PHP程序设计与项目开发_例1-1</title>
    <style type="text/css">
        h1{
            color: green;
            text-align: center;
        }
    </style>
</head>
<body>
    <div id="js"></div>
    <h1>以下内容，由PHP程序输出</h1>
    <hr color="#009933" />
    <?php
        $A=date("Y-m-d h:i:s",time());
        echo "现在的时间是：".$A;
    ?>

    <script type="text/javascript">
        document.getElementById("js").innerText="这是JavaScript输出的内容";
    </script>
</body>
</html>
```

代码中，<?php……?>标签以外的部分，属于HTML语言代码，由浏览器直接解释运行。而<?php……?>标签以内的部分，属于PHP程序代码，需要由PHP预处理器运行。上述代码的作用是将服务器的当前系统时间，以“年–月–日 时：分：秒”的格式，保存到变量$A中并输出。

PHP预处理完这段代码后，将处理的结果“现在的时间是：年–月–日 时：分：秒”提交给Apache，Apache再将这些信息与其他HTML编码一并发送至浏览器，即可在浏览器中显示，运行结果如图1-7所示。

图1–7　例1–1程序运行结果

注 意

简单来说，PHP程序只能在服务器上的Apache环境中运行。

HTML、CSS、JavaScript程序则在用户浏览器中运行。

包含PHP程序代码的文档，后缀名必须为.php，才能被服务器上的Apache识别并运行，否则将被作为它类文件，直接发送至用户端浏览器。

1.4 PHP 开发环境搭建

学习PHP程序，首先要搭建PHP的开发与运行环境。Windows与Linux操作系统中有多种不同的PHP开发工具和服务器软件，其安装配置过程大同小异。考虑到绝大多数的PC用户使用Windows系统，我们只介绍Windows系统中相关开发工具与运行环境的配置。

1.4.1❖　工具介绍

在Windows系统中，进行PHP程序设计与开发时，使用的主要工具软件如下：

代码编辑软件：Sublime Text 3。

服务器软件：Apache + PHP。

数据库软件：MySQL。

其中，使用集成的环境安装包phpStudy，可以实现Apache+PHP+MySQL一步安装配置到位，方便快捷。

phpStudy软件包，集成了多种服务器软件及数据库软件，包括Apache、Nginx、LightTPD、PHP、MySQL、phpMyAdmin、Zend、Optimizer及Zend Loader。并且在安装phpStudy时，这些软件均一次安装，无须再做复杂的配置，全面支持Windows 7 / Windows 8 / Windows 2008等操作系统。phpStudy提供了非常方便、好用的PHP调试环境，而且该软件是免费的，可以直接在其官方网站下载。

PHP的代码编辑软件比较容易获得，任何文本编辑工具都可以编辑PHP程序，如系统自带的记事本。但还有不少专门用于PHP开发的程序编辑器，这类软件为程序员提供了很好的用户界面及PHP编码提示，不仅可以提高编码效率，而且能够帮助程序员在开发过程中及时发现问题，如Sublime Text、VS Code、Dreamweaver、Notepad++等都是非常流行的PHP编辑工具。

本书编辑器使用Sublime Text 3，phpStudy版本是V8.1，操作系统版本是Windows10 64位专业版，浏览器使用Google Chrome。

1.4.2 phpStudy的安装配置

1. phpStudy的安装

从官网https://www.xp.cn/中下载phpStudy的Windows版本安装包以后，按以下步骤进行安装操作。

（1）双击phpStudy Setup.exe文件，打开图1-8所示的安装界面，单击“立即安装”按钮。

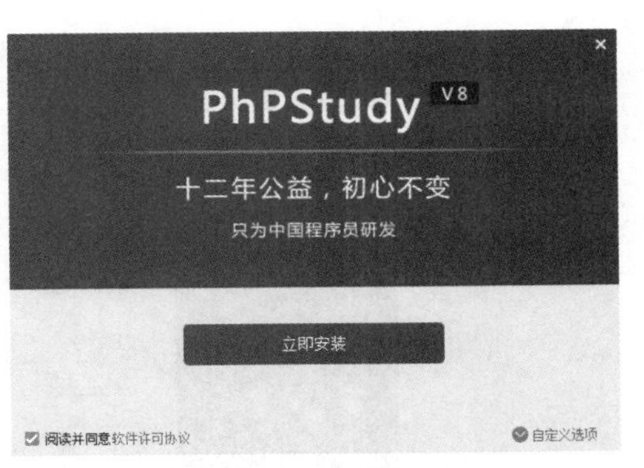

图1-8　phpStudy安装界面

（2）可以保留默认的路径，单击“是”按钮，进入软件安装包安装界面，如图1-9所示。

图1-9　软件安装包安装界面

（3）安装完成后，单击“安装完成”按钮退出安装完成界面，如图1-10所示。

图1-10　安装完成界面

（4）此时phpStudy将自动运行，程序的主界面如图1-11所示。

学习笔记

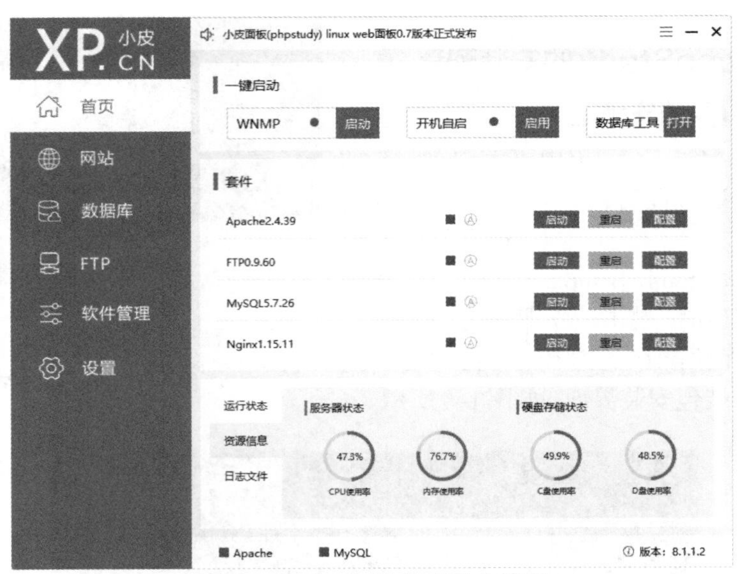

图1–11　phpStudy程序的主界面

（5）在“首页”面板中，分别单击Apache与MySQL右侧的“启动”按钮，相应的指示灯将由红色方块变为蓝色三角形，表示两个服务器都已启动，可以正常运行PHP程序与MySQL数据库。启动窗口如图1–12所示。

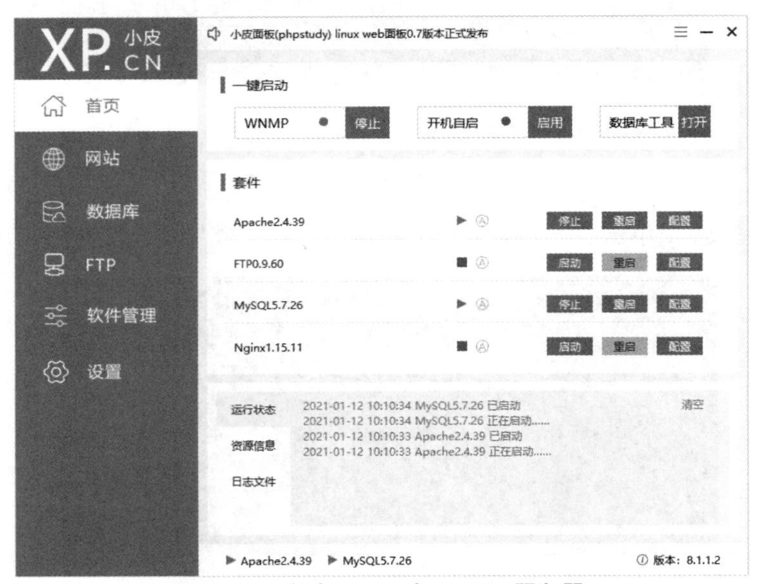

图1–12　启动Apache与MySQL服务器

2. phpStudy的测试

（1）启动phpStudy，确保Apache与MySQL两个服务器都已启动（显示蓝色三角形）。

（2）单击“网站”选项，进入网站配置面板，单击默认的站点“管理”按钮，在弹出的级联菜单中选择“打开网站”命令，如图1–13所示。

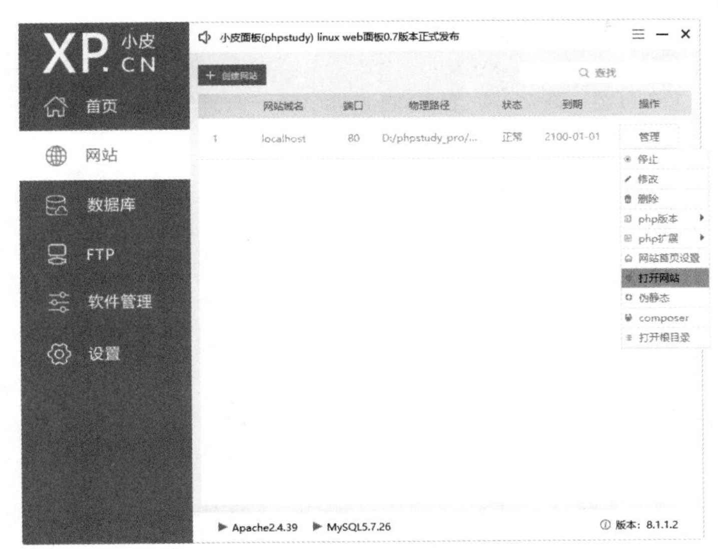

图1-13　选择“打开网站”命令

（3）程序将打开浏览器窗口，如图 1-14 所示，并显示“站点创建成功”，表明 Apache 与 PHP 都已运行成功。

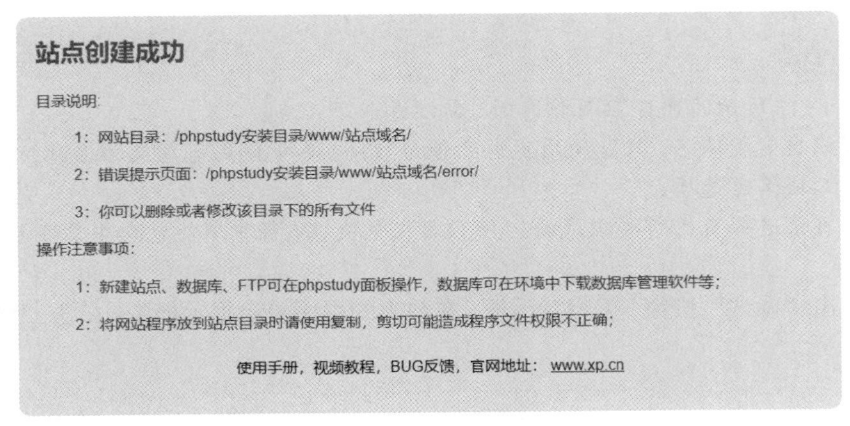

图1-14　浏览器窗口

3. 配置站点项目

要测试 PHP 项目程序，需按以下步骤进行。

（1）在 phpStudy 窗口中单击“网站”选项切换到网站配置面板，单击窗口中的“+ 创建网站”按钮，弹出“网站”对话框，在“基本配置”选项卡中配置 PHP 项目信息，如图 1-15 所示。

图1-15　设置PHP项目信息

注 意

配置图 1-15 所示的 PHP 项目信息时，需注意以下几点：

（1）可以自定义域名，只能使用英文字母与数字，尽量使用有意义的名称，以便识别；

（2）第二域名可选填；

（3）根目录选择自己所要测试的 PHP 项目文件夹，路径中不能包含中文字符、空格。

（2）单击“确认”按钮，关闭对话框，在弹出的程序重启提示框中，单击“好”按钮，如图 1-16 所示。

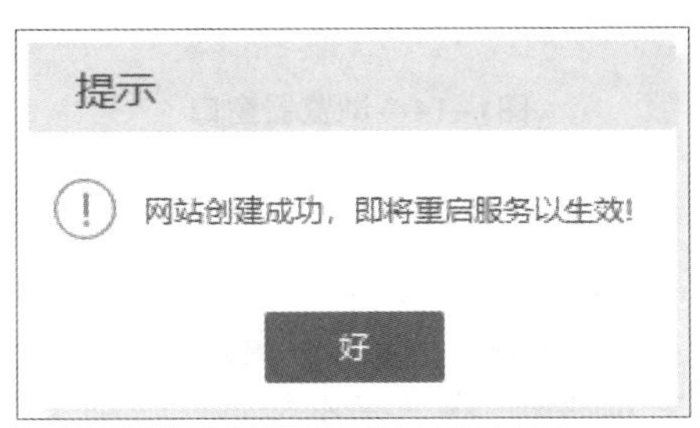

图1-16　程序重启提示框

（3）在个人项目目录 PHPBook 下，单击鼠标右键，新建一个 index.php 文件（注意后缀名），然后用记事本打开该文件，输入如下代码并保存：

```
<?php  echo "This is my PHP site";  ?>
```

（4）切换至 phpStudy 的“网站”面板，单击上面所配置的个人网站右侧的“管理”按钮，在弹出的级联菜单中选择“打开网站”命令，打开浏览器，运行结果如图 1-17 所示，

学习笔记

即表明个人网站配置成功。

图1-17　自定义的PHP项目程序

提 示

以上配置操作过程，可以参考慕课视频进行学习。

若出现Apache无法正常启动的情况，请参考慕课视频学习解决方法。

1.4.3　安装配置Sublime Text 3

1. 下载安装Sublime Text 3

（1）在浏览器中打开https://sublimetextcn.com/。

（2）单击页面中的“Download for Windows 64”按钮下载安装包。下载完成后，双击安装文件，按默认方式完成安装过程即可。打开Sublime Text 3界面，如图1-18所示。

图1-18　Sublime Text 3 界面

2. 配置Sublime Text 3

为了方便后续学习与操作，我们需要进一步配置Sublime Text，打通Sublime Text与Apache之间的通道，使我们能够直接在Sublime中运行PHP程序，而不必每次都通过phpStudy进行操作。

（1）配置环境变量。在桌面的“此电脑”上单击鼠标右键，在弹出的快捷菜单中选择“属性”命令，打开Windows系统属性窗口，如图1-19所示。

图1–19　Windows 系统属性窗口

（2）单击左侧窗格中的“高级系统设置”选项，并在弹出的“系统属性”窗口中选择“高级”选项卡，如图 1–20 所示。

图1–20　Windows“系统属性”窗口“高级”选项卡

（3）单击“环境变量”按钮，弹出 Windows“环境变量”对话框，如图 1–21 所示。

学习笔记

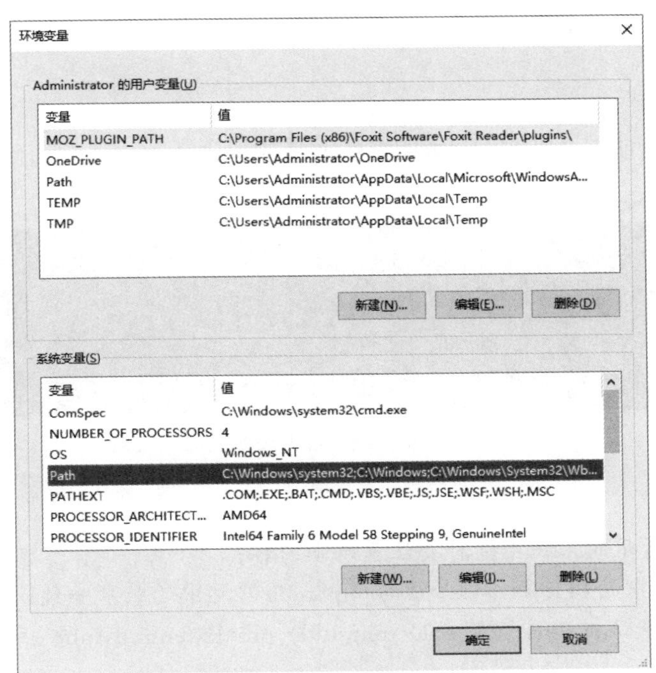

图1-21　Windows “环境变量”对话框

（4）选择“系统变量”选项组中的“Path”选项，然后单击“编辑”按钮，在打开的“编辑环境变量”窗口中，单击“新建”按钮，将PHP的安装路径添加到系统变量列表中，如图1-22所示。

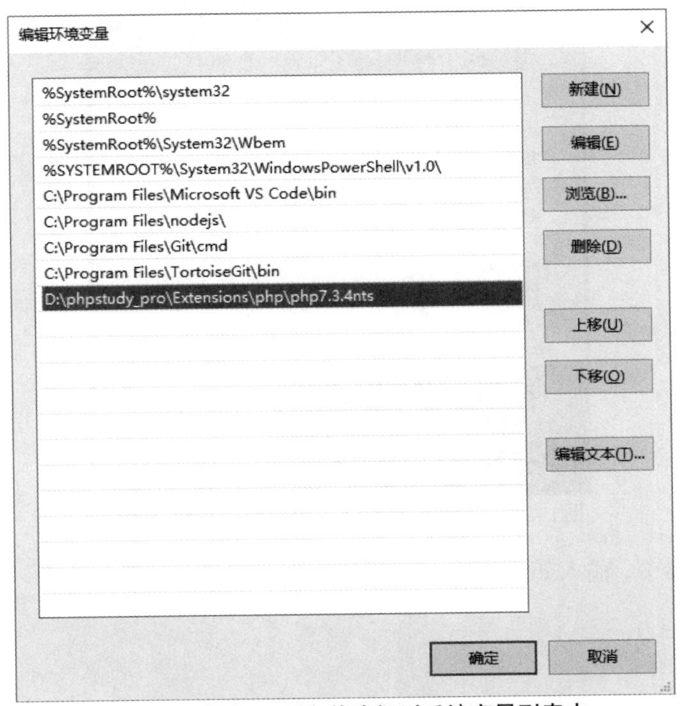

图1-22　添加PHP安装路径到系统变量列表中

学习笔记

（5）单击各级窗口中的“确定”按钮，完成系统变量配置。打开CMD工具，输入如下指令：

```
php -v
```

出现如图1–23所示的效果，即表明系统变量配置成功。

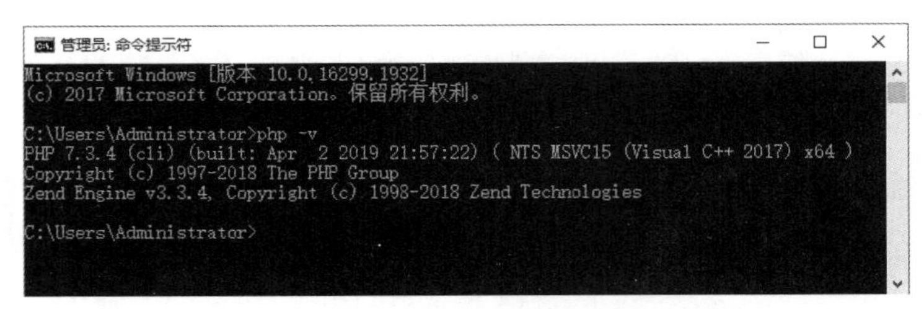

图1–23　PHP系统环境变量配置测试效果

注 意

配置图1–23所示的系统变量时要注意以下内容：

（1）系统变量中的PHP版本，必须与phpStudy网站中的版本一致；

（2）phpStudy默认把PHP安装在D:\phpstudy_pro\Extensions\php\目录下。

（6）返回Sublime 中，在“工具”菜单中选择“编译系统”命令，在打开的级联菜单中选择“新编译系统”命令，如图1–24所示。

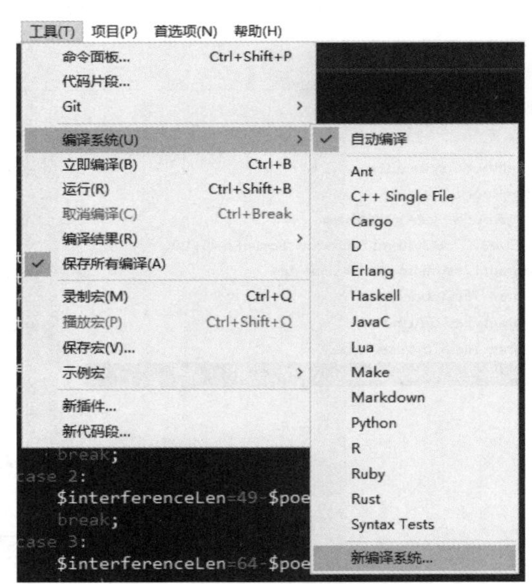

图1–24　在Sublime Text 中配置PHP编译系统

（7）在编辑器中，输入如下编译配置代码：

```
{
"cmd": ["php", "$file"],
"file_regex": "php$",
"selector": "source.php"
}
```

（8）将配置文件保存为PHP.sublime-build。

（9）单击打开Sublime Text中的“文件”菜单，单击“打开文件夹”，选择个人PHP项目所在的文件夹，将项目文件夹添加到Sublime中，效果如图1–25所示。

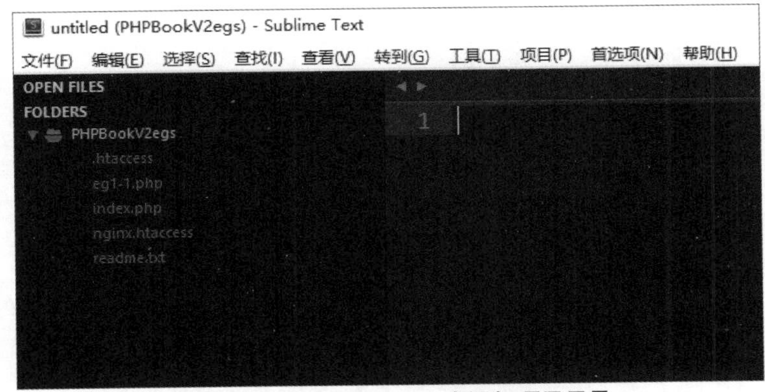

图1–25　在Sublime Text 中添加项目目录

（10）打开index.php，并按下Ctrl+B组合键，可以看到程序运行，并在Sublime窗口下方打开调试窗口，显示运行的结果，如图1–26所示。

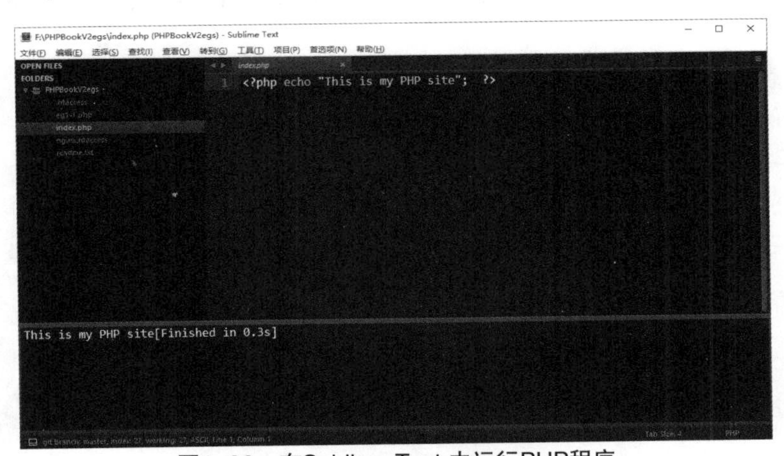

图1–26　在Sublime Text 中运行PHP程序

1.5 应用实践

（1）需求说明。

在本地计算机中配置PHP运行环境，并配置好Sublime Text中的PHP编译功能。

（2）测试用例：index.php。

（3）知识关联：phpStudy的安装配置、系统变量的配置、Sublime Text 3的安装配置。

（4）参考程序。

新建index.php文件并参考编写如下程序：

```
<!DOCTYPE html>
<html>
<head>
    <meta charset="utf-8">
    <title>应用与实践 1-1</title>
    <script type="text/javascript">
    function showMsg(){
        alert("能用JS写的功能，最后都用JS写了");
    }
    </script>
</head>
<body>
    <h1>PHP程序设计与应用实践教程</h1>
    <?php
        echo "PHP是世界上最好的编程语言";
    ?>
    <br>
    <input type="button" name="js" value="输出" onclick="showMsg()">
</body>
</html>
```

（5）运行结果。

请分别在Sublime Text与phpStudy中运行该文件，对比运行结果有何异同，并思考其中的原因。

注 意

（1）PHP程序必须写在<?php 与 ?>标签之间。

（2）每一句PHP代码均以英文分号（;）结束。

（3）PHP对大小写字母敏感。

（4）用英文的双斜杠（//）作为PHP的单行注释符，用/* 作为多行注释内容的开始，用*/ 作为多行注释内容的结束。

1.6 思考与练习

1. 简述B/S模式软件的优缺点。
2. 理解并简述PHP页面的运行原理。
3. 在个人计算机中安装配置好phpStudy与Sublime Text。

第 2 章　变量与常量

扫一扫
获取微课

变量与常量是程序设计中最基础的概念，是计算机内存的一种临时性命名机制。

不同性质的变量，在程序中的生命周期与影响范围不一样，用途与用法也各不相同。PHP 允许用户随时根据需要定义一个新的变量，也允许用户根据需要随时释放一个变量。

此外，为了方便用户，PHP 还提供了一系列预定义变量。

2.1 变量

在程序设计中，经常涉及大量的数据运算，许多参与运算的数据需要重复使用，或者处于一种不可预见的变化之中。例如，编写一段加法运算的程序，求两数相加的和。程序的简单流程如下：

用户输入加数 1、加数 2→程序计算两数之和→输出计算结果。

此处就有一个问题：用户输入的两个加数，具体是什么数值呢？这是程序员无法预见的。这就需要在进行程序设计时，有一种机制，既要保证加法运算能够正确完成，又必须与参加运算的具体数值无关。这个机制，就是变量。

上述情况下，两个加数的值是无法预见的，但计算机中所有参与运算的数据，都必须先调入内存中。利用这一特点，我们可以预先向计算机申请两个内存空间，用于保存这两个加数的值，在进行求和时，只要确保使用这两个内存空间中的数据即可，而不需要关心具体的数据是什么。这样，问题就从“用什么数据”转变为“用哪里的数据”。

计算机的每个内存单元都有一个地址，我们可以通过这个地址，找到需要使用的数据所在的内存单元。但由于这些内存单元是计算机操作系统自动分配的，程序员也无法事先预测所分配的内存地址。因此，PHP 引入了一种“内存命名机制”，程序员不必理会具体的内存地址是什么，只需给出内存空间的命名，计算机操作系统分配具体的内存空间后，会自动将命名与真正的内存地址映射起来。内存命名机制如图 2-1 所示。

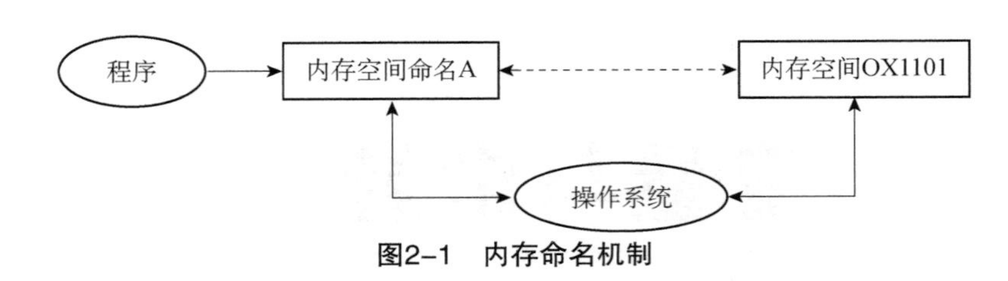

图2-1　内存命名机制

这里所说的内存空间命名，就是“变量”。顾名思义，这个量的值，在程序运行的过程中是可以改变的——它只是一个内存空间的名称，而这个内存空间中所保存的值，是可以改变的。

变量所占的内存空间的大小，取决于变量中所要保存的数据的类型。

在非中途强行释放的前提下，这个变量名与内存空间地址之间的映射关系，在程序运行期间一直有效，程序运行结束，操作系统释放这种映射关系，回收内存空间，变量名失效。

在PHP中，变量分为自定义变量、静态变量、预定义变量与外部变量四种类型。

2.1.1　自定义变量

定义一个有效的PHP变量名，必须遵循以下几点要求：

- 使用英文符号$定义；
- 变量名必须以英文字母或下画线开头，后续字符只能是英文字母、数字或下画线；
- 不允许包含中文字符或其他特殊英文字符；
- 不能使用系统关键字或预定义变量作为自定义变量名；
- 养成良好的编程习惯并遵循相应工作规范，变量名应当尽量使用有意义的英文单词，避免使用拼音，变量名要遵循小驼峰原则。

例如：

- $A、$_A、$A12、$a_12、$_files、$myBook都是合法的变量名。
- A、$2a、$a-2、$_FILES、$加数、$A#2都是非法的变量名。其中，$_FILES是系统的预定义变量。
- 像$myEnglishBook这样由多个单词组成的变量名，应当遵循小驼峰原则——从第二个单词开始，首字母大写。
- 不提倡使用$woDeYingYunShu这样的拼音变量名，尽管它是合法的，但不符合工作规范。

【例2-1】定义一组合法的变量，并给这些变量赋值。

```
<?php
    $a=1;
    $a12=2;
    $a_12=3;
?>
```

变量名后面的“=”表示赋值的意思，即把“=”右边的值，存放到左边的变量名对应的内存空间中。可以把一个具体的数据直接赋值给一个变量，也可以通过另一个变量名给变量赋值。

学习笔记

【例2-2】给变量赋值。

```
<?php
        $A=12; //直接把12赋给变量A
        $B=$A; //把变量A的值，存放到变量B中
        echo '$A='.$A;
        echo '$B='.$B;
?>
```

在Sublime中，按Ctrl+B组合键运行例2-2中的程序，运行结果如图2-2所示。

```
$A=12$B=12[Finished in 0.4s]
```

图2-2　例2-2的Sublime运行结果

通过phpStudy打开网站，并在打开的浏览器窗口中输入例2-2程序文件的完整URL地址，运行结果如图2-3所示。

图2-3　例2-2的浏览器运行结果

以上赋值方式，都只影响被赋值的变量，对赋值变量的值没有影响。例如，例2-2中的第二个赋值语句中，变量$B对应的内存空间中存放变量$A的值12，但$A的内存空间及其中的值12依然存在。

注 意

本书的范例程序中，若涉及HTML代码效果，要通过phpStudy中的“网站”面板，打开浏览器进行测试。否则，直接在Sublime的调试台中编译运行。

PHP还允许采用“引用赋值”方式给变量赋值，这种赋值方式是在赋值变量前加一个&符号。比如：$A=&$B;。

【例2-3】用不同的方式给变量赋值。

```
<?php
    $A=12;                          //直接赋值
    $B=&$A;                         //引用赋值
    echo "A=".$A."<br>";
    echo "B=".$B."<br>";
    $A=25;                          //改变A的值
    echo " A的值变为25以后，B=".$B."<br>";
    $B=20;                          //改变B的值
    echo " B的值变为20以后，A=".$A;
?>
```

例2-3中程序的运行结果如图2-4所示。

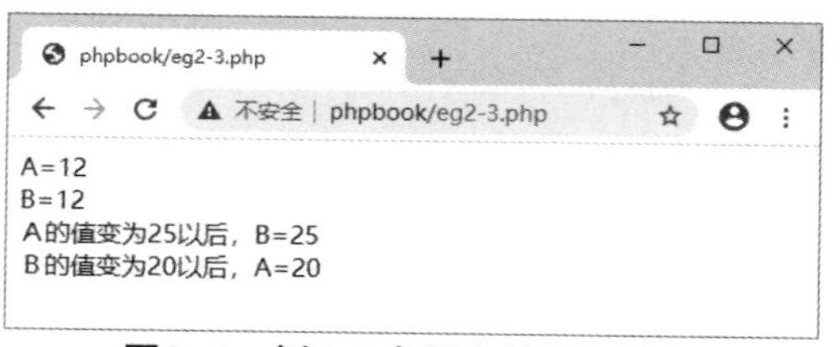

图2-4　例2-3中程序的运行结果

可见，采用引用赋值方式时，被赋值变量与赋值变量之间，任何一方的值改变，另一方的值也随之改变。因为这种赋值方式的实质是两个变量共享同一个内存地址，如图2-5所示。

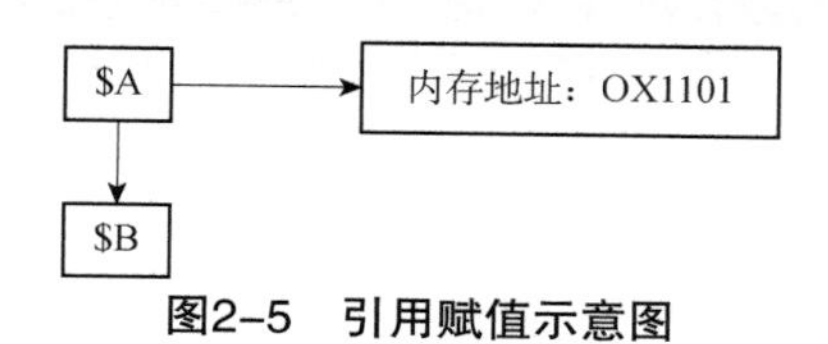

图2-5　引用赋值示意图

说　明

例2-3中的程序语句echo "A=".$A."
"; 中，“.”是字符串运算符，表示“连接”。“<br>”是HTML标签，PHP的echo输出字符串内容的一部分，在浏览器中将直接显示为换行效果。

2.1.2　静态变量

函数中的变量（非全局）在函数调用结束以后，也随之释放，每次调用函数，其中的变量都相当于重新分配、映射一次内存。

【例2-4】计算函数的调用次数。

```
<?php
    function fun1()                    //定义函数fun1
    {
        $A=1;
        $A=$A+1;                       //A在原值基础上+1
        return $A;                     //返回A的值
    }
    echo "第一次调用函数，A=".fun1()."<br>";
    echo "第二次调用函数，A=".fun1()."<br>";
    echo "第三次调用函数，A=".fun1();
?>
```

例2-4中程序的运行结果如图2-6所示。

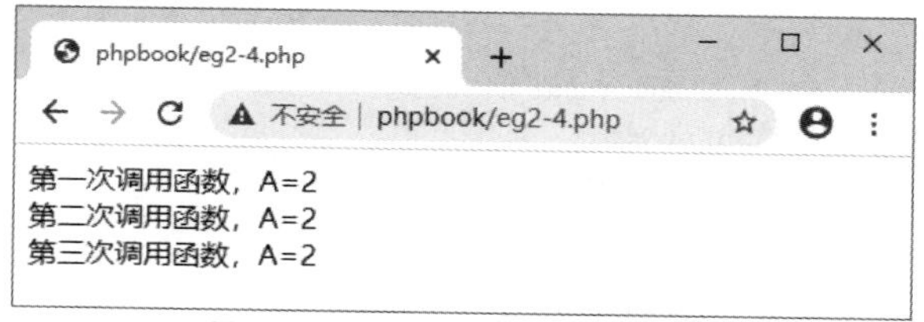

图2-6　例2-4中程序运行结果

从例2-4中的程序与图2-6所示的运行结果可以看出，三次调用函数fun1()，函数中的变

量 $A 的结果都是 2。这是因为函数每次被调用时，其中的变量 $A 都被重新赋值 1，然后加 1，函数调用结束，$A 随即被释放，不再占用内存。所以，三次调用函数，相当于三次重新给 $A 分配内存空间。

如果需要在调用结束以后继续保留 fun1() 中 $A 的值，为下一次调用计算打基础，即需要把 $A 定义成静态变量。

静态变量与普通变量一样，是一个内存空间的命名映射，其中保存的数据也可以随时改变。静态变量的命名要求与普通变量也一样。

二者之间不同的是，静态变量只能在函数体内定义，并且它不会因为函数调用结束被释放，而是一直到整个程序运行结束后才会释放。

定义静态变量的语法格式如下：

```
static $var_name=var_value;
```

其中，var_name 表示变量名，var_value 表示变量值，可以是一个标量，也可以是一个变量名。

【例 2-5】将例 2-4 中的程序稍做修改，计算函数的调用次数。

```
<?php
    function fun1()                        //定义函数 fun1
    {
        static $A=0;                       //静态变量初始化
        $A=$A+1;                           //A 在原值基础上 +1
        return $A;                         //返回 A 的值
    }
    echo "第一次调用函数，A=".fun1()."<br>";
    echo "第二次调用函数，A=".fun1()."<br>";
    echo "第三次调用函数，A=".fun1();
?>
```

例 2-5 中程序的运行结果如图 2-7 所示。

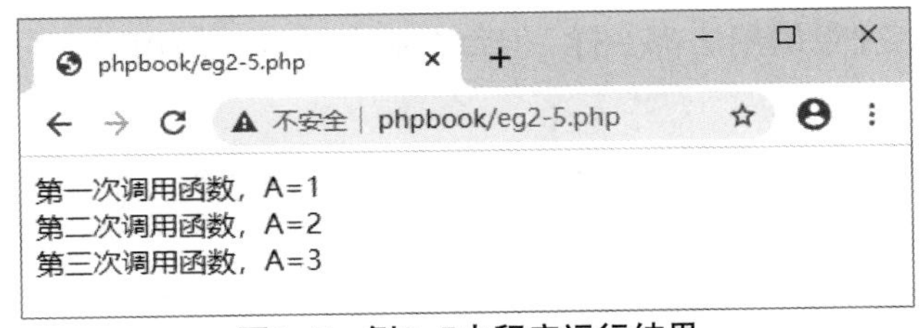

图2-7　例2-5中程序运行结果

注 意

静态变量的初始化语句 static $A=0 只有在第一次调用函数 fun1() 时，才会执行。执行第一次调用以后，$A 会继续存在，其值 1 也得以保留。第二次调用 fun1() 时，$A 的初始化语句将不再执行，而是直接执行 $A=$A+1。因为第一次调用 fun1() 时的 $A 值还存在，所以第二次调用 fun1() 时，$A 的值就在前一次调用的基础上增加 1，为 2。第三次调用同理。程序运行结束以后，静态变量 $A 被释放。

2.1.3 预定义变量

PHP 中除了自定义变量外，还有预定义变量。预定义变量是 PHP 中提前定义的变量，并且

每个变量都有其特定的意义或功能，程序员在使用时，无须再特别声明与初始化，可直接使用。

可以把预定义变量理解为PHP的“系统变量”。

所有预定义变量的变量名都有两个共同点：

（1）变量名都是以“$_”开始；

（2）变量名都是纯大写英文字母。

PHP的预定义变量有三类，分别是服务器变量、环境变量与外部变量。

其中，前两类变量中的具体变量名与变量数量都不是固定不变的，而是会因PHP程序所在的服务器类型、操作系统、Apache版本的不同而有所不同。

1. 服务器变量 $_SERVER

服务器变量是用于保存服务器信息的一组变量。

【例2-6】获取服务器的相关信息。

```
<?php
    echo "服务器使用的端口是".$_SERVER['SERVER_PORT']."<br>";
    echo "页面文件所在的目录是：".$_SERVER['DOCUMENT_ROOT']."<br>";
    echo "服务器的主机名是：".$_SERVER['SERVER_NAME']
?>
```

例2-6中程序的运行结果如图2-8所示。

图2-8　例2-6中程序运行结果

所有PHP服务器变量的用法都一样，但每个服务器变量的用途不一样。

2. 环境变量 $_ENV

$_ENV是一个包含PHP服务器运行环境配置信息的数组，并且是PHP中的一个超级全局变量，因此可以在PHP程序的任何地方直接访问。

由于$_ENV变量的值取决于服务器的环境，在不同的服务器上，$_ENV变量的结果可能是完全不同的。因此无法像$_SERVER那样列出完整的$_ENV列表。有时候，由于服务器的PHP配置问题，甚至会出现$_ENVYO变量为空的情况。原因通常是PHP的配置文件php.ini的配置项为variables_order="GPCS"。若想让$_ENV的值不为空，那么variables_order的值应该改为“EGPCS”。

我们可以尝试使用print_r($_ENV)函数来显示当前的PHP环境变量列表及其相应的值。在不同的服务器环境中，得到的内容是不一样的。

2.1.4　外部变量

外部变量其实也是PHP预定义变量中的一种，只是从用途上与其他预定义变量区别比较明显，因此通常单独归为一类。

在Web程序中，经常要涉及表单提交数据、网址中传递数据或者通过其他程序传递数据

的情况，为传递这些数据而产生的变量，称为PHP的外部变量。这类变量一共有以下6个。

（1）$_GET：该变量是一组在网页中使用get方法提交的变量。

（2）$_POST：该变量是一组在网页中使用post方法提交的变量。

（3）$_REQEUST：接收所有用户输入的变量。

（4）$_COOKIE：当前客户端所有Cookie变量组成的数组。

（5）$_SESSION：当前会话所有Session变量组成的数组。

（6）$_FILES：网页表单中使用post方法上传的文件项目组成的数组。

例如，在常见的登录操作中，用户通过登录页面中的表单，填写个人登录信息，然后单击"登录"按钮，将信息提交给登录验证程序。验证程序使用外部变量$_POST或$_GET获取这些登录信息，并进行验证处理。验证通过，则登录成功；验证不通过，则登录失败。典型登录验证程序流程图如图2-9所示。

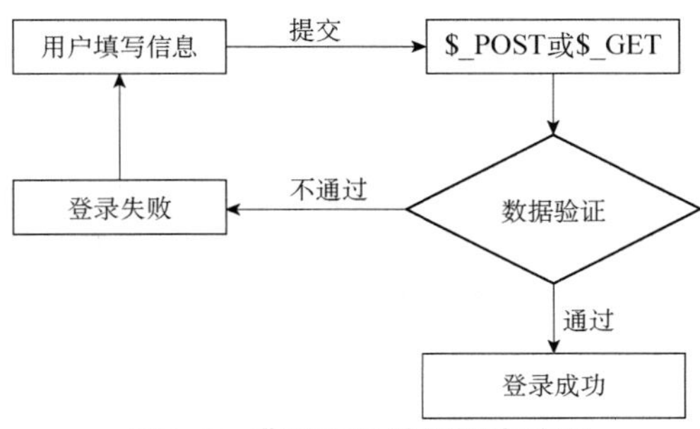

图2-9　典型登录验证程序流程

【例2-7】下面是一个简易的用户登录验证程序。

```
<html>
    <head>
    <meta charset="utf-8">
    <title>例2-7登录验证</title>
    </head>
    <body>
        <?php
            //信息获取与登录验证程序
            if(isset($_POST['login']))//判断是否单击"登录"按钮
            {
               $user_name=$_POST['uname'];
               $user_pass=$_POST['upw'];
               if($user_name=="admin" && $user_pass=="admin888")
               {
                  echo "登录成功！ ";
                  return;
               }
               else
                  echo "登录失败！ ";
            }
        ?>
        <!-- 表单使用post方式提交信息 -->
        <form action="" method="post">
            <!-- 登录信息填写 -->
            <h4 >用户登录</h4>
            <td height="30">用户名：<input type="text" name="uname" /></td>
```

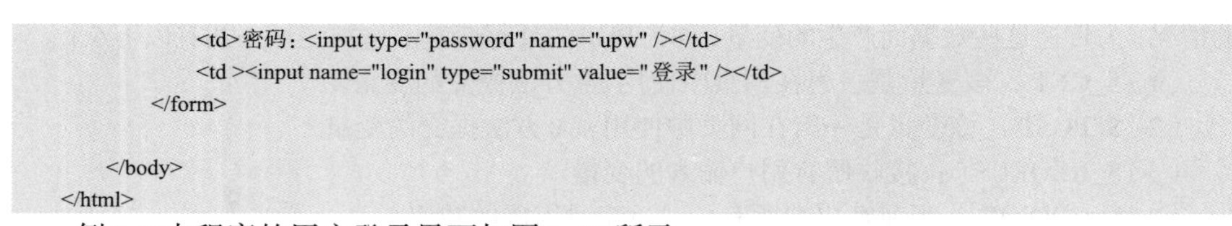

```
            <td>密码：<input type="password" name="upw" /></td>
            <td ><input name="login" type="submit" value=" 登录 " /></td>
        </form>

    </body>
</html>
```

例 2–7 中程序的用户登录界面如图 2–10 所示。

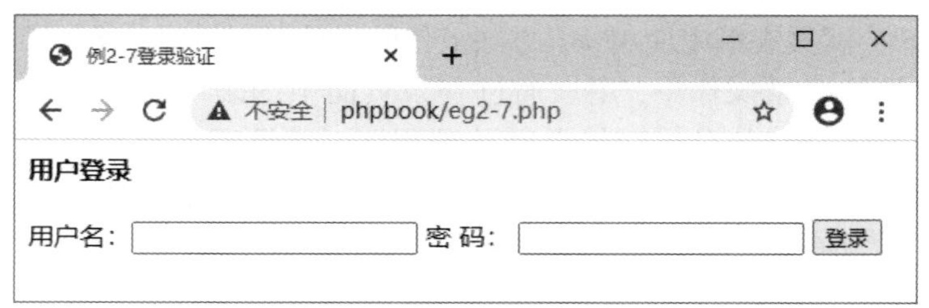

图2–10　用户登录界面

用户登录成功后的效果如图 2–11 所示。

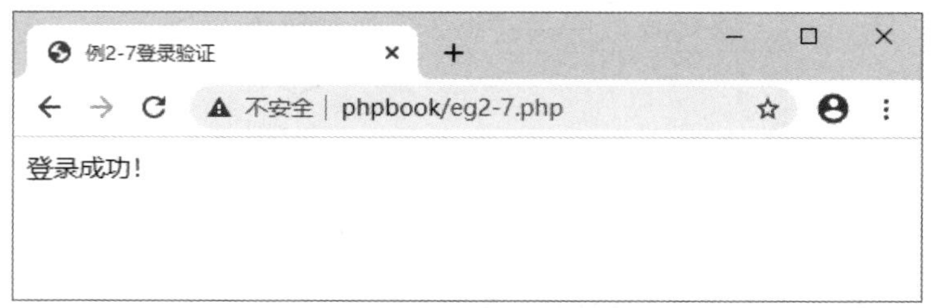

图2–11　用户登录成功

用户登录失败后的效果如图 2–12 所示。

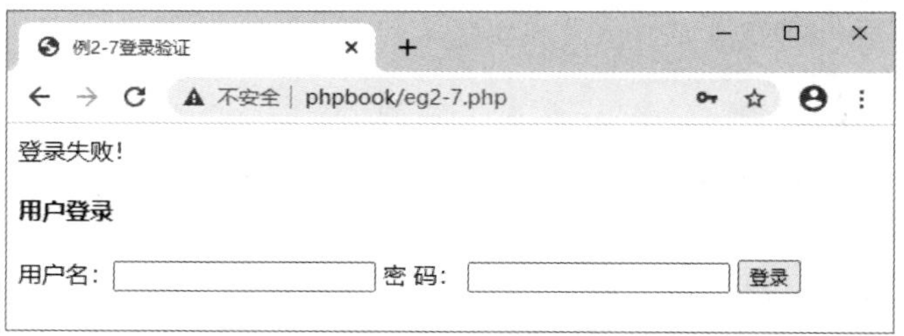

图2–12　用户登录失败

注 意

在 HTML 代码中，由于表单 form 的提交方式 method="post"，因此，获取这个表单中各个数据项的外部变量使用 $_POST，通过表单中对应元素的 name 属性值获取相应的数据。如用户名对应的文本框名是 uname，即通过 $_POST['uname'] 获得其中的数据。

登录验证程序中，如果用户名为 admin 且密码为 admin888，则提示“登录成功”，并用 exit 语句终止后面的程序运行。否则，提示“登录失败”，并继续显示登录信息填写界面。

其他外部变量的具体用法，在后面的章节中将进行详细介绍。

2.2.6 变量的作用域

学习笔记

变量的作用域即变量的有效范围。在变量的作用域范围内的程序，可以访问该变量；在变量的作用域范围外的程序，无法访问该变量。

根据变量的有效范围，可以将变量分为局部变量与全局变量。

（1）局部变量又可分为以下两种。

- 在当前文件的主程序中定义的变量。其作用域仅限于当前文件的主程序，在其他文件或者当前文件的其他函数中无法访问。
- 在函数中定义的变量。此类局部变量只在该函数中有效，在函数范围以外无法访问该变量。

【例2-8】在函数体外访问函数体内的变量。

```
<?php
        ini_set("display_errors", "On");
        error_reporting(E_ALL | E_STRICT);
        $A=12;
        $B=3;
        $C=$A+$B;
        /** 定义函数 */
        function addition(){
              $A=20;
              $B2=10;
              $C=$A-$B2;
              echo " 函数内的变量 C=".$C."<br>";
        }
        addition();                                                    //调用函数
        echo " 函数外的变量 C = ".$C."<br>";
        echo "输出变量 A=".$A."<br>";
        echo "输出变量 B2=".$B2;  //输出函数内的变量
   ?>
```

例2-8中程序的运行结果如图2-13所示。

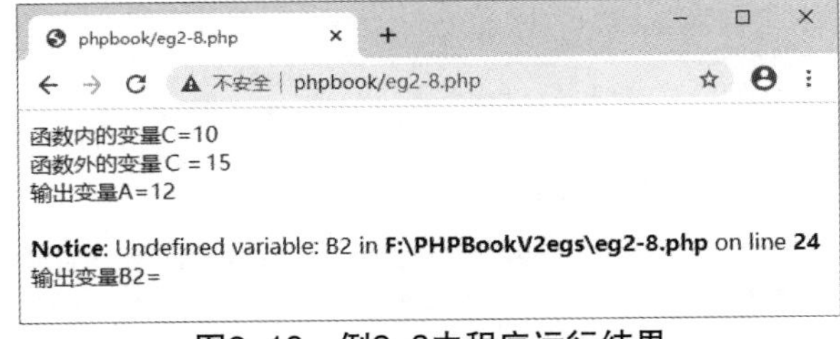

图2-13　例2-8中程序运行结果

注 意

"Notice:Undefined variable: B2 in... on line 24"表示第24行的变量B2未定义。这是因为B2是函数内部的局部变量，它的作用域是函数addition()内部，跳出该函数后，该变量无效。

函数体内与函数体外的主程序中同时存在变量$A与$C，但函数体内的$A与$C的作用范围只是在函数体内，而主程序中的变量$A与$C的作用范围也不包括函数体内。局部

变量仅在其定义程序块内有效，如图 2−14 所示。

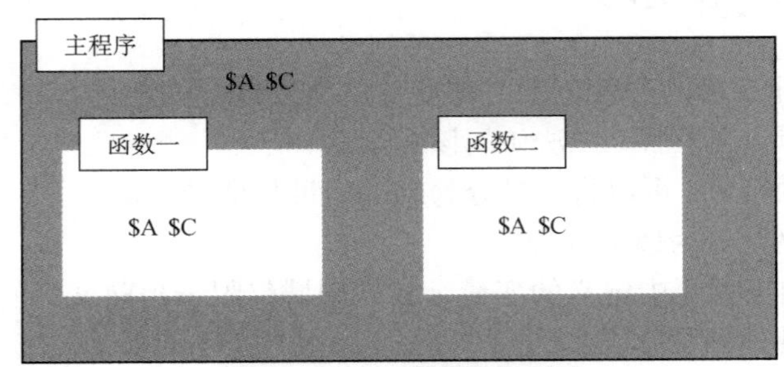

图2−14　局部变量的作用域

（2）全局变量与局部变量不同，它在程序的任何地方都有效。要把一个变量定义为全局变量，只需在变量名前面加上关键字 global 即可。需要注意的是，PHP 只允许在函数中声明全局变量，并且在每次修改全局变量之前，都必须再次声明该变量为全局变量。

【例 2–9】将例 2–8 中的程序稍做修改，在函数体外访问函数体内的全局变量。

```
<?php
        <?php
          ini_set("display_errors", "On");
          error_reporting(E_ALL | E_STRICT);
        $A=12;
        $B=3;
        $C=$A+$B;
        /** 定义函数 */
        function addition(){
              global $A;                    //定义 A 为全局变量
              $A=20;
              global $B2;                   //定义 B2 为全局变量
              $B2=10;
              $C=$A-$B2;
              echo "函数内的变量 C=".$C."<br>";
        }
        addition(); // 调用函数
        echo "函数外的变量 C = ".$C."<br>";
        echo "输出变量 A=".$A."<br>";
        echo "输出变量 B2=".$B2;      //输出函数内的变量
    ?>
```

例 2–9 中程序的运行结果如图 2–15 所示。

图2–15　例2–9中程序运行结果

注 意

第 5 行语句执行后，$C 的值为 15。主程序调用 addition() 函数以后，执行函数体中的

学习笔记

程序，由于函数体中的$A与$B2为全局变量，因此，函数体中的$A与主程序中的$A是同一个变量（这一点与局部变量有区别）。函数体执行完毕后，$A的值变为20，$B2的值为10，函数体中的$C与主程序中的$C是两个不同的局部变量。

最后三个输出语句中，只能输出主程序中的$C，而因为$A是全局变量，所以最终输出的值是20，$B2也是全局变量，所以在主程序中也能正确输出。

需要强调的是，由于PHP是用于Web开发的语言，因此它的全局变量，也只在当前的Web文件中有效，离开当前文件，文件中的程序即运行结束，所涉及的全局变量也全部失效。

2.3⑥ 变量的检查与释放

1. 变量的检查

若程序比较复杂，不确定某个自定义变量是否存在或是否在有效范围内，可以使用PHP中的系统函数isset()来检查。例如，要检查变量$A是否存在，可用isset($A)语句来检查，若变量$A存在，该函数的返回值是true，否则返回false。

【例2-10】根据变量是否存在输出不同的结果。

```
<?php
        $A=1;
        function addition()
        {
            $B=3;
            echo "函数内的变量B=".$B."<br>";
        }
        addition();
        echo "输出变量A=".$A."<br>";
        if (isset($B)==true)
            echo "输出变量=".$B;
        else
            echo "变量B不存在或不在作用域内";
    ?>
```

例2-10中程序的运行结果如图2-16所示。

图2-16　例2-10中程序运行结果

注 意

程序最后的if...else...部分，用于判断主程序中$B是否存在。因为$B是在函数体中定义的局部变量，因此主程序已超出其作用域，isset($B)返回的结果是false，故执行的是echo"变量B不存在或不在作用域内"语句。

2. 变量的释放

要释放一个自定义变量，如$A，可以使用unset()函数来实现，其语法格式如下：

```
unset($A);
```

需要注意的是，释放变量以后，该变量不复存在，其原本占有的内存空间，也被操作系统收回。

【例2-11】释放一个变量。

```
<?php
        $A=12;
        echo "输出变量A=".$A."<br>";
        unset($A);            //释放变量
        if (isset($A)==true)
            echo "变量A存在";
        else
            echo "变量A不存在";
?>
```

例2-11中程序的运行结果如图2-17所示。

图2-17　例2-11中程序运行结果

2.4 常量

常量与变量一样，也是某个内存空间的名称。所不同的是，变量的值随时可以改变；而常量的值，一旦定义，就不允许再做修改。

常量也分为自定义常量与预定义常量。

1. 自定义常量

定义一个常量，使用define()函数，其语法格式如下：

```
define("常量名",常量值);
```

与变量不同的是，常量的值只能是标量（直接的数据），不能通过另一个变量或常量来赋值。此外，常量的作用域是全局的，即在当前页面文件的任何地方都有效。

【例2-12】地球的重力加速度g是一个恒定的值，约为9.80m/s²，如果物体的质量为m，则其重力G的计算公式是$G=mg$。

设计一个计算物体重力的程序，当用户输入物体的质量m时，程序自动计算出该物体的重力G并输出G的值。

```
<html>
        <head>
        <meta charset="utf-8">
```

学习笔记

```
        <title>例2-12重力计算器</title>
        </head>
        <body>
            <!-- 表单使用post方式提交信息 -->
            <form action="" method="post">
                请输入物体质量m：<input type="number" name="m" />
                <input name="login" type="submit" value="登录" />
            </form>
            <?php
                if(isset($_POST['m'])){
                    define("g", 9.8);               //定义常量g
                    $m=$_POST['m'];                 //获取物体质量值
                    $G=g*$m;
                    echo "您输入的质量为".$m;
                    echo "<br>";
                    echo "物体重力为".$G;
                }
            ?>
        </body>
    </html>
```

例2–12中程序的运行结果如图2–18所示。

图2–18　例2–12中程序运行结果

需要特别注意的是，常量定义完成以后，就不能再修改该常量的值。以下程序就是错误的：

```
<?php
        define("g", 9.8);      //定义常量g
        g=9.80;
?>
```

2. 预定义常量

预定义常量是PHP中已经定义的常量（PHP系统常量），它们主要用于保存PHP及其所在计算机环境的一些基本信息，如PHP的版本、操作系统、程序的行数等。

所有的预定义常量都使用大写英文字母表示，某些预定义常量以两个下画线开始，以两个下画线结束，如__FILE__常量。

【例2–13】查看部分预定义常量的值。

```
<?php
echo '当前PHP的版本:'.PHP_VERSION.'<br>';
echo '当前操作系统类型:'.PHP_OS.'<br>';
echo 'Apache与PHP之间的接口:'.PHP_SAPI.'<br>';
echo '本句程序所在行数：'.__LINE__;
?>
```

例 2-13 中程序的运行结果如图 2-19 所示。

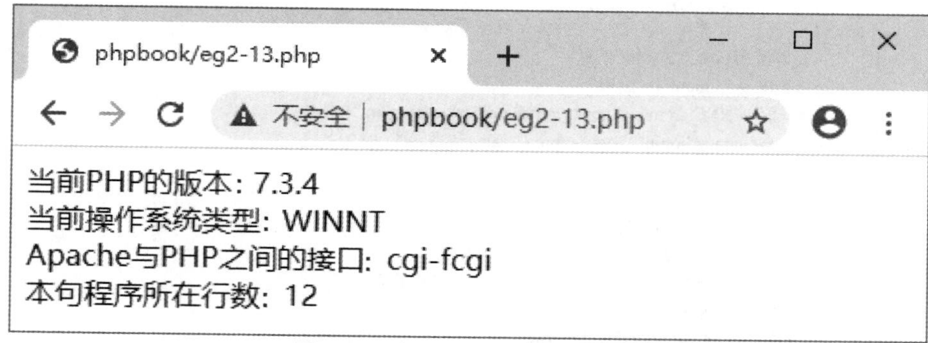

图2-19　例2-13中程序运行结果

2.5 应用实践

2.5.1 余座计数器

（1）需求说明。

假设某餐厅一共有 50 个座位，实行先到先入座、无座需等待的规定。为方便顾客动态了解座位的变化情况，请设计一个 PHP 程序，实现每入座 1 名顾客，余座数量自动减 1，并显示当前余座数量。

（2）测试用例：3 名顾客入座用餐。

（3）知识关联：静态变量，外部变量。

（4）参考程序。

```
<html>
    <head>
    <meta charset="utf-8">
    <title>应用实践 2-1</title>
    </head>
    <body>
        <div class="msg">
            <?php
                function seat(){
                    static $surplus=50;
                    $surplus-=1;
                    echo "当前余座".$surplus."个<br>";
                }
                //3 名顾客就餐
                seat();
                seat();
                seat();
            ?>
        </div>
    </body>
</html>
```

学习笔记

（5）运行结果。

上述参考程序的运行结果如图 2-20 所示。

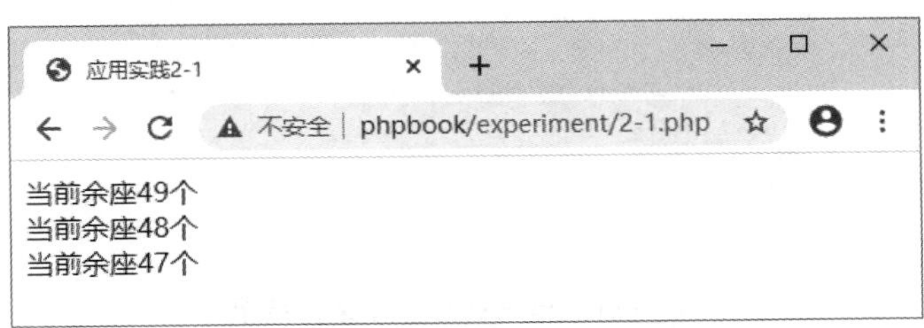

图2-20　余座计数器程序运行结果

2.5.2❻　车票状态程序

（1）需求说明。

假设某班大巴车一共有 54 个座位，为方便乘客动态了解剩余车票的变化情况，请设计一个 PHP 程序，实现每售出一张票，余票数量自动减 1，每退一张票，余票数量自动加 1，并显示当前购退票情况以及余票数量。

（2）测试用例：先有 2 名乘客购票，随后 1 名乘客退票，继而又有 2 名乘客购票。

（3）知识关联：变量作用域。

（4）参考程序。

```
<html>
    <head>
    <meta charset="utf-8">
    <title>应用实践 2-2</title>
    </head>
    <body>
        <div class="msg">
            <?php
                $ticket=54;
                function buy(){
                    global $ticket;
                    $ticket-=1;
                    echo "售票 1 张，";
                    echo "余票 :".$ticket."张<br>";
                }
                function cancel(){
                    global $ticket;
                    $ticket+=1;
                    echo "退票 1 张，";
                    echo "余票 :".$ticket."张<br>";
                }
                //购退票操作
                buy();
                buy();
                cancel();
                buy();
                buy();
            ?>
        </div>
    </body>
</html>
```

（5）运行结果。

上述参考程序的运行结果如图 2–21 所示。

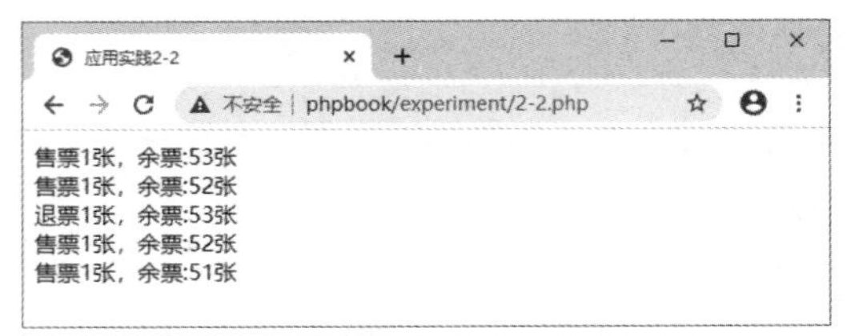

图2–21　车票状态程序运行结果

2.5.3　圆面积计算器

（1）需求说明。

设计一个计算圆面积的程序，根据用户输入的半径值，计算出圆的面积。

（2）测试用例：输入的半径为3。

（3）知识关联：自定义变量，外部变量，常量，变量的检查。

（4）参考程序。

```
<html>
    <head>
    <meta charset="utf-8">
    <title>应用实践 2-2</title>
    </head>
    <body>
            <form id="form1" name="form1" method="post" action="">
              <p>请输入圆的半径：
                <input type="text" name="r" id="r" />
                <input type="submit" name="button"  value="计算" />
              </p>
            </form>
            <?php
                if(isset($_POST['button'])){
                    define("pi",3.142);                         //定义圆周率常量 pi
                    $r=$_POST['r'];
                    $s=pi*$r*$r;                                //计算圆的面积
                    echo "输入的半径是".$r."<br>";
                    echo "圆的面积是".$s;
                }
        ?>
    </body>
</html>
```

（5）运行结果。

上述参考程序的运行结果如图 2–22 所示。

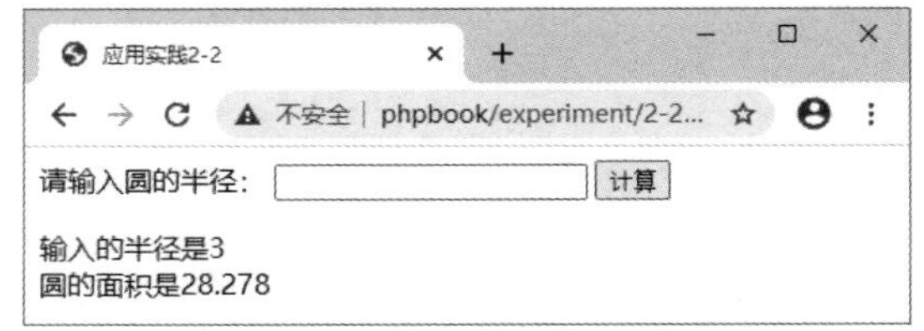

图2–22　圆面积计算器程序运行结果

2.6 技能训练

1.假设有两个变量$A和$B，请编写程序，调换两个变量的值，并输出调换以后的变量值。

2.因生产需要，需对一批矩形器件的长、宽尺寸进行规格检测，要求宽、长之比符合黄金比例，误差为 ±0.02，超出此范围的产品为不合格产品。

请设计一个检测程序，当用户输入器件的长、宽尺寸时，程序自动判断该器件是否合格。

说明：黄金分割比 φ 是一个恒定的值，近似值为0.618。

2.7 思考与练习

一、选择题

1. 获取使用post方法提交的表单元素值的方法是（　　）。

A. $_post["名称"]　　B. $_POST["名称"]

C. $post["名称"]　　D. $POST["名称"]

2. 要检查一个变量是否已定义，可以使用函数（　　）。

A. defined()　　B. isset()　　C. unset()　　D. 无

3. 下列变量名中不正确的是（　　）。

A. $_test　　B. $2abc　　C. $Var　　D. $printr

4. 关于计算圆周长的公式 $C=2\pi r$，下列说法正确的是（　　）。

A. π与 r 为变量，2为常量　　B. C 与 r 为变量，2与 π 为常量

C. r 为变量，2、π、C 为常量　　D. C 为变量，2、π、r 为常量

5. 定义静态变量的关键字是（　　）。

A. static　　B. statics　　C. STATIC　　D. STATICS

6. 声明全局变量的关键字是（　　）。

A. globals　　B. global　　C. GLOBAL　　D. GLOBALS

7. 以下赋值方式中，$A与$B共同使用一个内存的语句是（　　）。

A. $A=$B　　B. $A=1;$B=1　　C. $A=&$B　　D. $A=B

8. PHP语言标记使用（　　）符号（多选题）。

A. <? ?>　　B. <php >　　C. <?php ?>　　D. <% %>

9. PHP中，变量名中允许出现的符号有（　　）（多选题）。

A. 大写字母　　B. 小写字母　　C. 数字　　D. 下画线

10. PHP允许使用的注释符号有（　　）（多选题）。

A. //　　B. <!-- -->　　C. #　　D. /*…*/

二、填空题

1. 以下程序运行结束后，输出的结果是__________，主程序中的变量$A、$B、$C的值分别是__________。

```
<?php
        $A=1;
        $B=2;
        $C=$A+$B;
```

```
        function my_fun1()
        {
            global $A;
            $B=3;
            $C=$A+$B;
            echo $C."  ";
        }
        function my_fun2()
        {
            global $C;
            $A=3;
            $B=$A+$C;
            echo $B."  ";
        }
        my_fun2();
        my_fun1();
        my_fun2();
?>
```

2. 以下程序运行结束后，变量 $A、$B、$C 的值分别是____________。

```
<?php
        $A=1;
        $B=2;
        $C=$A+$B;
        function my_fun1()
        {
            global $A;
            $B=3;
            global $C;
            $C=$A+$B;
        }
        function my_fun2()
        {
            global $C;
            $A=3;
            $B=$A+$C;
        }
        my_fun2();
        my_fun1();
        my_fun2();
?>
```

3. 以下程序运行结束后，输出变量 $A= _______，$B= _______，$C= _______。

```
<?php
        $A=1;
        $B=2;
        $C=$A+$B;
        function my_fun(&$A,$B)
        { $C=$A+$B;
          $A=5;
          $B=$C*$A;
          echo $B." ";
          }
        my_fun($A,$B);
        echo $A."  ".$B."  ".$C;
?>
```

第3章 数据类型与运算符

扫一扫
获取微课

数据类型既表明数据的性质，也直接影响存储该数据的变量在内存中所占用的空间大小。PHP的基本数据类型包括数值型（整型、浮点型）、字符串型、布尔型、数组。

本章主要学习数值型、字符串型与布尔型数据。第7章主要介绍数组类型数据。

运算符是计算机进行各种操作的运算依据。它与变量、常量、函数及各种数值共同构成程序中的表达式。

PHP的运算符包括算术运算符、赋值运算符、位运算符、比较运算符、逻辑运算符、字符串运算符、递增递减运算符等。

3.1 数据类型

3.1.1 数值型

PHP中的数值型数据有两种：整型数据与浮点型数据。

可以理解为：数学中的整数都是整型数据，小数都是浮点型数据。

需要特别注意的是，PHP中的整型数据，可以是八进制，也可以是十六进制。只要声明时分别在前面加0或0x即可。

如果一个变量中存储的数据是整型数据，那么这个变量就是整型变量。

【例3-1】计算两数之和。

```
<?php
    $A=12;                    //变量A是整型
    $B=21.5;                  //变量B是浮点型
    $C=$A+$B; //变量C的结果是33.5，浮点型
?>
```

注 意

PHP是一种弱类型语言，它对数据类型并不敏感，变量的类型并不固定，是由其所存储数据的数据类型决定的，不需要像C、C++等语言那样事先对变量进行数据类型声明。

3.1.2 字符串型

1. 字符串型数据的定义

将一个数据定义为字符串型的方法有两种：一是用单引号将数据括起来；二是用双引号将数据括起来。

【例 3–2】使用不同的方法给字符串型变量赋值。

```
<?php
        $A='123';
        $B="123";
        $C="PHP 程序设计";
?>
```

例 3–2 中，$A、$B、$C 三个变量都是字符串型变量。

使用单引号与双引号虽然都能定义字符串型数据，但两者之间是有区别的，主要区别如下：

（1）使用单引号定义的字符串型数据不识别变量定义符 $，使用双引号定义的字符串型数据能识别变量定义符 $，见例 3–3。

【例 3–3】输出单引号与双引号内的变量定义符 $。

```
<?php
        $A=50;
        echo '123$A'."<br>";
        echo "PHP 程序设计 $A";
?>
```

例 3–3 中程序的运行结果如图 3–1 所示。

图3–1 例3–3中程序运行结果

注 意

PHP 只是将双引号中的 $ 视为正常变量符号，但它无法识别 $ 后面的字符串内容中哪部分属于变量名。因此，只简单地将 $ 后面的全部字符串视为变量名。

【例 3–4】变量定义符 $ 在字符串中间输出。

```
<?php
        $A=50;
        echo "输出变量 A 的值是 $A<br>";                //此句 $A 的值正常输出
        echo "PHP 程序设计 $APHP 字符串";              //此句将出错
?>
```

以上程序中，PHP 会将第二条输出语句双引号中的 $ 后面的全部内容“APHP 字符串”视为变量名，因而程序运行时会出错。程序运行结果如图 3–2 所示。

学习笔记

图3-2　PHP无法识别$后面的变量名是否正确

（2）如果用单引号定义字符串型数据，当需要在数据中输出单引号时，就需要使用转义符\。如果使用双引号定义字符串型数据，当需要在数据中输出一些特殊字符时（包括双引号），也需要使用转义符\。

例如，要输出以下内容：php 中可以用单引号'定义字符串'，运行下面的程序就会报错：

```
<?php
        echo 'php 中可以用单引号 ' 定义字符串';
        echo "php 中也可以用双引号 " 定义字符串 ";
?>
```

因为PHP会认为输出的内容是“php 中可以用单引号”，而后面的“定义字符串”就会成为非法语句。第二行代码的错误原因也一样。

【例 3-5】使用转义符分别输出单引号与双引号。

```
<?php
    echo 'php 中可以用单引号 \' 定义字符串';
    echo "<br>";
    echo "php 中也可以用双引号 \" 定义字符串 ";
?>
```

上述程序的输出结果如图 3-3 所示。

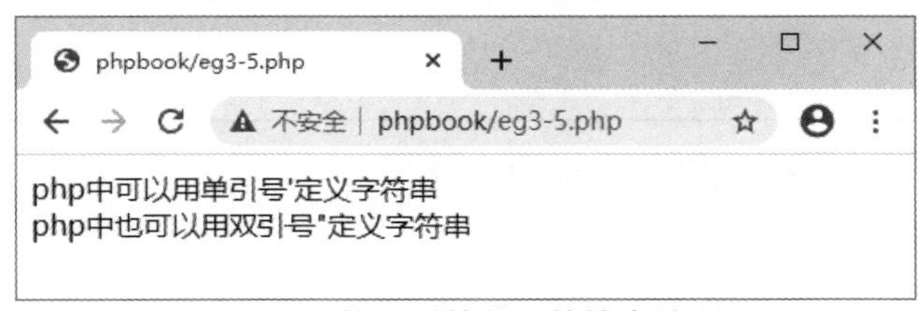

图3-3　修改后的程序的输出结果

此外，还有一些特殊字符，如果要在双引号定义的字符串中输出，也需要使用转义符\，这类特殊字符及其含义见表 3-1。

表3-1　特殊字符及其含义

特殊字符	含义
\n	换行（非网页中的 含义）
\r	回车
\t	水平制表符
\	反斜杠
$	美元符（变量符）
"	双引号

2. 字符串型数据处理

（1）字符串连接符。两个字符串可以使用.连接成一个字符串。

【例3-6】字符串连接符的应用：

```
<?Php
    $A=" 我是中国人，";
    $B=" 我爱中国！ ";
    $C=$A.$B;
    echo $C;
?>
```

例3-6中的程序运行结束后，$C的值是$A与$B中的字符串连接在一起形成的，例3-6中程序的运行结果如图3-4所示。

图3-4　例3-6中程序运行结果

（2）字符串界定符。如果需要用echo语句输出较多的字符串，且字符串中含有大量的单引号与双引号，如输出HTML代码。此时，无论使用单引号还是双引号来定义这些字符串，都相当不便，需要进行大量的转义处理。此时可以使用PHP中的字符串界定符<<<来解决上述问题。

字符串界定符的语法格式如下：

```
echo <<<界定符
    字符串内容
界定符;
```

【例3-7】使用字符串界定符输出HTML内容。

```
<?Php
    $name=" 张小华 ";
    $age=18;
    $sex=" 男 ";
echo<<<AA
    学生信息表 <br/>
    <table width="200" border="1" cellspacing="0" cellpadding="0">
  <tr>
    <td> 姓名 </td>
    <td> 年龄 </td>
    <td> 性别 </td>
  </tr>
  <tr>
    <td>$name</td>
    <td>$age</td>
    <td>$sex</td>
  </tr>
</table>
AA;
?>
```

例3-7中程序的运行结果如图3-5所示。

phpbook/eg3-7.php

不安全 | phpbook/eg3-7.php

学生信息表

姓名	年龄	性别
张小华	18	男

图3-5　例3-7中程序运行结果

注 意

可以自定义界定符名，需遵守PHP的变量命名规则，只是不需要使用符号$。并且，界定符名所在的行必须顶格写，不能包括其他任何字符（包括空格）。

在界定符作用范围内的所有内容，都依照其原本的含义与格式输出，不需要再使用单引号与双引号。

3.1.3　布尔型

布尔型（boolean）也称逻辑型，是所有数据类型中最简单的一种。它只有两种值：true（真）与false（假），并且PHP对这两个值不区分大小写。布尔型数据虽然只有两个值，但在程序设计中应用相当广泛，一切可以用“肯定”与“否定”表达的问题，都可以用这两个值表示。因此在流程控制中，布尔型变量使用得非常广泛，尤其是在条件选择结构程序流程中。

【例3-8】条件选择结构程序范例。

```
<?php
$flag1=true;
    $flag2=false;
    if($flag1){
        echo "条件1为真";
    }else{
        echo "条件1为假";
    }
    if($flag2){
        echo "条件2为真";
    }else{
        echo "条件2为假";
        }
?>
```

例3-8中的程序在Sublime调试台中运行的结果如图3-6所示。

```
条件1为真条件2为假[Finished in 0.3s]
```

图3-6　例3-8中程序运行结果

3.1.4　数据类型转换

有时程序需要把不同类型的数据转化成同一类型的数据，以便进行运算处理。这就涉

学习笔记

及数据类型的转换。例如，“123”是一个字符串，用来进行数学运算是不行的，必须先将其转换成数值123才能正确运算。

PHP的数据类型转换有两种形式：隐式转换与显示转换。

1. 隐式转换

隐式转换即不需要特别说明，由PHP根据实际运算，按其默认的转换规则对参与运算的数据进行类型转换，也称为自动转换。具体的转换规则，既与数据值有关，也与所进行的运算有关。

【例3-9】使用纯数字字符串进行数学运算。

```
<?php
    $s1="12";                //字符串型
    $s2=23;                  //整型
    $he=$s1+$s2;
    echo $he;
?>
```

例3-9的程序中，最后输出的$he的值是35。虽然变量$s1的数据类型是字符串型，值为“12”，但因为要进行数学加法运算，PHP自动将其转换成12。

【例3-10】使用首位为非数字的字符串进行数学运算。

```
<?php
    $s1="a12";               //字符串型
    $s2=23;                  //整型
    $he=$s1+$s2;
    echo $he;
?>
```

例3-10中的程序运行输出的$he的值是23，因为变量$s1的值的第1个字符不是数字，PHP默认将其转换成数值0。

【例3-11】使用首位为数字的非纯数字字符串进行数学运算。

```
<?php
    $s1="1a2"; //字符串型
    $s2=23; //整型
    $he=$s1+$s2;
    echo $he;
?>
```

例3-11中的程序运行输出的$he值是24，因为变量$s1的值虽然是字符串，但第1个字符是1，变量值转换成数值1。

如果程序进行的是字符串运算，则PHP默认将参与运算的数值型数据转换成字符串型数据。

【例3-12】将数值内容作为字符串进行运算。

```
<?php
    $A=12;
    $B="23";
    $C=$B.$A;
    echo $C;
?>
```

例3-12中的程序运行输出的变量$C的值是2312。因为.是字符串运算符，PHP的隐

式转换将 $A 的值从数值型数据 12 转换成字符串型数据 12。

我们把符合运算操作需要的数据类型称为运算类型，把不符合运算操作需要的数据类型称为非运算类型。例如，进行数学运算时，数值型就是“运算类型”，非数值型就是“非运算类型”。PHP 的隐式转换规则是把运算中的“非运算类型”数据转换成“运算类型”数据，使运算得以正常进行。各类型数据之间自动转换的规则见表 3-2 到表 3-4。

表3-2　非数值型转换为数值型

原数据类型	原值	转换值	说明
布尔型	true	1	
	false	0	
	null	0	
字符串型	首字符非数字	0	“A12” =>0
	以数字开始，非数字结尾	截至第一个非数字字符	“12AB” =>12 “-12a” =>-12 “12.4bc” =>12.4
数组	数组名	不支持	不支持转换
	数组元素		参照布尔型与字符串型转换规则

表3-3　非字符串型转换为字符串型

原数据类型	原值	转换值	说明
布尔型	true	“1”	
	false	“”	
	null	“”	空字符串
数值型	任意数值	数字字符串	12=> “12” 12.5=> “12.5”
数组	数组名	array	不提倡转换
	数组元素		参照布尔型与数组型转换规则

表3-4　非布尔型转换为布尔型

原数据类型	原值	转换值	说明
数值型	0或0.0	false	
	非零数值	true	-1=>true 12.3=>true

续表

原数据类型	原值	转换值	说明
字符串型	“”（空字符串）	false	
	“0” 或 ‘0’	false	
	null	false	
数组	空数组名	false	$a=array(); $a=>false
	非空数组名	true	$a=array(0,1); $a=>true
	数组元素		参照数值型与字符串型转换规则

2. 显式转换

显示转换也称为强制转换，即在程序中明确声明将某个数据类型的值转换成另一个数据类型的值。有两种方法可以实现显示转换：使用类型转换关键字或类型转换函数。

（1）类型转换关键字。使用类型转换关键字的语法格式如下：

```
（关键字）值 |（关键字）变量名
```

【例3-13】使用类型转换关键字进行数据类型转换。

```
<?php
    $A="12.13";              //字符串型数据
    $B=(float)$A;            //将 $A 强制转换为浮点型，然后赋值给 $B
    $C=(integer)25.5;        //将 25.5 强制转换为整型，然后赋值给 $C
    echo $B."<br>";
    echo $C;
?>
```

例3-13中的程序的运行结果如图3-7所示。

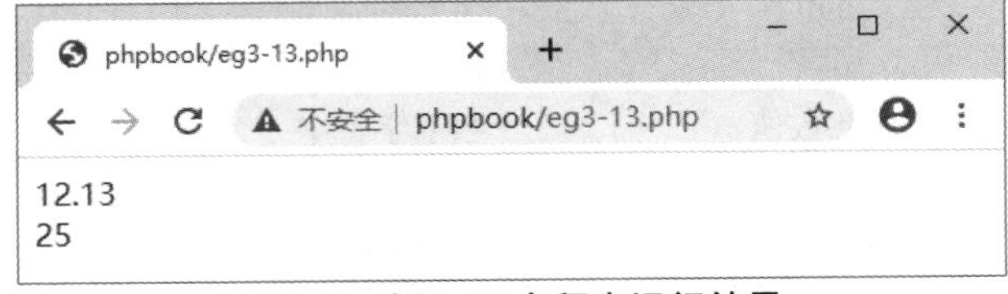

图3-7　例3-13中程序运行结果

注 意

不同类型数据、数组的强制转换规则，与隐式转换规则一样。

PHP 类型转换的关键字如下：

（1）(int)，(integer)——转换为整型 integer。

（2）(bool)，(boolean)——转换为布尔型 boolean。

（3）(float)，(double)，(real)——转换为浮点型 float。

（4）(string)——转换为字符串型 string。

（5）（array）——转换为数组array。
（6）（object）——转换为对象object。
（7）（unset）——转换为NULL（PHP 5）。

（2）类型转换函数。使用类型转换函数进行强制转换的语法格式如下。

```
目标类型函数名（变量名）| 目标类型函数名（值）
```

【例3-14】使用类型转换函数进行数据类型转换。

```
<?php
    $s1="12.13";
    $s2=intval($s1);          //将$s1转换为整型
    $s3=strval(true);         //将布尔型转换为字符串型
    echo $s2;
    echo "<br>";
    echo $s3;
?>
```

例3-14中的程序运行结束后，$s2的值是12，$s3的值是1。例3-14中的程序的运行结果如图3-8所示。

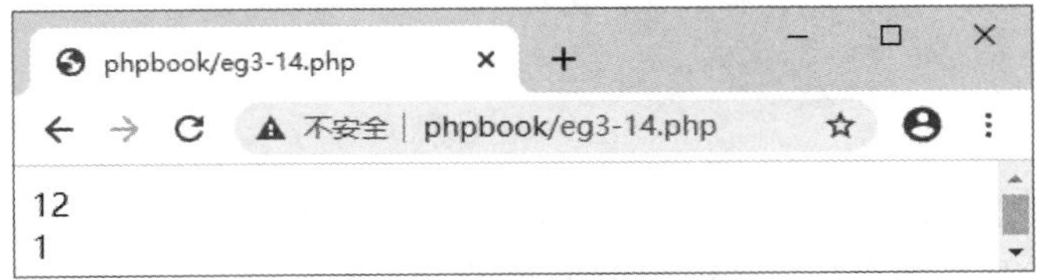

图3-8　例3-14中程序运行结果

PHP中提供的类型转换函数及其含义如下。

- intval($var)|intval(value)：将变量$var或数值value转换为整型。
- floatval($var)|floatval(value)：将变量$var或数值value转换为浮点型。
- strval($var)|strval(value)：将变量$var或数值value转换为字符串型。

需要注意的是，无论是使用类型转换关键字还是使用类型转换函数，参与转换操作的变量本身的类型并没有改变，改变的仅是这些变量如何被求值及表达式本身的类型。

【例3-15】类型转换操作中被操作变量的变化对比。

```
<?php
    $A="12.3";
    $B="24.5ab";
    $C=(integer)$A;
    $D=(float)$B;
    echo "A=$A"."<br>";
    echo "B=$B"."<br>";
    echo "C=$C"."<br>";
    echo "D=$D";
?>
```

例3-15中的程序，将$A的值转换为整型，并赋值给$C，将$B的值转换为浮点型，并赋值给$D。此时$C的数据类型是整型，$D是浮点型，但$A与$B的数据类型依然不变，都是字符串型。例3-15中程序的运行结果如图3-9所示。

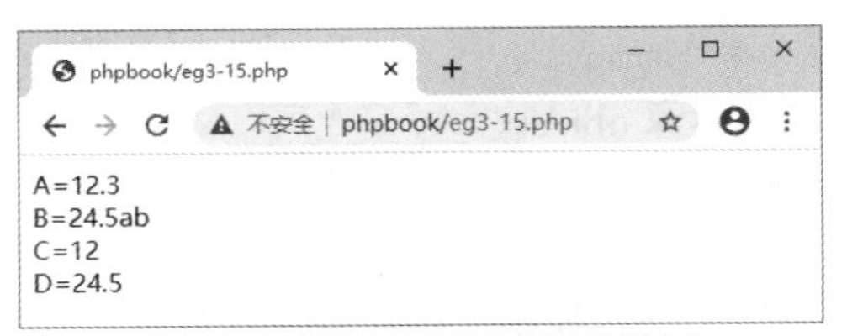

图3–9　例3–15中程序运行结果

（3）settype() 函数。settype() 函数是 PHP 提供的另一个显式数据类型转换函数，与前面两种方法不同，settype() 函数会直接改变变量本身的数据类型。其语法格式如下：

```
settype($var,stype)
```

其中，$var 表示需要转换类型的变量名，此处不能用标量；stype 表示目标数据类型。

需要特别注意的是，此函数能够将 $var 转换成 stype 指定的类型，但函数的返回值并非变量的转换结果值，而是 true 或 false，如果是 true，用“1”表示；如果是 false，用“0”表示。

【例 3–16】使用 settype() 函数进行数据类型转换。

```
<?php
    $A="12.3";
    echo settype($A,"int");    //转换 $A 的类型，并输出转换结果
    echo "<br>";
    echo $A;                    //输出 $A
?>
```

例 3–16 中的程序运行结束后，第 1 个 echo 语句输出的结果是 1，表示转换成功。第 3 个 echo 语句输出的是转换以后的 $A，从运行结果可看到 $A 已由原来的字符串型转换为整型。例 3–16 中程序的运行结果如图 3–10 所示。

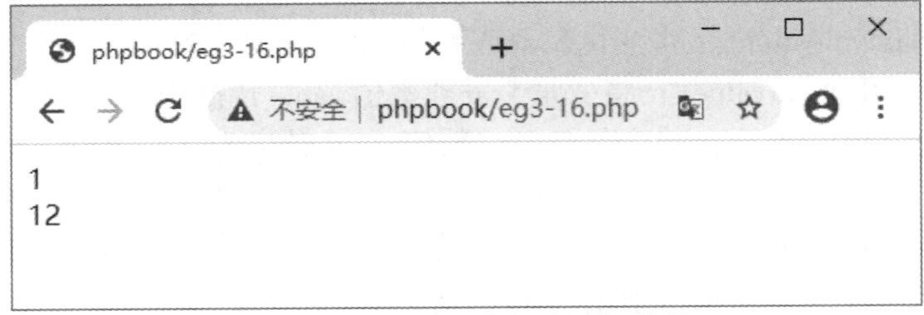

图3–10　例3–16中程序运行结果

3.2 运算符

3.2.1 算术运算符

PHP 中的算术运算符共有六种，分别是加（+）、减（–）、乘（*）、除（/）、负（–）及取模（%），取模相当于数学运算中的“整除求余数”，因此也称为“求余”。参与算术运算的操作数，必须是数值型，如果不是，PHP 将自动将其转换为数值型。

取模运算得到的余数的正负，与被除数相同。

【例 3–17】不同情况下取模运算结果的正负情况。

```
<?php
    $A=5;
    $B=-5;
    echo ($A%3)."<br>";
    echo ($A%-3)."<br>";
    echo ($B%3)."<br>";
    echo ($B%-3);
?>
```

例 3-17 中程序的运行结果如图 3-11 所示。

图3-11　例3-17中程序运行结果

注 意

echo 语句不支持表达式，如果要利用 echo 语句直接输出表达式的运算结果，应使用 () 将表达式括起来。

运算的优先级别，从左到右，先是乘、除、取模，然后是负、加、减。

【例 3-18】算术运算符的优先级。

```
<?php
    $A=-8/4+3*3%4-5;
    echo $A;
?>
```

例 3-18 中的程序计算 $A 的表达式，运算顺序如图 3-12 所示。

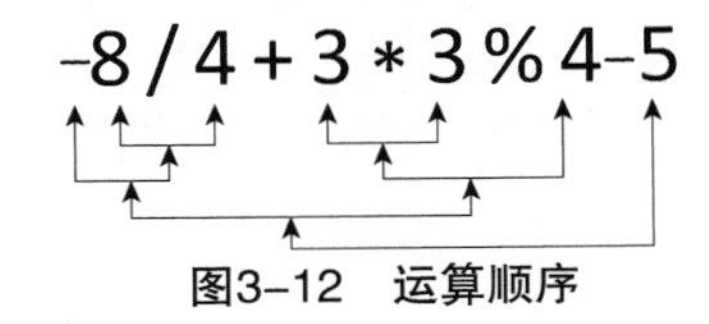

图3-12　运算顺序

由图 3-12 可以算出 $A 最后的值为 -6。

3.2.2　赋值运算符

赋值运算符是 =，作用是将 = 右边的值存到左边的变量中。另外，为简化程序的写法，还有 +=、-=、*=、/= 及 .= 等运算符。其含义都表示运算符左边的变量在原值的基础上进行相应运算以后，再将运算的结果重新赋予原变量。

例如，$A+=3 相当于 $A=$A+3，$A*=3 相当于 $A=$A*3。

【例 3-19】赋值运算符的应用。

```
<?php
    $A=12;
    $A+=3;
    $B="我是";
    $B.="中国人";
    echo $A."<br>";
    echo $B;
?>
```

例3-19中程序的运行结果如图3-13所示。

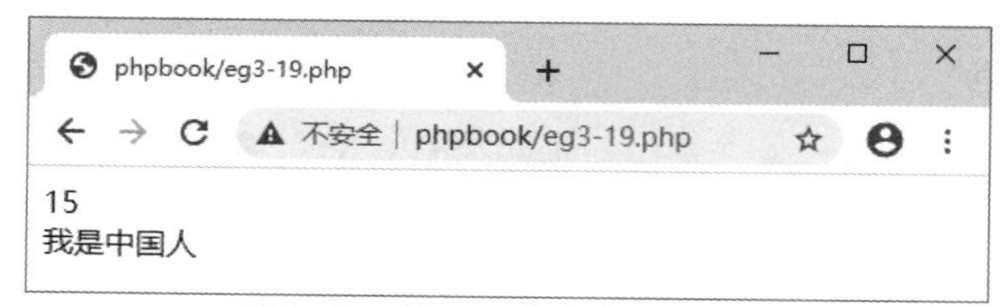

图3-13　例3-19中程序运行结果

3.2.3　位运算符

位运算符可以操作的数据类型只能是字符串型或整型。如果操作的数据都是字符串型，即先将操作数转换成对应的ASCII码，然后将ASCII码转换为二进制，最后按照其二进制位进行运算。运算结束后，将运算结果转换成ASCII码，再将该ASCII码转换成对应的字符串。字符串型数据的运算过程如图3-14所示。

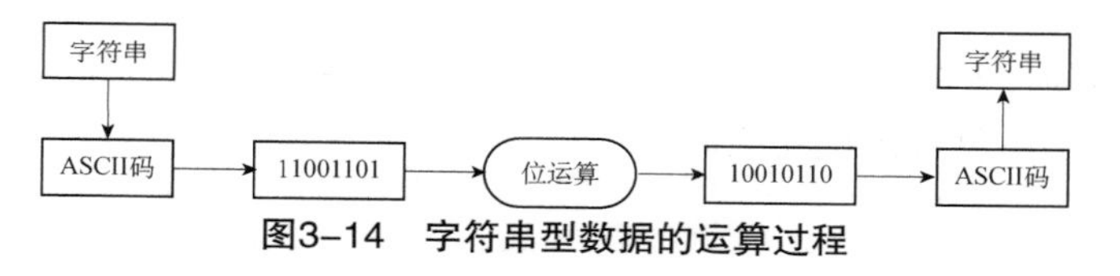

图3-14　字符串型数据的运算过程

如果操作数都是整数，即直接将整数值转换成二进制，进行位运算，然后将运算结果转换成相应的整数值。整数运算过程如图3-15所示。

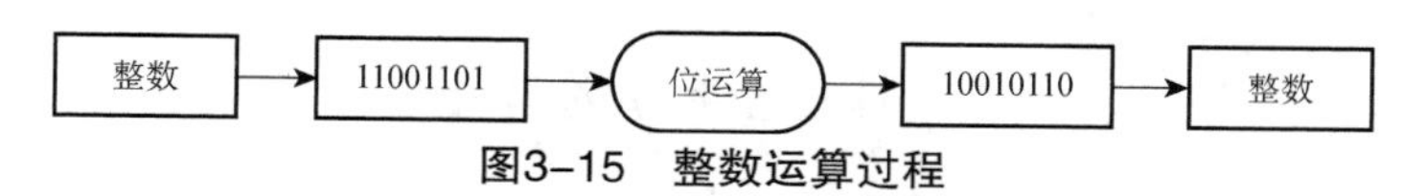

图3-15　整数运算过程

位运算符及其含义见表3-5。

表3-5　位运算符及其含义

运算符	含义	举例
&	位与	1&1=1，1&0=0，0&1=0，0&0=0
|	位或	1|1=1，1|0=1，0|1=1，0|0=0
^	位异或	1^1=0，1^0=1，0^1=1，0^0=0
~	位非	~1=0，~0=1
<<	左移	1<<1=10，0<<1=00，1<<2=100
>>	右移	1>>1=0，10>>1=1

位运算符的运算规则如下。

（1）与：操作数都为1，结果为1。

（2）或：操作数都为0，结果为0。

（3）异或：操作数相同，结果为0，操作数不同，结果为1。

（4）非：结果永远与操作数相异。

【例3-20】数字字符串的位与运算。

```
<?php
    $A="12";
    $B="23";
    $C=$A&$B;
    echo '$C='.$C;
?>
```

例3-20的程序中，变量$A的值是字符串12，1的ASCII值是49，2的ASCII值是50，$A转换为二进制数是0011000100110010。同理，字符串23转换为二进制数是0011001000110011，两个二进制数进行位与运算的过程如图3-16所示。

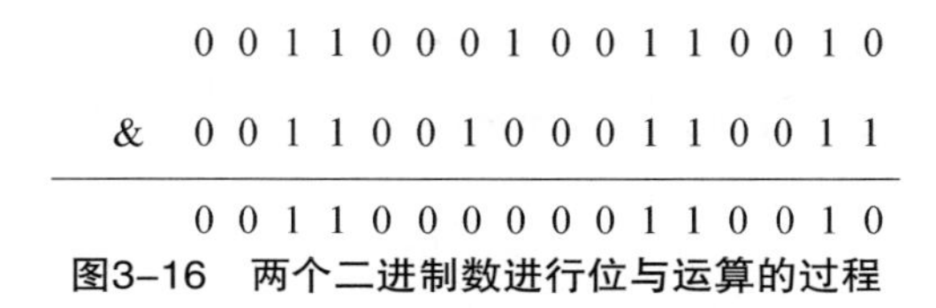

图3-16 两个二进制数进行位与运算的过程

例3-20中程序的运行结果为110000110010，按每8位二进制数转换成一个ASCII码值，转换后的ASCII码分别为48与50，对应的ASCII字符分别是0与2，因此变量$C的值是02。例3-20中程序的运行结果如图3-17所示。

图3-17 例3-20中程序运行结果

【例3-21】数值的位移运算。

```
<?php
    $A=12;
    $B=2;
    $C=$A>>$B;
    echo $C;
?>
```

例3-21中的程序运行结束后，输出的变量$C的值是3。因为12是整数，转换为二进制数是1100，每位数都向右移2位，得到的结果是0011，转换为整数是3。

在位运算中，如果一个操作数是整型，另一个操作数是字符串型，则先将字符串型转换为整型，再按两个整数的位运算进行运算。

在位移运算中，任何被移出的位都直接丢弃。左移时右侧以0填充，符号位被移走意味着正负号不保留。右移时左侧以符号位填充，意味着正负号保留。PHP不支持字符串的

位移操作。

【例3–22】带符号数值的位移运算。

```
<?php
    $A=12;
    $B=-15;
    $C=$A>>2;
    $D=$B<<4;
    echo "C=".$C."<br>";
    echo "D=".$D;
?>
```

例3–22的程序中，$A的值是12（D），转换为二进制数是0000000000001100（B），向右移2位是0000000000000011（B），相当于十进制数3（D），因此，最后输出的$C的值是3。

$B的值是–15（D），转换为二进制数是1111111111110001（B），向左移4位是11111111 00010000（B），相当于十进制数–240。因此$D的值是–240。例3–22中程序的运行结果如图3–18所示。

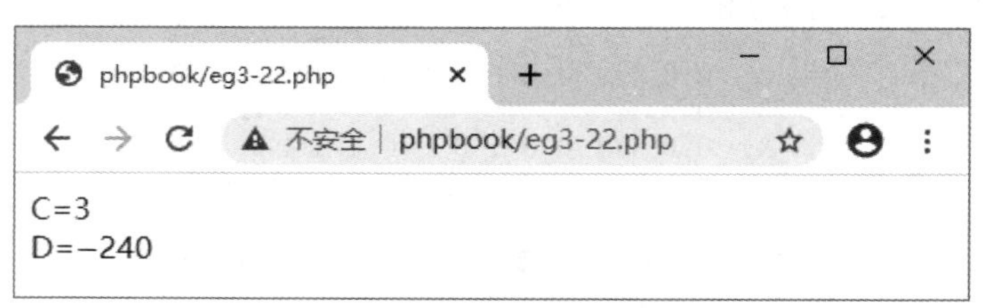

图3–18　例3–22中程序运行结果

3.2.4　逻辑运算符

逻辑运算有与、或、非、异或四种，其运算规则与位运算中的与、或、非、异或一样，只是操作数都是布尔型，逻辑运算符及其说明见表3–6。

表3–6　逻辑运算符及其说明

逻辑运算符	操作	说明
&& 或 and	与	t&&t=t，t&&f=f，f&&f=f
|| 或 or	或	t||t=t，t||f=t，f||f=f
!	非	!t=f，!f=t
xor	异或	txort=f，txorf=t，fxorf=f
说明：t 表示true，f 表示false		

【例3–23】“逻辑与”运算的应用。

```
<?php
    $A=3;
    $B=4;
    if($A<8 && $B>0){
    echo "两数都符合要求";
    }
?>
```

例 3–23 程序中的表达式 $A＜8 成立，结果为 true，$B＞0 也成立，结果为 true，都是布尔型，t&&t=t，因此 if 条件语句中的条件成立，输出“两数都符合要求”。例 3–23 中程序的运行结果如图 3–19 所示。

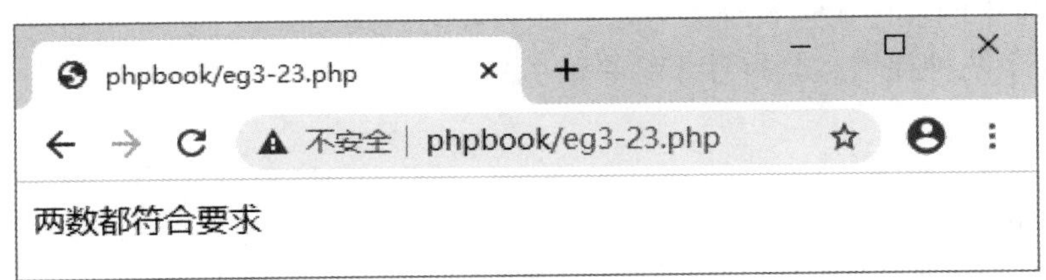

图3–19　例3–23中程序运行结果

3.2.5　关系运算符

关系运算符也称为比较运算符，主要用来比较运算符两边操作数的大小关系。关系运算符及其说明见表 3–7。

表3–7　关系运算符及其说明

关系运算符	名称	说明
==	等于	如果类型转换后左操作数等于右操作数，结果为true
===	全等	如果左操作数等于右操作数，并且它们的类型也相同，结果为true
!=	不等	如果类型转换后左操作数不等于右操作数，结果为true
<>	不等	如果类型转换后左操作数不等于右操作数，结果为true
!==	不全等	如果左操作数不等于右操作数，或者它们的类型不同，结果为true
<	小于	如果左操作数严格小于右操作数，结果为true
>	大于	如果左操作数严格大于右操作数，结果为true
<=	小于等于	如果左操作数小于或者等于右操作数，结果为true
>=	大于等于	如果左操作数大于或者等于右操作数，结果为true

以上运算符中，除了“全等”与“不全等”，其他运算符的操作数如果类型不同，PHP 会按自动转换规则对其进行数据转换以后再进行比较运算。例如，12>“a” =true，因为“a”转换为数值型是 0。

如果是两个字符串进行关系运算，按字符的顺序，取其 ASCII 码进行大小比较。例如“abc” <“ABC” =false，因为 a 的 ASCII 码大于 A 的 ASCII 码，而“abc” >“aBc” =true。如果是两个中文字符串进行关系运算，则按字符的顺序，取其拼音进行比较。例如，“我们” >“你们” =true，因为“wo” >“ni” =true。

3.2.6　递增、递减运算符

递增、递减运算符的运算原理：在操作数变量原值的基础上，加 1 或减 1 以后，再重新赋回操作数变量。

学习笔记

递增、递减有两种形式，一种是++$；另一种是$++。这两者的主要区别在于运算过程不同，前者是先给变量的值加1，再将新值赋给变量；后者是先返回变量的值，再给变量的值加1。

从例3-24中的程序的运行结果可以看出两者的区别。

【例3-24】两种递增运算符计算结果的区别。

```
<?php
    $A=2;
    $B=3;
    echo $A++;              //输出2
    echo $A;                //输出3
    echo ++$B;              //输出4
    echo $B;                //输出4
?>
```

例3-24中的程序在Sublime调试台中的运行结果如图3-20所示。

```
2344[Finished in 0.4s]
```

图3-20　例3-24中程序在Sublime调试台中的运行结果

递增运算符还支持英文字符运算，但只支持递增运算，不支持递减运算。此外，如果是数字字符，PHP在进行运算前，会先将其转换为数值。

【例3-25】使用递增运算符进行字符运算。

```
<?php
    $A="我";
    echo ++$A;              //不支持中文，继续输出"我"
    $A="A";
    echo ++$A;              //支持英文，输出"B"
    $A="23";
    echo ++$A;              //支持数值，输出"24"
    $A="B";
    echo --$A;              //不支持字符递减，输出"B"
?>
```

例3-25中的程序在Sublime调试台中的运行结果如图3-21所示。

```
我B24B[Finished in 0.4s]
```

图3-21　例3-25中程序在Sublime调试台中的运行结果

3.2.7　三目运算符

三目运算符也叫三元运算符，即“？”“：”。其语法格式如下：

```
条件表达式？值1：值2
```

三目运算符的运算原理是先判断条件表达式的结果是否为真，如果为真，运算的结果为“值1”，否则运算的结果为“值2”。

【例3-26】成绩合格检测。

```
<?php
    $score=65;
    $isPass=$score>=60? "合格":"不合格";
    echo $isPass;
?>
```

以上程序中，表达式 $score>=60 的结果为 true，所以 $isPass 的值为“合格”。

如果将 $score 的值改为 50，则表达式 $score>=60 的结果为 false，输出的结果为“不合格”。

3.36 运算符的优先级

与数学运算一样，PHP 中的各类运算符也存在优先级高低之分，优先级高的先运算。运算符的优先级直接影响着表达式的运算结果，因此，必须严格识别不同运算符的优先级。

PHP 常用运算符的优先级见表 3-8。

表3-8　PHP常用运算符的优先级

序号	运算符	说明
1	!	逻辑运算（非）
2	*	算术运算（乘）
3	/	算术运算（除）
4	%	算术运算（取模）
5	+	算术运算（加）
6	–	算术运算（减）
7	.	字符串运算（连接）
8	<< >>	位运算符（左移，右移）
9	< <= > >=	比较运算符
10	== != === !== <>	比较运算符
11	&	位运算（与）
12	^	位运算（异或）
13	|	位运算（或）
14	&& and	逻辑运算（与）
15	|| or	逻辑运算（或）
16	? :	三目运算
17	= += –= *= /= .= %= &= |= ^= <<= >>=	赋值运算
18	xor	逻辑运算（异或）

学习笔记

需要特别说明的是，PHP也支持()运算符，并且优先级最高。书写一个比较复杂的运算表达式时，应该适当地利用括号强调其运算顺序，这样既可以提高代码的可读性，也可以提高代码的可维护性，这是一种良好的编程习惯。

另外，像1<2<3或者1<2<=3这样的表达式，虽然在数学上是成立的，但在PHP中是非法的，因为两个运算符都是<，<不能与自身结合使用。

如果表达式换成1<2==3，在数学上是不成立的，但在PHP中是合法的，因为<的优先级比==高，两者不同级。

3.4⑥ 表达式

由操作数、运算符共同组成，用于完成某些计算的语句，称为表达式。表达式是掌握PHP程序的重要基础，能够正确书写符合运算需求的表达式，是每个程序设计学习者应该掌握的基础技能。

由于键盘符号、PHP运算符优先级的高低，以及运算符结合规则的限制，解决现实问题的实际数学表达式在使用程序表达时，往往需要做一定的转换。

例如，在数学中圆的面积$S=\pi r^2$是一个正确的表达式。但在PHP中，圆的面积无法直接表达，首先π的值在PHP中不存在。另外，平方形式的表达式PHP也无法直接实现，必须根据PHP中已有的运算符及其语法，进行以下转换来实现：

```
<?php
    $pi=3.1415;
    $S=$pi*$r*$r;
?>
```

有些表达式在数学中是不成立或不会出现的，但在PHP中，由于运算符的优先级与结合规则不同，却是被允许的。例如，表达式1<2==3，在数学上是不成立的，但是在PHP中不但正确而且合法，因为运算符<的优先级比==高，两者不同级，其表达的实际运算是先比较1是否比2小，结果再与3比较是否相等。因为关系运算1<2的结果是true，再与3进行关系比较时，PHP会把非零的数值转换为逻辑值true，true==true是成立的，因此表达式的结果是true。

3.5 应用实践

3.5.1 成绩处理程序

（1）需求说明。

考试成绩60分以上者通过，否则考试不通过。请设计一个判断程序，根据输入的分数判定考试是否通过。

（2）测试用例：输入50、70。

（3）知识关联：关系运算符，数据类型转换，数据类型。

（4）参考程序。

```
<html>
<head>
```

```
        <meta charset="utf-8">
        <title> 成绩处理程序 </title>
    </head>
    <body>
        <form action="" method="post"> 请输入成绩
        <input type="number" name="score" />
        <input type="submit" name="button" value=" 提交 " />
        </form>
        <?php
            if(isset($_POST['button'])){
                $A=(float)$_POST['score'];              //将成绩转换为浮点型
                if($A>=60)
                    echo " 恭喜你，考试通过了！ ";
                else
                    echo " 很遗憾，考试没通过 !";
            }
        ?>
    </body>
    </html>
```

（5）程序解析。

第 1 个 if 条件语句中，利用 isset($_POST ['button']) 判断 $_POST 变量中的 button 值是否存在（“提交” 按钮是否被单击），如果存在，函数 isset() 的返回值是 true，否则为 false。if 语句中只有其括号中表达式的结果为 true 时，才会执行其后面{　}内的程序。

第 2 个 if 条件语句中，判断文本框中的成绩值是否为空字符串，如果不是，则括号中的表达式 $_POST 'score'] !="" 成立，表达式的结果是 true，执行第二层{　}中的程序。

第 3 个 if 条件语句中，利用表达式 $A>=60 来判断成绩是否合格，如果表达式成立，则结果为 true，执行第 1 个 echo 语句。否则，执行 else 下面的 echo 语句。

（6）运行结果。

程序运行的初始界面如图 3-22 所示。

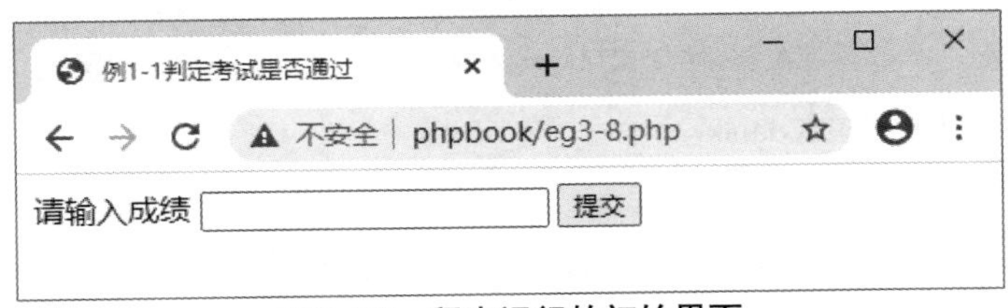

图3-22　程序运行的初始界面

在文本框中输入 “50” 与 “70”，并单击 “提交” 按钮，结果分别如图 3-23 和图 3-24 所示。

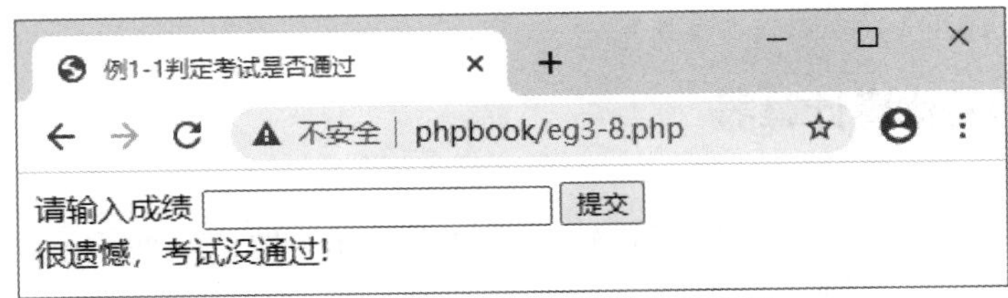

图3-23　输入 “50” 并提交的结果

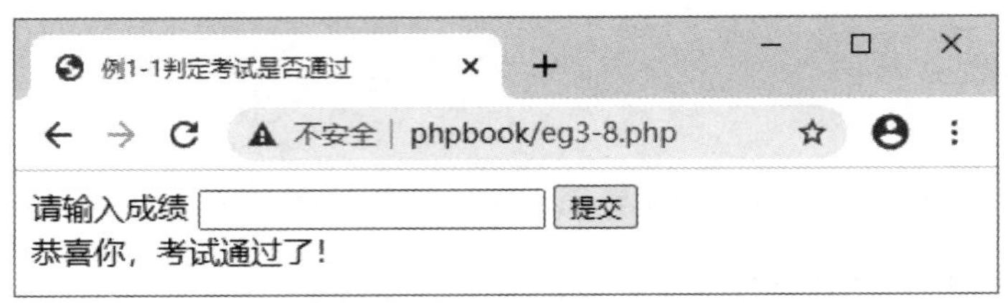

图3-24　输入“70”并提交的结果

3.5.2　加密算法

（1）需求说明。

位运算符在加密算法中应用得比较广泛。例如，假定某种加密算法的原理：原始密码的每个字符的ASCII码异或5，运算得到的值转换回相应的ASCII码字符。

（2）测试用例：假定原始密码是“admin888”。

（3）知识关联：位运算。

（4）参考程序。

```
<?php
    $pw="admin888";
    $len=strlen($pw);
    for($i=0;$i<$len;$i++){
        $C=ord($pw[$i])^5;              //截取每个字符进行位运算
        $pw[$i]=chr($C);
    }
    echo "加密后的密码是'".$pw."'";
?>
```

（5）运行结果。

上述参考程序的运行结果如图3-25所示。

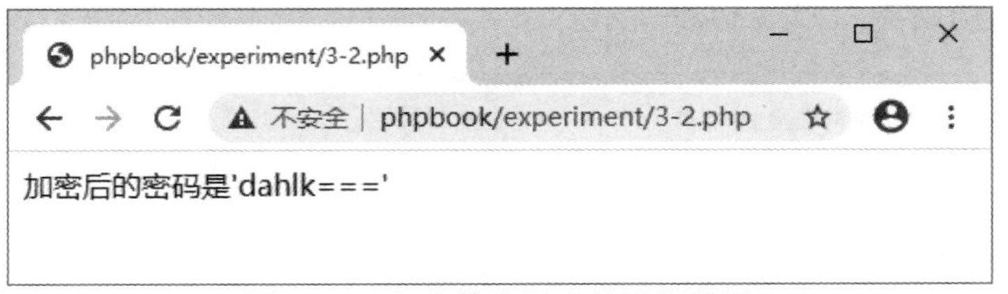

图3-25　加密算法程序的运行结果

注 意

strlen() 函数用于返回字符串的长度，ord() 函数用于将字符转换为ASCII码，chr() 函数用于将ASCII码转换为相应的字符。

3.5.3　消费优惠计算器

（1）需求说明。

设计一个优惠计算程序，根据用户输入的消费金额，按“消费满100减10”的条件，计算并输出优惠以后的金额。

（2）测试用例：95，120。

（3）知识关联：三目运算符，关系运算符，算术运算符。

（4）参考程序。

学习笔记

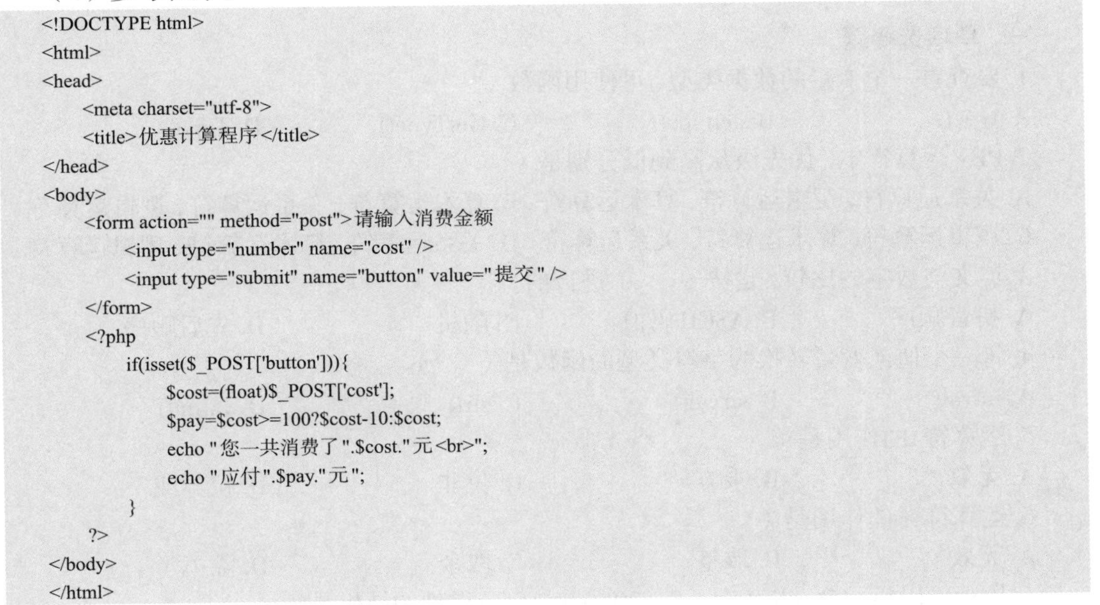

```
<!DOCTYPE html>
<html>
<head>
    <meta charset="utf-8">
    <title>优惠计算程序</title>
</head>
<body>
    <form action="" method="post">请输入消费金额
        <input type="number" name="cost" />
        <input type="submit" name="button" value="提交" />
    </form>
    <?php
        if(isset($_POST['button'])){
            $cost=(float)$_POST['cost'];
            $pay=$cost>=100?$cost-10:$cost;
            echo "您一共消费了".$cost."元<br>";
            echo "应付".$pay."元";
        }
    ?>
</body>
</html>
```

（5）运行结果。

上述参考程序的运行结果如图 3-26 至图 3-28 所示。

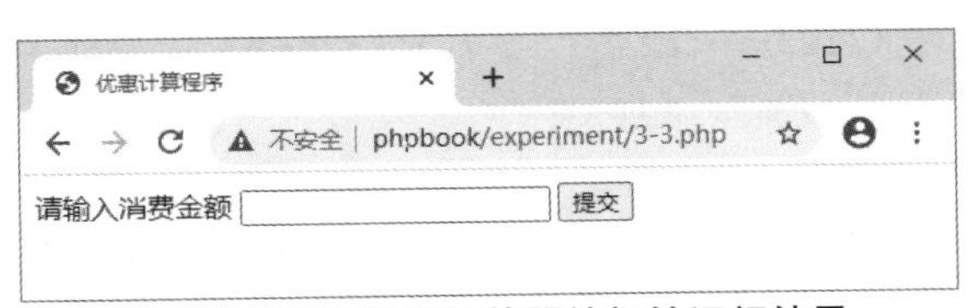

图3-26　消费优惠计算器的初始运行结果

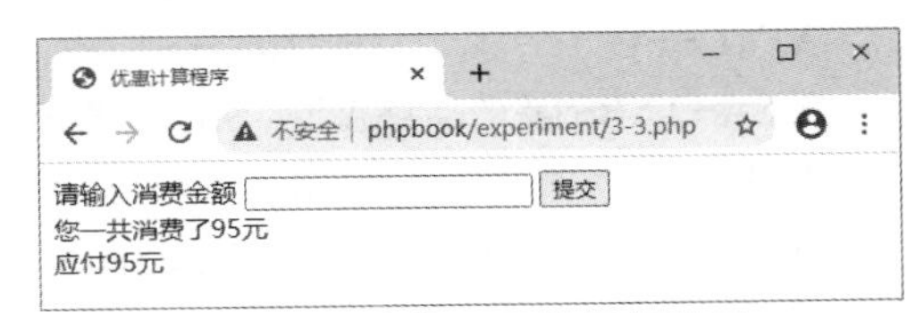

图3-27　消费95元的运行结果

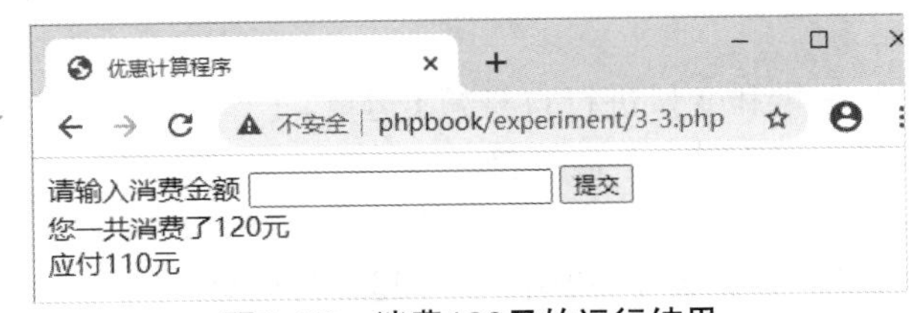

图3-28　消费120元的运行结果

3.6 技能训练

1. 编写程序，实现以下需求：如果用户输入的数值除以 3 的余数小于或等于 1，输出 1，否则，输出 0。

2. 商场举行优惠促销活动，顾客每消费满 100 元，即可减 10 元。请编写一个消费计算程序，根据输入的顾客消费金额及优惠条件，计算出顾客的应付金额，并将消费金额与应付金额同时输出。

3.7 思考与练习

一、单项选择题

1. 要查看一个变量的数据类型，可使用函数（　　）。

A. type()　　B. gettype()　　C. GetType()　　D. Type()

2. PHP运算符中，优先级从高到低分别是（　　）。

A. 关系运算符，逻辑运算符，算术运算符　　B. 算术运算符，关系运算符，逻辑运算符

C. 逻辑运算符，算术运算符，关系运算符　　D. 关系运算符，算术运算符，逻辑运算符

3. 英文与数字的比较，是按（　　）进行的。

A. 拼音顺序　　B. ASCII码值　　C. 随机　　D. 先后顺序

4. 将一个值或变量转换为字符类型的函数是（　　）。

A. intval()　　B. strval()　　C. str()　　D. valint()

5. 运算符^的作用是（　　）。

A. 无效　　B. 乘方　　C. 位非　　D. 位异或

6. 运算符%的作用是（　　）。

A. 无效　　B. 取整　　C. 取余　　D. 除

7. 执行代码 $x=15; echo $x++; $y=20; echo ++$y; 得到的结果是（　　）。

A. 15，20　　B. 15，21　　C. 16，20　　D. 16，21

8. 下列表达式中（　　）的值是true。

A. 'a1'==1　　B. '1top'==1　　C.123==='123'　　D. 1<2===3

9. $A=2;$B=1;$C=++$A ||--$B;$C 的值是（　　）。

A. 3　　B. 0　　C. 2　　D. 1

10. $a=10,$b=5,$c=8,$a>$b?$x=($a<$c?$c−$a:$a−$c):$x=($b<$c?$c−$b:$b−$c);，最后 $x 的值是（　　）。

A. −2　　B. 2　　C. 3　　D. −3

二、判断题

1. 运算符--可以对常量和变量进行自身减1运算。（　　）

2. 在PHP中，==与===是同一个运算符。（　　）

3. 一个数组中的各个元素都可以是不同的数据类型。（　　）

4. PHP不允许任何不同数据类型的操作数一起进行运算。（　　）

5. 使用intval($A)语句以后，$A的数据类型转换为整型。（　　）

三、简答题

1. 请说出前置$A++和后置++$A的区别。

2. $A=“123ab”，把$A的值转换成整型的方法有哪些？

3. 请写出以下PHP表达式（直接用变量描述）。

（1）$\frac{n(n+1)(n+2)}{xy}$　　（2）$A+\frac{1}{xy^2}$

第 4 章 程序控制结构

扫一扫

获取微课

程序流程控制中有三大结构：顺序结构、条件分支结构与循环结构。顺序结构按程序语句顺序逐句运行，是最常见的一种程序控制结构，也是另外两种程序控制结构的基础。

本章重点介绍条件分支结构与循环结构。

4.1 条件分支结构

条件分支结构，顾名思义，就是根据条件成立与否，决定程序的分支走向。

条件分支结构共有三种：单分支条件结构、双分支条件结构与多分支条件结构。其中，多分支条件结构是在前面两种条件分支结构的基础上衍变出来的一种程序控制结构。

4.1.1 单分支条件结构

单分支条件结构，即只有一个分支的if结构，它根据条件是否成立，决定分支中的程序是否执行。其语法格式如下。

```
if(条件表达式)
    {语句块}
```

如果if后面的条件表达式成立（表达式结果为true），即执行语句块，否则（表达式结果为false），跳过语句块，直接执行后面的程序。单分支条件结构流程如图4-1所示。

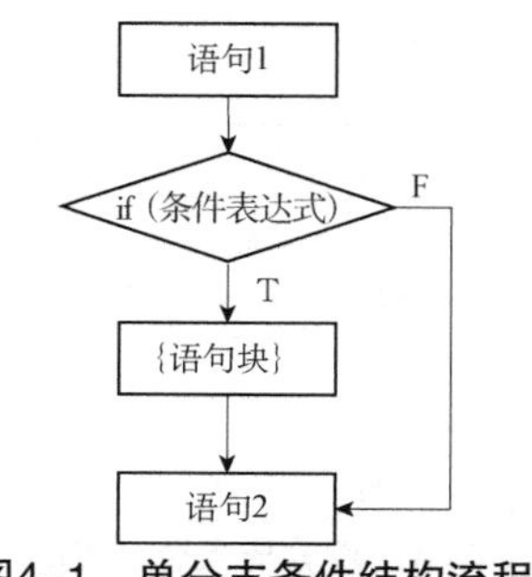

图4-1 单分支条件结构流程

【例4–1】利用单分支条件结构判断两个数的整除关系。

```
<?php
        $A=12; $B=5; $C=3;
        if($A%$B==0)
        {
                $D=$A/$B;
                echo "变量A是变量B的".$D."倍<br>";
        }
        if($A%$C==0)
        {
                $D=$A/$C;
                echo "变量A是变量C的".$D."倍<br>";
        }
        echo '运算完毕';
?>
```

第一个if结构中，因为条件表达式$A%$B==0结果为false，因此没有执行{ }中的语句。第二个if结构的条件表达式$A%$C==0成立，因此执行了{ }中的语句。例4–1中的程序的运行结果如图4–2所示。

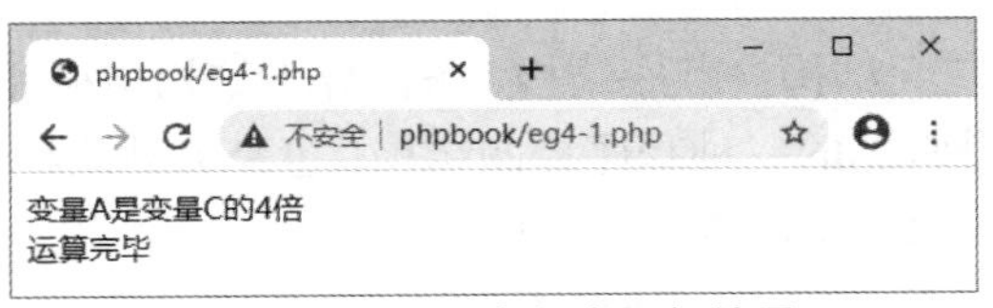

图4–2 例4–1中程序运行结果

注 意

如果if分支中，只有一句程序，{ }可以省略。

4.1.2 双分支条件结构

如果需要根据条件表达式成立与否分别做不同的处理，可以使用带有else语句的双分支条件结构。其语法格式如下。

```
if(条件表达式)
    {语句块1}
else
    {语句块2}
```

当条件表达式成立时，执行语句块1而忽略语句块2；当条件不成立时，执行语句块2而忽略语句块1。

双分支条件结构流程如图4–3所示。

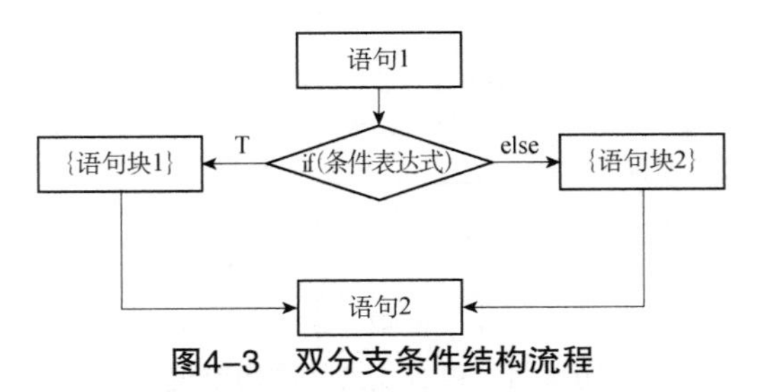

图4–3 双分支条件结构流程

学习笔记

【例4-2】根据学生分数，判断成绩是否合格。

```
<?php
    $score=50;
    if($score>=60){
        echo '分数：'.$score.'分<br>';
        echo "恭喜您，考试通过了！ <br>";
    }
    else{
        echo '分数：'.$score.'分<br>';
        echo "很抱歉，考试不通过！ <br>";
    }
    echo "成绩鉴定结束";
?>
```

例4-2程序中if结构的条件不成立，直接执行else下面的语句块。例4-2中程序的运行结果如图4-4所示。

图4-4　例4-2中程序运行结果

注 意

无论是if还是else后面的语句块，如果其中只有一句代码，{ }都可以省略。

4.1.3　多分支条件结构

若条件表达式存在多于两种判断结果且都需要做不同处理时，需要使用elseif语句编写多分支条件结构程序。其语法格式如下。

```
if(条件表达式1)
    {语句块1}
elseif(条件表达式2)
    {语句块2}
elseif(条件表达式3)
    {语句块3}
[else
    {语句块4}]
```

以上格式中最后的[else...]部分可选，如果不需要，可以省略。该结构的程序运行时，会逐个判断条件表达式，遇到第一个成立的条件表达式，即执行相应的语句块，然后忽略其他所有的分支。多分支条件结构流程如图4-5所示。

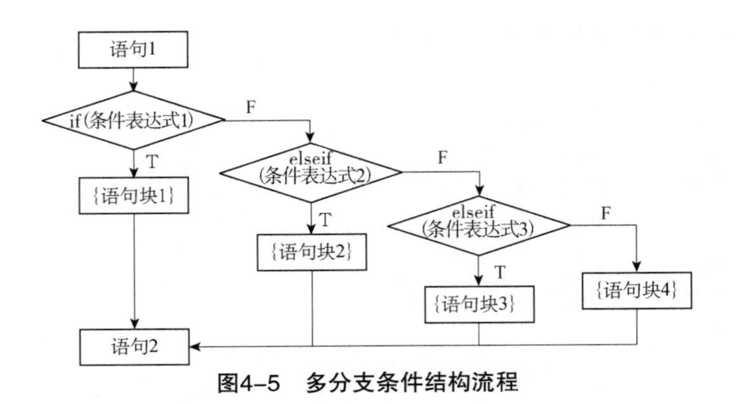

图4–5　多分支条件结构流程

【例4–3】输入一个成绩，按以下标准判断该成绩的等级。

0 ~ 59分：不合格

60 ~ 69分：合格

70 ~ 79分：中等

80 ~ 89分：良好

90 ~ 100分：优秀

```
<form id="form1" name="form1" method="post" action="">
  请输入你的成绩：
  <input name="score" type="text" id="score" size="8" />
  <input type="submit" name="button" id="button" value=" 提交 " />
</form>
<?php
    if(isset($_POST['button'])){
        echo " 你所得成绩是 ".$_POST['score']." 分 <br>";
        if($_POST['score']>=60 && $_POST['score']<=69)
            echo ' 成绩合格 ';
        elseif($_POST['score']>=70 && $_POST['score']<=79)
            echo ' 成绩中等 ';
        elseif($_POST['score']>=80 && $_POST['score']<=89)
            echo ' 成绩良好 ';
        elseif($_POST['score']>=90 && $_POST['score']<=100)
            echo ' 成绩优秀 ';
        else
            echo' 成绩不合格 ';
    }
?>
```

运行上述程序，分别输入“30”“75”“80”，程序运行结果分别如图4–6至图4–8所示。

图4–6　输入“30”并提交后程序的运行结果

学习笔记

图4–7　输入“75”并提交后程序的运行结果

图4–8　输入“80”并提交后程序的运行结果

注 意

使用 elseif 结构时，必须充分考虑各个条件表达式间的逻辑关系，这样才能保证程序运行结果正确。例 4–3 中，若输入的分数是大于 100 的数，输出的结果依然是“成绩不合格”，因为程序中的所有分支条件中，都没有符合大于 100 分的情况。因此，将其归入 else 部分。

程序中的 if(isset($_POST['button'])) 用于判断 button 按钮的值是否存在，从而判断用户是否单击了“提交”按钮。

4.1.4　switch 结构

使用 if...elseif... 结构虽然能够解决多条件多分支的问题，但这样的结构，在表达“不同条件不同分支”的问题时，显得不够清晰。使用 switch 结构，可以很好地解决这类问题。

switch 结构的语法格式如下。

```
switch(表达式)
{           case 值1
                 语句块1
                 break;
            case 值2
                 语句块2
                 break;
            …
            default:
                 语句块N
}
```

在 switch 结构中只有一个表达式，程序根据表达式的值决定执行哪一个 case 模块中的程序。当所有的 case 值都不符合时，执行 default 下面的语句块 N。

【例 4–4】根据浏览器错误代码，输出相应的错误信息。

```
<?php
    $errCode=401;                              //错误代码
    $errMsg="";                                //错误信息
    switch ($errCode) {
    case 400:
        $errMsg="（错误请求）服务器不理解请求的语法";
        break;
    case 401:
            $errMsg="（未授权）请求要求身份验证";
        break;
    case 403:
        $errMsg="（禁止）服务器拒绝请求";
        break;
    case 404:
        $errMsg="（未找到）服务器找不到请求的网页";
        break;
    default:
        $errMsg="发生未知错误";
        break;
    }
    echo $errCode.$errMsg;
?>
```

例4-4中程序的运行结果如图4-9所示。

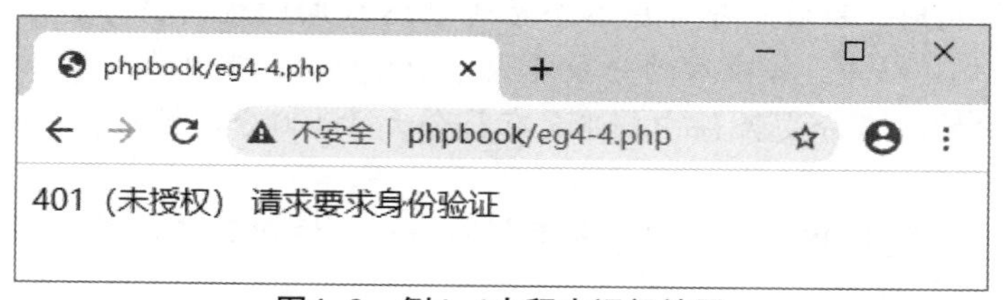

图4-9　例4-4中程序运行结果

switch结构还允许在case后面跟条件表达式，如果switch()语句括号中的值，使某个case分支的条件表达式成立，则执行该case分支中的程序语句。

【例4-5】根据用户输入的分数，判断成绩的等级。

```
<form id="form1" name="form1" method="post" action="">
  请输入你的成绩：
  <input name="score" type="text" id="score" size="8" />
  <input type="submit" name="button" id="button" value="提交" />
</form>
<?php
    if(isset($_POST['button'])){
        $socre=$_POST['score'];
        switch($socre){
            case $socre<60:
                echo "成绩不合格";
                break;
            case $socre>=60 && $socre<70:
                echo "成绩合格";
                break;
            case $socre>=70 && $socre<80:
                echo "成绩中等";
                break;
```

学习笔记

```
            case $socre>=80 && $socre<90:
                echo "成绩良好";
                break;
            case $socre>=90 && $socre<=100:
                echo "成绩优秀";
                break;
            default:
                echo "分数异常";
        }
    }
?>
```

需要注意的是，每个case分支模块中都必须有break语句，否则，PHP会在执行完符合条件的case分支后，继续执行其后的所有分支。

【例4-6】对成绩判断程序做如下修改。

```
<form id="form1" name="form1" method="post" action="">
  请输入你的成绩：
  <input name="score" type="text" id="score" size="8" />
  <input type="submit" name="button" id="button" value="提交" />
</form>
<?php
    if(isset($_POST['button'])){
        $score=$_POST['score'];
        echo "成绩：".$score."<br>";
        switch($score){
            case $score<60:
                echo "成绩不合格";
            case $score>=60 && $score<70:
                echo "成绩合格";
            case $score>=70 && $score<80:
                echo "成绩中等";
            case $score>=80 && $score<90:
                echo "成绩良好";
            case $score>=90 && $score<=100:
                echo "成绩优秀";
            default:
                echo "分数异常";
        }
    }
?>
```

运行例4-6中的程序，分别输入“50”“80”，程序的运行结果如图4-10和图4-11所示。

phpbook/eg4-6.php
不安全 | phpbook/eg4-6.php
请输入你的成绩： 提交
成绩：50
成绩不合格成绩合格成绩中等成绩良好成绩优秀分数异常

图4-10　输入“50”并提交后程序的运行结果

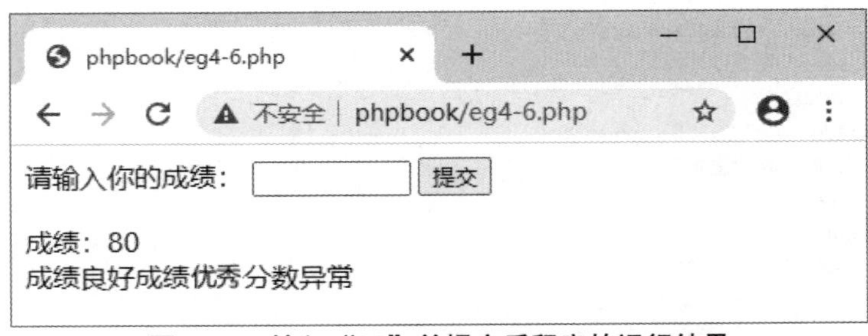

图4-11　输入“80”并提交后程序的运行结果

4.2 循环结构

循环结构是一种“重复结构”，在某个条件满足的前提下，反复执行某一段程序。它是程序设计中常用的非常重要的一种程序控制结构。

在循环结构中，决定程序是否被反复执行的条件称为“循环条件”，被反复执行的程序称为“循环体”。

PHP 中的循环结构有四种：while 循环、do...while 循环、for 循环和 foreach 循环。

4.2.1 while 循环

while 循环的语法格式如下。

```
while（条件表达式）
    {循环体}
```

在 while 循环中，先判断条件表达式是否成立，如果条件表达式不成立（false），即直接跳过循环体，执行其后面的语句；如果条件表达式成立（true），即进入循环，执行循环体中的程序；然后回到条件表达式进行判断，如果条件表达式仍成立，则继续执行循环体，直至条件表达式不成立为止。while 循环结构流程如图 4-12 所示。

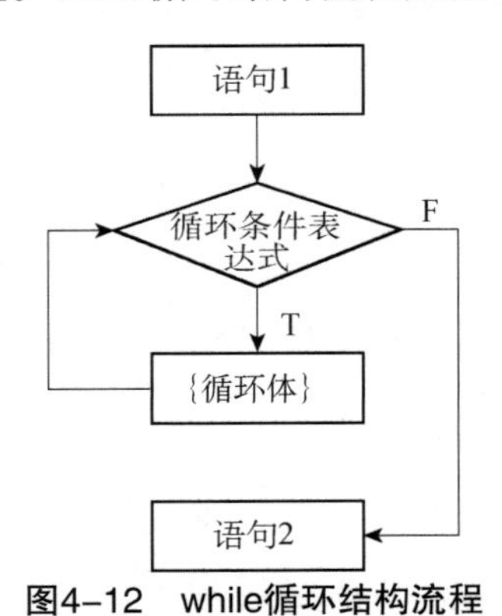

图4-12　while循环结构流程

【例 4-7】编写程序，计算 1+2+3+4+…+99+100 的和。

```
<?php
    $sum=0;
    $i=1;
    while($i<=100){
        $sum+=$i;
```

```
        $i++;
    }
    echo "100以内所有自然数之和是$sum";
?>
```

while循环结构适用于解决运算步骤、方法完全相同，而每次运算的数据不同但有规律可循的重复性工作。例如，例4-7中，每次的运算操作都是和（$sum）在原来的值的基础上加上一个新的自然数，这个自然数虽然每次都不相同，但它存在一个共同的规律，即比上次所加的自然数大1。这样的操作，重复了100次。

注 意

在while循环中，必须保证循环条件表达式在某个时候不成立，否则，程序将因为条件一直成立而使循环体不停地被执行，这种情况称为“死循环”。这是人们在程序设计中必须避免的一种错误。

4.2.2　do…while循环

do...while循环的语法格式如下。

```
do
    {循环体}
while(循环条件表达式);
```

do...while循环结构中，首先执行一次循环体中的程序，再判断循环条件表达式是否成立，若不成立，即退出循环，继续执行后面的程序；若循环条件表达式成立，则再次进入循环体执行其中的程序，直至循环条件表达式不成立为止。

在do...while循环结构中，循环体至少被执行了一次。与while循环一样，do...while循环也必须保证循环条件表达式在某个时候不成立，以结束循环。

do...while循环结构流程如图4-13所示。

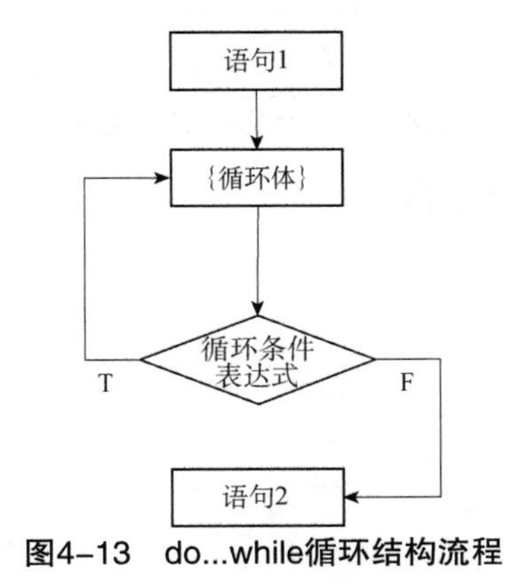

图4-13　do...while循环结构流程

注 意

do...while()语句后面必须以分号结束。

【例4-8】在浏览器中输出1 ~ 10。

```
<?php
    $i=1;
```

```
    do{
        echo $i;
        $i++;
    }while ($i<= 10) ;
?>
```

4.2.3 for循环

while循环与do...while循环比较适用于事先无法判断循环次数的循环，对于事先可以判断循环次数的循环，则使用for循环更合适。

for循环的语法格式如下。

```
for(循环变量=初始值;循环条件表达式;循环变量步长)
    {循环体}
```

for循环结构的程序运行时，先赋给循环变量一个初始值，再判断循环条件表达式是否成立，如果循环条件表达式成立，则进入循环体执行一次，然后循环变量在原值的基础上自动变化一个步长值，再判断循环条件表达式是否成立，直至循环变量的值不再满足循环条件表达式时退出循环。for循环结构流程如图4-14所示。

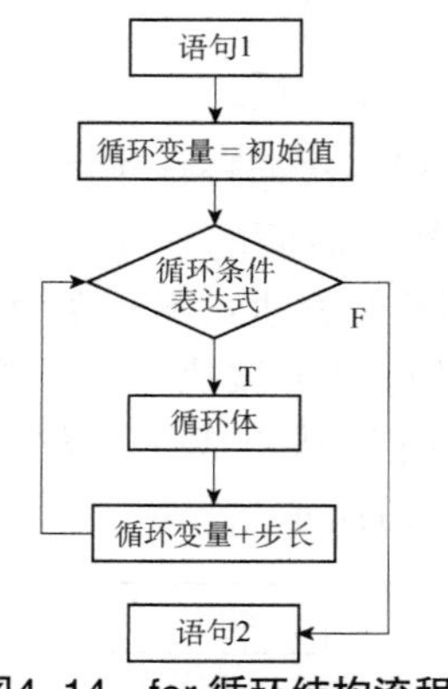

图4-14 for 循环结构流程

【例4-9】求出以下式子中k的值。

$$k=\frac{1}{1}+\frac{1}{3}+\frac{1}{5}+\frac{1}{7}+\cdots+\frac{1}{97}+\frac{1}{99}$$

```
<?php
    $k=0;
    for($i=1;i<=100;$i+=2)
        {$k=$k+1/$i;}
    echo $k;
?>
```

4.2.4 foreach循环

foreach循环也称为“遍历循环”，是一种只能用于遍历数组的循环。所谓遍历，是指对数组中每个元素都访问一遍。

foreach循环的第一种语法格式如下。

```
foreach(数组名 as 镜像名)
    {循环体}
```

这种格式的foreach循环每次循环时，都将数组中当前元素的值赋给镜像名，然后数组内部的指针指向下一个数组元素。

【例4-10】遍历输出数组中的每个元素值。

```
<?php
    $country=array("中国","日本","韩国","新加坡");
    $i=1;
    foreach ($country as $value){
        echo "第".$i."位:";
        echo $value."<br>";
        $i++;
    }
?>
```

例4-10中程序的运行结果如图4-15所示。

图4-15　例4-10中程序运行结果

foreach循环的第二种语法格式如下。

```
foreach(数组名 as 键名变量=>键值变量)
    {循环体}
```

这种格式的foreach循环适用于关联数组，其运行原理与第一种格式的foreach循环相同，但每次循环会将数组中当前元素的键名赋给键名变量，将当前元素的值赋给键值变量。

【例4-11】遍历关联数组，输出每个元素的键名与键值。

```
<?php
    $colors=array("a"=>"red","b"=>"blue","c"=>"while");
    foreach ($colors as $key=>$value)
        echo $key."：".$value."<br>";
?>
```

例4-11中程序的运行结果如图4-16所示。

图4-16　例4-11中程序运行结果

注 意

所有类型的循环结构，如果循环体中只有一条程序语句，可以省略{ }。

关于数组的知识，可参阅第7章中的内容。

foreach循环在实际开发中，还有一个比较常见的应用场景，那就是获取表单中复选框

的值。PHP把表单中同名的一组复选框看作一个数组，每个复选框是数组的一个元素，通过遍历这些元素，即可获取用户所选择的选项。

【例4–12】获取用户所选择的选项。

```
<html>
    <head>
    <meta charset="utf-8">
    <title>eg4-12</title>
    </head>
    <body>
        <form id="form1" name="form1" method="post" action=" ">
        请选择您的兴趣爱好：<br>
            <label>
              <input type="checkbox" name="like[]" value="读书" id="xq_0" />
              读书</label>
            <label>
              <input type="checkbox" name="like[]" value="音乐" id="xq_1" />
              音乐</label>
            <label>
              <input type="checkbox" name="like[]" value="摄影" id="xq_2" />
              摄影</label>
            <label>
              <input type="checkbox" name="like[]" value="篮球" id="xq_3" />
              篮球</label>
            <label>
              <input type="checkbox" name="like[]" value="舞蹈" id="xq_4" />
              舞蹈</label>
            <br />
            <input type="submit" name="OK" id="OK" value="提交" />
        </form>
        <?php
            if(isset($_POST['OK'])){
                $like=$_POST['like']; //获取全部复选框的值
                echo "你的兴趣爱好有：";
                //遍历输出数组中各个元素的值
                foreach($like as $k)
                        echo $k .' ';
            }
        ?>
    </body>
</html>
```

在浏览器中运行上述程序，并勾选“读书”“篮球”与“舞蹈”后提交，效果如图4–17所示。

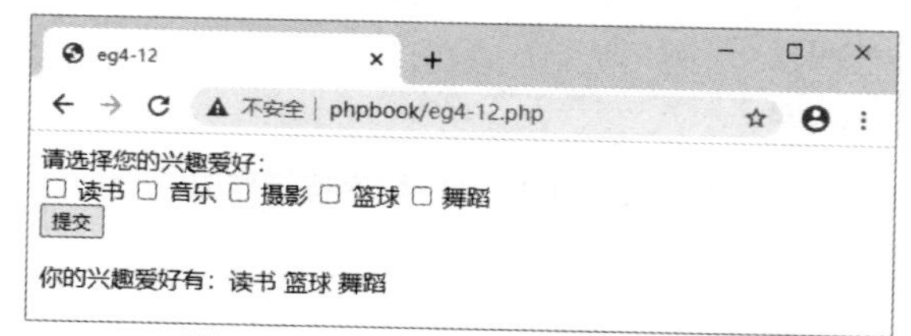

图4–17　例4–12中程序运行结果

注 意

HTML程序中，所有复选框的name属性值都是“like[ ]”，只有这样才能使所有的复选框

形成一个控件数组，每个复选框是这个数组中的一个元素，复选框的value属性值是元素的值。

PHP程序通过 $like=$_POST['like'] 语句获取整个控件数组的值。$_POST[ ] 中的like不再带“[ ]”。

4.2.5 嵌套循环

在一个循环结构的循环体内包含另一个循环结构，这种程序结构称为嵌套循环。嵌套循环可以有多层，如A循环体内包含B循环，B循环体内又包含C循环。只有两层的嵌套循环称为双重循环，多于两层的嵌套循环称为多重循环。在实际应用中，通常建议循环不超过三重，若循环的层次过多，应当重新设计算法，以简化程序。

前面介绍的几种循环结构都可以互相嵌套。需要注意的是，无论如何组合嵌套，都必须保证每个循环体的独立性与完整性，不可与其他循环体出现交叉。

正确的双重循环结构格式如下。

```
for()
{
    for循环语句1
    while(){
        while循环体
    …}
    for循环语句2
}
```

以上结构若写成下面的形式，就会出现交叉现象，发生错误。

```
for()
{
    for循环语句1
    while(){
        while循环体
        for循环语句2
    …}
}
```

双重循环的运行过程：外循环每执行一步，内循环完整地执行一遍，类似钟表时针与分针的转数关系。多重循环依次类推。双重循环结构流程如图4-18所示。

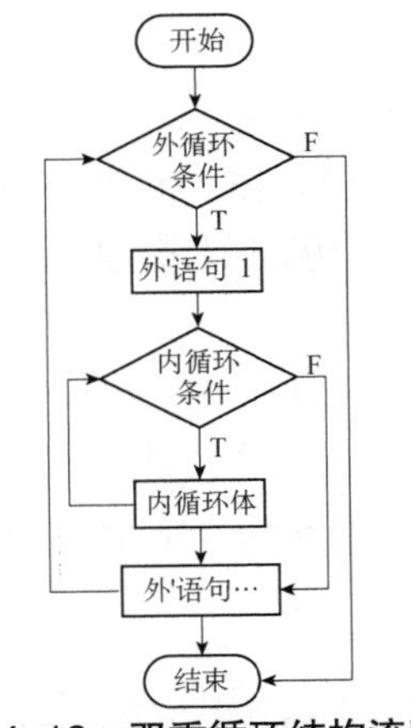

图4-18　双重循环结构流程

【例4-13】编写程序，输出以下图案。

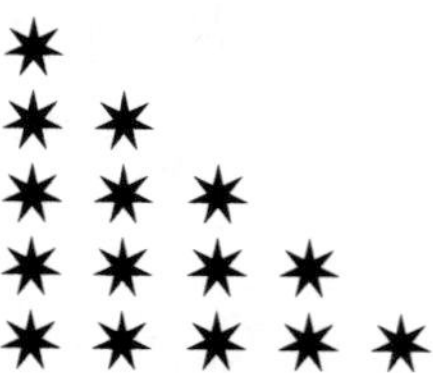

```
<?php
	for($i=1;$i<=5;$i++){
	for($j=1;$j<=$i;$j++){
		echo "*";
	}
	echo "<br>";
	}
?>
```

4.3 流程控制符

在程序中，有时会因为某个条件的需要而中断原本设定的运行顺序。例如，在循环结构中的某个时刻，即使依然满足循环条件，也不再继续执行循环体，或者在某个条件成立时，停止执行所有剩余的语句。此时，就需要使用流程控制符。

PHP中的流程控制符有四种：break、continue、return与exit。

4.3.1 break

break语句在switch结构中已经使用过，它用于中断switch结构的运行，跳出分支选择。在循环结构中，break语句用于跳出当前循环。

【例4-14】找出20以内第一个2与3的公倍数。

```
<?php
	$i=1;
	while($i<=20){
		if($i%2==0 && $i%3==0){
				echo'第一个2与3的公倍数是'.$i;
				break;
			}
		$i++;
	}?>
```

20以内2与3的公倍数有6、12、18，但当程序运行到$i=6（条件$i%2==0 && $i%3==0成立）时，就执行了break语句，循环结束，仅输出6。例4-14中程序的运行结果如图4-19所示。

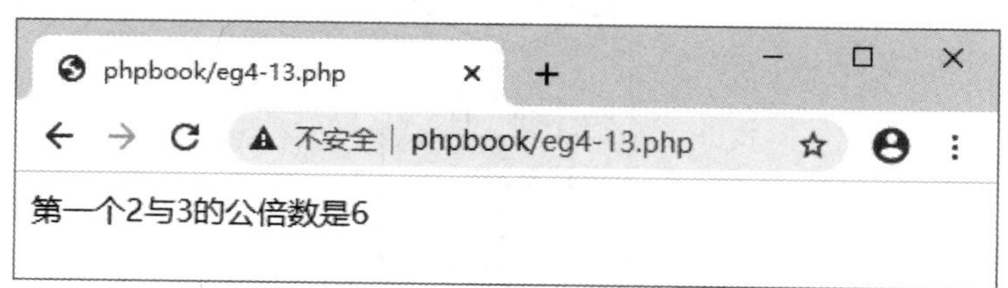

图4-19　例4-14中程序运行结果

4.3.2　continue

学习笔记

break语句的作用是结束其所在的整个循环的执行，而continue语句的作用则是跳过循环的前一步，进入下一步循环，如果循环条件依然满足，那么其所在的循环会继续执行。

【例4-15】输出20以内所有不是2与3的公倍数的数。

```
<?php
    $i=0;
    echo "20以内所有不是2与3的公倍数的数有：";
    while($i<20){
        $i++;
        if($i%2==0 && $i%3==0)
            continue;
        echo $i.'、';
    }
?>
```

程序的循环变量是$i，只要$i的值是2与3的公倍数（条件“$i%2==0 && $i%3==0”成立），程序都执行continue语句，从而跳过本次循环，没有执行输出语句echo $i.'、'。

例4-15中程序的运行结果如图4-20所示。

图4-20　例4-15中程序运行结果

4.3.3　return与exit

return语句与exit语句都用于结束当前程序脚本的运行。它们与break语句相似，但break语句只退出其所在的循环，而return语句与exit语句则退出其所在的整个脚本文件。return语句与exit语句运行流程如图4-21所示。

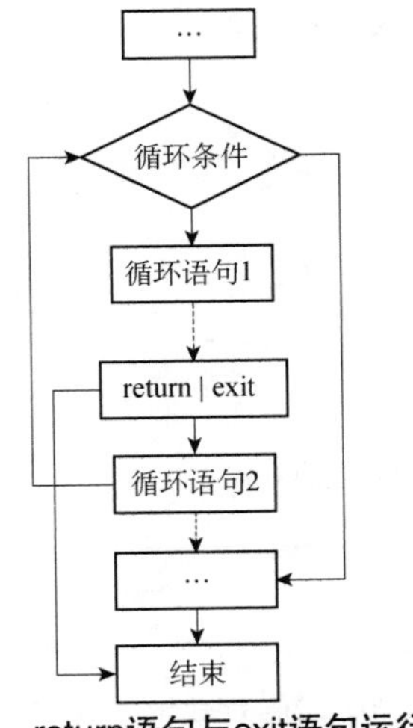

图4-21　return语句与exit语句运行流程

注 意

如果在函数体中使用return语句，即退出函数体或者给函数体带回一个返回值而不结束整个程序脚本的运行。具体参阅本书第5章“函数”相关内容。

通过下面的示例可以对比return控制符与exit控制符的作用，以及与break控制符之间的区别。

【例4-16】求出20以内所有不是2与3的公倍数的数。

```
<?php
    $i=0;
    echo "20以内所有不是2与3的公倍数的数有：";
    while($i<20){
        $i++;
        if($i%2==0 && $i%3==0)
            break;
        echo $i.'、';
    }
    echo '循环结构结束<br/>';
    echo "这是break控制符的示范";
?>
```

例4-16中程序的运行结果如图4-22所示。

图4-22　例4-16中程序运行结果

【例4-17】将例4-16中的break换成return或exit。

```
<?php
    $i=0;
    echo "20以内所有不是2与3的公倍数的数有：";
    while($i<20){
        $i++;
        if($i%2==0&&$i%3==0)
            exit;
        echo $i.'、';
    }
    echo '循环结构结束<br/>';
    echo "这是exit控制符的示范";
?>
```

例4-17中程序的运行结果如图4-23所示。

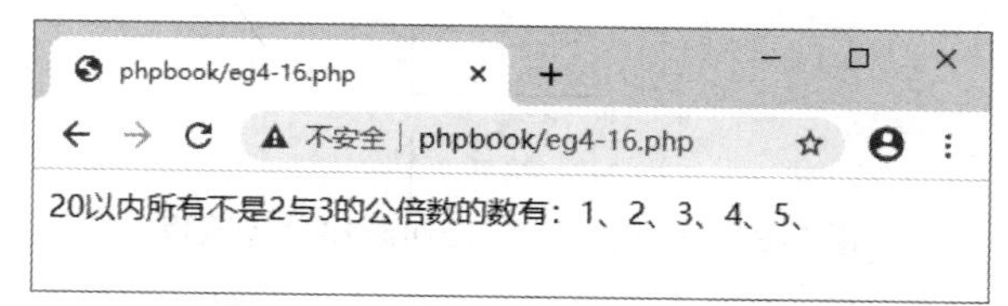

图4-23　例4-17中程序运行结果

注 意

如果exit语句或return语句终止的是整个页面的运行，则除PHP程序外，如果其后面还存在其他的HTML代码，也一并不再执行。

4.4 应用实践

4.4.1 体温检测程序

（1）需求说明。

设计一个体温检测程序，对用户输入的体温值进行判断，如果体温值≥37.3℃，则输出“体温异常，请注意”，否则输出“体温正常”。

（2）测试用例：37，37.8。

（3）知识关联：条件分支结构。

（4）参考程序。

```
<html>
    <head>
    <meta charset="utf-8">
    <title>应用实践4-1</title>
    </head>
    <body>
        <form name="form1" action="" method="post">
            请输入体温值：<input type="text" name="tem">
            <input type="submit" name="ok" value="确定">
        </form>
        <?php
            if(isset($_POST['ok'])){
                $temperature=$_POST['tem'];
                echo $temperature."℃";
                if($temperature>=37.3){
                    echo "体温异常，请注意";
                }else{
                    echo "体温正常";
                }
            }
        ?>
    </body>
</html>
```

（5）运行结果。

上述参考程序的运行结果如图4-24和图4-25所示。

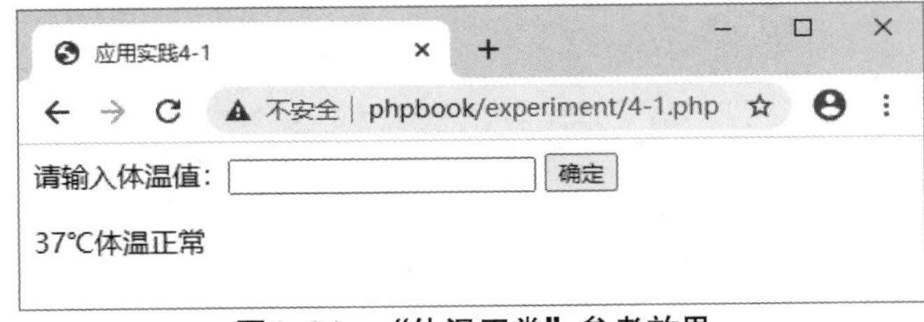

图4-24　“体温正常”参考效果

学习笔记

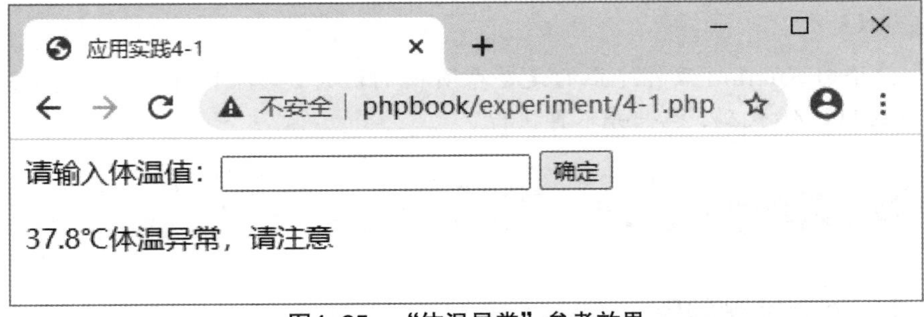

图4–25　“体温异常”参考效果

4.4.2　阶乘计算程序

（1）需求说明。

一个数的阶乘 $N!=1*2*3*\cdots*(N-1)*N$。请编写程序，让用户输入一个数 N（$N>1$），并求出该数的阶乘。如果 $N\leqslant 1$，则输出“无效输入”。

（2）测试用例：$N=1$，$N=10$。

（3）知识关联：循环结构。

（4）参考程序。

```
<html>
    <head>
    <meta charset="utf-8">
    <title>应用实践4-2</title>
    </head>
    <body>
        <form name="form1" action="" method="post">
            请输入整数N（N>1）：<input type="number" name="N">
            <input type="submit" name="ok" value="确定">
        </form>
        <?php
            if(isset($_POST['ok'])){
                $N=$_POST['N'];
                if($N<=1){
                    echo "无效输入";
                }else{
                    $factorial=1;
                    $i=1;
                    while($i<=$N){
                        $factorial*=$i;
                        $i++;
                    }
                    echo "N!=".$factorial;
                }
            }
        ?>
    </body>
</html>
```

（5）运行结果。

上述参考程序的运行结果如图4–26和图4–27所示。

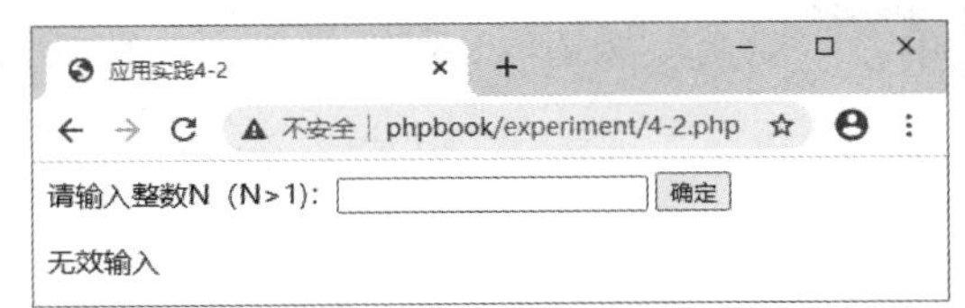

图4-26　N=1测试效果

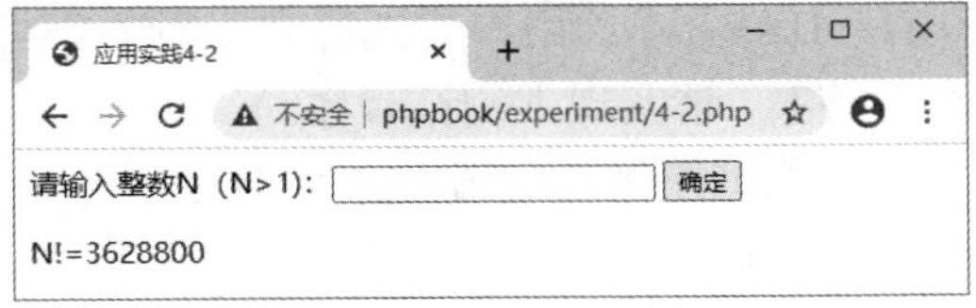

图4-27　N=10测试效果

4.4.3　九九乘法表

（1）需求说明。

在浏览器中输出九九乘法表。

（2）测试用例：无。

（3）知识关联：嵌套循环。

（4）参考程序。

```
<html>
    <head>
    <meta charset="utf-8">
    <title>应用实践4-3</title>
    </head>
    <body>
        <table border="0">
        <?php
            for($i=1;$i<=9;$i++){
                echo "<tr>";
                for($j=1;$j<=$i;$j++){
                    echo "<td width=70px>".$j."*".$i."=".($i*$j)."</td>";
                }
                echo "</tr>";
            }
        ?>
        </table>
    </body>
</html>
```

（5）运行结果。

上述参考程序的运行结果如图4–28所示。

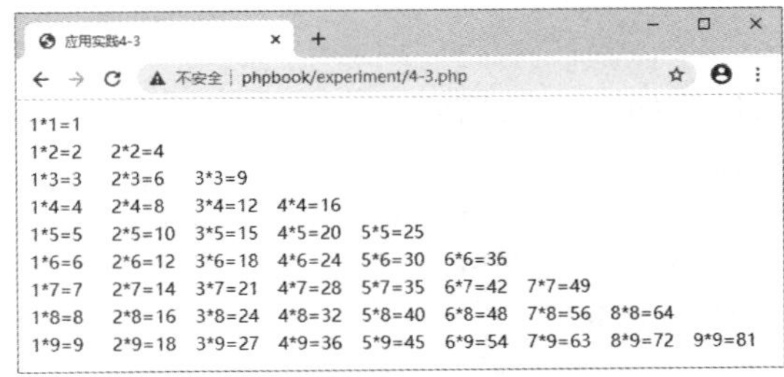

图4–28　九九乘法表程序运行结果

4.4.4　在线多选测试题

（1）需求说明。

有一个在线测试程序，其题目内容为："下列属于计算机存储容量的是：A.1GB　B.2MB

C.3GHz D.4Byte”。用户勾选好自己的答案并单击“提交”按钮时，程序显示用户所勾选的全部答案，请实现本测试程序。

（2）测试用例：勾选 A、C、D 选项。

（3）知识关联：foreach 循环。

（4）参考程序。

```
<html>
    <head>
    <meta charset="utf-8">
    <title>应用实践4-4</title>
    </head>
    <body>
        <form id="form1" name="form1" method="post" action=" ">
        下列属于计算机存储容量的是：<br>
            <label>
              <input type="checkbox" name="answer[]" value="A" id="a_0" />
              A.1GB</label><br />
            <label>
              <input type="checkbox" name="answer[]" value="B" id="a_1" />
              B.2MB</label><br />
            <label>
              <input type="checkbox" name="answer[]" value="C" id="a_2" />
              C.3GHz</label><br />
            <label>
              <input type="checkbox" name="answer[]" value="D" id="a_3" />
              D.4Byte</label><br />
            <input type="submit" name="OK" id="OK" value=" 提交 " />
        </form>
        <?php
            if(isset($_POST['OK'])){
                    $answer=$_POST['answer']; //获取全部复选框的值
                    echo " 你的选择：";
                    //遍历输出数组中各个元素的值
                    foreach($answer as $k)
                            echo $k .' ';
            }
        ?>
    </body>
</html>
```

（5）运行结果。

上述参考程序的运行结果如图 4-29 所示。

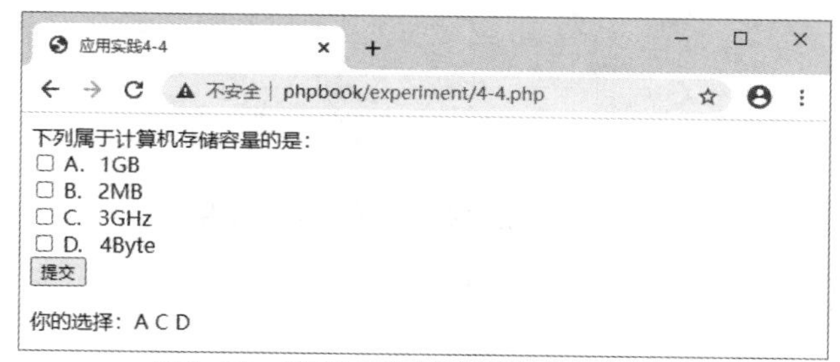

图4-29　在线多选测试题程序运行结果

4.5 技能训练

学习笔记

1. 请设计一个程序，让用户输入一个数，然后判断这个数是奇数还是偶数，并输出判断结果。

2. 某商城开展优惠促销活动，优惠的标准如下：

100元以下（含100元）：无优惠

100 ~ 300元（含300元）：9折

300 ~ 400元（含400元）：8.5折

401 ~ 500元（含500元）：8折

500元以上：7.5折

请设计一个程序，按以上标准，根据顾客的消费金额，计算并输出顾客的应付款额。

3. 如果一个三位数每个数位上的数字的3次方之和，等于该数自身，我们就称这个数为“水仙花”数，如153 = $1^3+5^3+3^3$。请设计一个程序求出全部的“水仙花”数。

4. 请分别编写程序，在浏览器中输出以下三种图案。

```
    *      *****        *
   **      ****        ***
  ***      ***        *****
 ****      **        *******
*****      *        *********
```

5. 百鸡问题：已知公鸡每只5元，母鸡每只3元，小鸡每3只1元，用100元买了100只鸡，请设计一个程序，求出公鸡、母鸡、小鸡各买了多少只。

4.6 思考与练习

一、单项选择题

1. 关于程序控制结构，下列说法正确的是（　　）。

A. if结构中，条件表达式的结果必须为true，否则程序将出错

B. 同样条件下，do...while结构比while结构多循环一次

C. for循环不会出现死循环

D. foreach循环只能用于遍历数组

2. 语句for ($k=0; $k=1; $k++);和语句for ($k=0; $k==1; $k++);执行的次数分别是（　　）。

A. 无限和0　　B. 0和无限　　C. 都是无限　　D. 都是0

3. 执行下面哪个流程控制符，一定终止整个脚本文件的运行？（　　）。

A. break　　B. continue　　C. return　　D. exit

4. 以下循环程序中，绝对不会出现死循环的是（　　）。

A. $i=2; while($i<=3){...}　　B. $i=2; do...while($i<=3);

C. for($i=2; $i<=3; $i--){...}　　D. foreach($arr as $k){...}

学习笔记

5. 下面的嵌套循环中，语句 $k+=2 一共执行了（　　）次。

```
<?php
    for($i=0;$i<=3;$i++)
    {
        $j=0;
        while($j<=$i)
        {
            $k+=2;
        }
    }

?>
```

A. 4　　B. 6　　C. 10　　D. 16

二、填空题

1. 下面的程序运行结束以后，输出的结果是________。

```
<?php
    $i=1;
    while($i<=20)
    {
        if($i%2==0||$i%3==0)
            {break;}
        echo $i.' ';
        $i++;
    }
?>
```

2. 下面的程序，如果输入“75”，运行结束后输出的结果是________。

```
<?php
    if(!empty($_POST['button']))
    {
        if($_POST['score']>=60)
            {echo '成绩合格';}
        elseif($_POST['score']>=70)
            {echo '成绩中等';}
        elseif($_POST['score']>=80)
            {echo '成绩良好';}
        elseif($_POST['score']>=90)
            {echo '成绩优秀';}
        else
            {echo'成绩不合格';}
    }
?>
```

第5章 函数

扫一扫
获取微课

函数（function）是一段完成特定任务的、封装起来的独立程序模块。它通过参数获取外部程序的数据，并通过返回值将函数运行结果提交给外界程序。将这些代码封装成函数以后，既可以简化代码结构，实现代码的重用，又可以减少代码编写工作量，方便程序的后期维护。

PHP中的函数分三类：系统函数、自定义函数及变量函数。本章主要介绍部分常用的系统函数及自定义函数。

5.1 系统函数

系统函数是PHP预先设定的函数，用户使用这些函数时，不需要再对函数进行定义，也不需要关心实现其功能的内部程序，只需要根据其参数需求，直接引用即可实现所需功能。

5.1.1 数据检查类函数

1. is_numeric()函数

is_numeric()函数用于检查数据是否为数字，其参数可以是一个变量，也可以是一个标量。如果参数全部是数字（包括小数），函数的返回值为true，否则为false。

【例5-1】判断变量内容是否全部是数字。

```
<?php
    $A=12.3;
    if(is_numeric($A))
        echo "变量A都是数字";
    else
        echo "变量A不是纯数字";
?>
```

例5-1中程序的运行结果如图5-1所示。

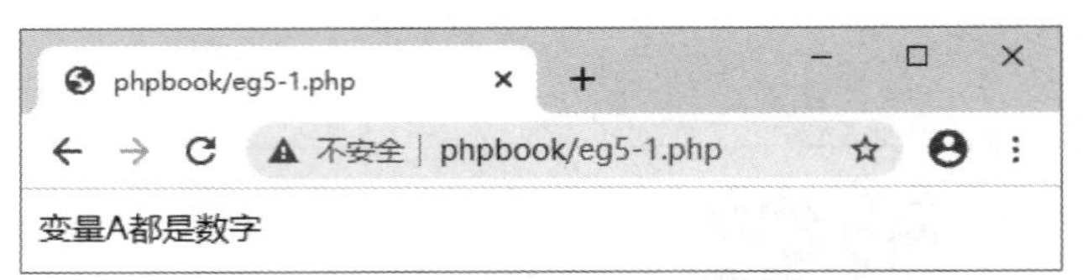

图5–1　例5–1中程序运行结果

需要注意的是，is_numeric() 函数只检查数据内容，不检查数据类型，只要数据内容是数字，无论数据是数值型还是字符串型，is_numeric() 都返回 true。

【例 5–2】is_numeric() 函数不区分纯数字的字符串与数值。

```
<?php
    $A=123;
    $B="123";
    if(is_numeric($A))
        echo "A 是数字 <br>";
    if(is_numeric($B))
        echo "B 是数字 ";
?>
```

例 5–2 中程序的运行结果如图 5–2 所示。

图5–2　例5–2中程序运行结果

2❖. 其他常用数据检查函数

PHP 针对各种类型的数据都提供了相应的检查函数，这些函数的语法格式与 is_numeric() 函数相同。其他常用数据检查函数的说明及举例见表 5–1。

表5–1　其他常用数据检查函数的说明及举例

函数名	说明	举例
is_int	检测数据是否为整型	is_int(12)=true
is_float	检测数据是否为浮点型	is_float (12.3)=true
is_string	检测数据是否为字符串型	is_string ("12ab")=true
is_bool	检测数据是否为布尔型	is_bool (1>2)=true
is_array	检测数据是否为数组	$A=array(); is_array ($A)=true
is_null	检测数据是否为NULL	$a=NULL; is_null($a)=true

5.1.2　时间日期类函数

PHP 的时间日期使用 UNIX 的时间戳机制，以格林尼治时间 1970–1–1 00：00：00 为 0 秒，向后以秒为单位累加计时，如 1970–1–1 01:00:00 的时间戳是 3600。这与人们现实生活

中的时间使用习惯区别很大，PHP为此提供了一系列时间日期的格式转换函数。

1. date() 函数

date()函数是PHP中最常用的日期函数，它的主要功能是格式化服务器的本地日期。其基本语法格式如下。

```
date（format [,timestamp]）
```

其中，format是必选参数，用于指定用户需要的日期输出格式，该参数中的内容，应当依据PHP已经规定的系统关键字进行设置。具体见表5-2。

timestamp是可选参数，用于指定需要转换格式的时间戳。如果不填，默认为系统当前的时间戳，也可以直接使用系统函数time()来获取当前时间戳。

【例5-3】输出当前的系统日期。

```
<?php
    echo "当前系统日期是".date("Y-m-d",time());
?>
```

例5-3中程序的运行结果如图5-3所示。

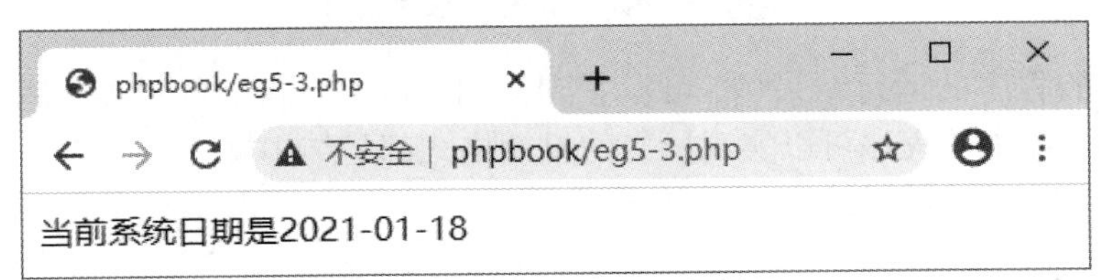

图5-3　例5-3中程序运行结果

使用date()函数时，format参数的字符及其含义见表5-2。

表5-2　format参数的字符及其含义

字符	含义
Y	表示年，以四位数字输出
F/M	表示月，用英文单词输出月份，F 输出全英文，M只输出三个字母
m/n	表示月，m以两位数字输出，不足两位首位补零，n不补零
d/j	表示天，d以两位数字输出，不足两位首位补零，j不补零
w/l/D	表示星期几，w以数字输出，周日为0，周六为6；小写字母 l 以全单词输出；大写字母D只输出三个字母
w	表示日期处于全年中的第几周，以数字输出
h	12小时制的显示格式，不足两位首位补零
H	24小时制的显示格式，不足两位首位补零
i	首位补零的分
s	首位补零的秒
a/A	a输出小写的am或pm（午前/午后），A输出大写的AM或PM
t	表示本月有多少天，以数字输出

【例5-4】实现系统当前时间日期不同格式的输出方式。

```
<?php
    echo "现在是".date("Y")."年".date("m")."月".date("d")."日";
    echo "[".date("l")."星期".date("w")."]";
    $noon=date("a")=="am"?"上午":"下午";
    echo $noon.date("h:i:s")."<br>";
    echo "本周是今年第".date("W")."周<br>";
    echo "本月一共有".date("t")."天";
?>
```

例5-4中程序的运行结果如图5-4所示。

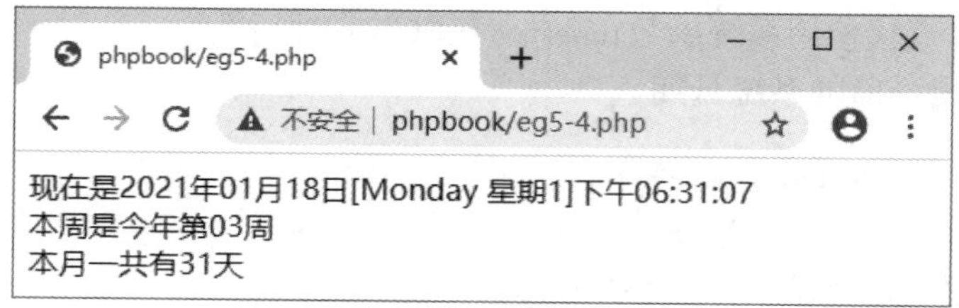

图5-4　例5-4中程序运行结果

从例5-4的程序的运行结果中，可以看到使用date("w")得到的星期，是以阿拉伯数字表示的。而例5-5中的程序可以实现所有的星期格式都是纯中文。

【例5-5】将当前的星期转换为中文格式。

```
<?php
    echo "现在是".date("Y")."年".date("m")."月".date("d")."日";
    $weekN=date("w");    //当前时间的星期数
    $weekC=array("星期天","星期一","星期二","星期三","星期四","星期五","星期六");
    echo $weekC[$weekN];
?>
```

例5-5中程序的运行结果如图5-5所示。

图5-5　例5-5中程序运行结果

2. mktime() 函数

date() 函数的第二个参数是时间戳，属于可选参数。在具体应用中，可以通过该参数指定需要转换格式的时间戳。人工计算某个日期的时间戳很不方便，通常引入 mktime() 函数解决此类问题。

mktime() 函数用于返回一个时间日期的 UNIX 时间戳，其语法格式如下。

```
mktime([hour,minute,second,month,day,year])
```

mktime() 函数的参数列表，按“时，分，秒，月，日，年”的顺序设置，都是可选的。如果所有参数都不填（不建议），则默认返回系统当前的时间戳。

【例5-6】分别使用 time() 函数及 mktime() 函数输出时间日期。

```
<?php
    echo "现在是:".date("Y-m-d h:i:s",time());   //输出系统当前的时间日期
    echo "<br>";
    $t=mktime(0,0,0,10,1,1949);
    echo "中华人民共和国成立于：".date("Y-m-d",$t);
?>
```

例 5-6 中程序的运行结果如图 5-6 所示。

图5-6　例5-6中程序运行结果

mktime() 函数还能够自动校正参数中设置越界的时间数值。

【例 5-7】输出指定的时间日期。

```
<?php
    $time1=mktime(0,0,0,13,2,2021);         //错误 1：13 月 2 日
    $time2=mktime(25,1,1,10,32,2021);       //错误 2：10 月 32 日 25 时
    echo '时间 1 为'.date("Y-m-d h:i:s",$time1);
    echo "<br>";
    echo '时间 2 为'.date("Y-m-d h:i:s",$time2);
?>
```

例 5-7 的程序中，$time1 设置的日期为 2021 年 13 月 2 日，这是一个月份越界的日期。$time 2 设置的日期和时间为 2021 年 10 月 32 日 25 时 1 分 1 秒，这是一个日越界、时越界的日期。

针对这种情况，PHP 会自动将 $time1 校正为 2022 年 1 月 2 日，将 $time2 校正为 2021 年 11 月 2 日 1 时 1 分 1 秒。

例 5-7 中程序的运行结果如图 5-7 所示。

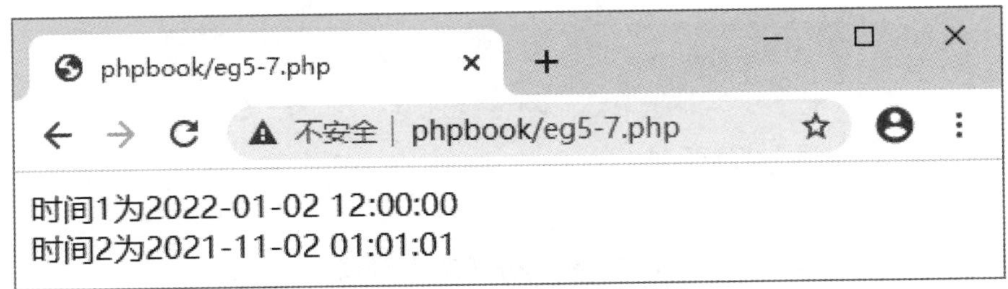

图5-7　例5-7中程序运行结果

3❻. strtotime() 函数

strtotime() 函数的功能是将符合日常阅读习惯的时间日期转换为 UNIX 时间戳，它的参数可以是类似"年 – 月 – 日"格式的时间表达式，也可以是类似"today""yesterday"的时间单词，还可以是类似"last month"的时间短语。

【例 5-8】输出符合生活中表达习惯的时间日期。

```
<?php
    $t1=strtotime("2021-1-19");          //2021-1-19
    $t2=strtotime("today");              //今天
    $t3=strtotime("yesterday");          //昨天
    $t4=strtotime("last Thursday");      //上周四

    echo "2021 年 1 月 19 日时间戳：".$t1."<br>";
    echo "今天是".date("Y-m-d",$t2)."<br>";
    echo "昨天是".date("Y-m-d",$t3)."<br>";
    echo "上周四是".date("Y-m-d",$t4)."<br>";
?>
```

例 5-8 中程序的运行结果如图 5-8 所示。

图5-8　例5-8中程序运行结果

strtotime() 函数还支持运算符操作，可以在某个日期或时间的基础上，进行前进或后退的计算。

【例 5-9】输出两天后的日期及 1 周以后的日期。

```
<?php
    $day1=strtotime("today +2 days");
    $day2=strtotime("+1 week");
    echo "今天是".date("Y-m-d")."<br>";
    echo "后天是".date("Y-m-d",$day1)."<br>";
    echo "一周以后是".date("Y-m-d",$day2);
?>
```

例 5-9 中程序的运行结果如图 5-9 所示。

图5-9　例5-9中程序运行结果

4❻. checkdate() 函数

checkdate() 函数用于检查一个日期是否是有效日期，但不能用于检查时间。其语法格式如下。

```
checkdate(month,day,year)
```

其中，month、day 与 year 三个参数都是整型数据。如果参数中的值是有效日期，函数返回 true，否则返回 false。参数 year 的取值范围为 1 ～ 32767 的整数。

【例 5-10】判断某个日期是否为有效日期。

```
<?php
    $y=2021;      //年份
    $m1=11;       //月份 1
    $m2=2;        //月份 2
    $d=30;        //日
    if(checkdate($m1,$d,$y))      //2021-22-30
        echo "有效日期：".$y."-".$m1."-".$d."<br>";
    else
        echo "无效日期<br>";
    if(checkdate($m2,$d,$y))      //2021-2-30
        echo "有效日期：".$y."-".$m2."-".$d."<br>";
    else
        echo "无效日期<br>";
?>
```

例 5-10 中程序的运行结果如图 5-10 所示。2 月没有 30 日，因此第二个日期为无效日期。

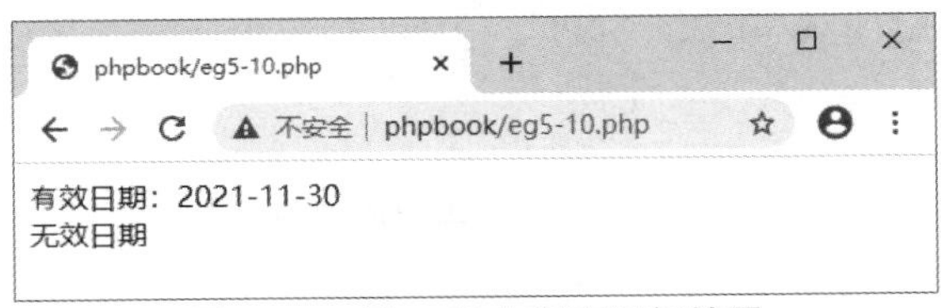

图5-10　例5-10中程序运行结果

5.1.3　随机函数

顾名思义，随机函数用于产生一个随机的数字。PHP 中有几个不同名称的随机函数，比较常用的是 mt_rand()。其语法格式如下。

```
mt_rand([min_num,max_num]);
```

如果指定参数 min_num 与 max_num 的值，即随机返回一个 [min_num,max_num] 之间的整数，如果不指定两个参数的值，即随机返回一个整数，其取值范围与系统字长有关。

【例 5-11】产生一个随机的整数与一个指定范围内的随机整数。

```
<?php
    $n1=mt_rand();
    $n2=mt_rand(1,10); //产生 1 ~ 10 的随机整数
    echo $n1."<br>";
    echo $n2;
?>
```

例 5-11 中的程序，每次运行输出的结果都不一样。图 5-11 所示为其中一次运行的结果。

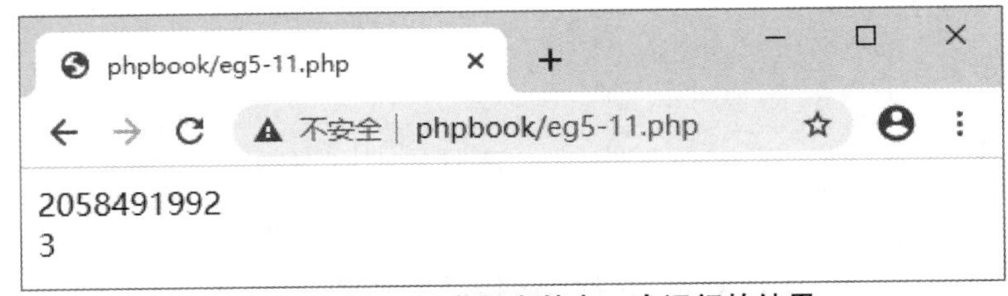

图5-11　例5-11中程序其中一次运行的结果

随机函数常用于产生随机验证码。

【例5-12】产生一个由大写字母与阿拉伯数字组成的4位随机验证码。

```
<?php
    $seed="ABCDEFGHIJKLMNOPQRSTUVWXYZ1234567890";
    $max=35;            //字符串下标最大值
    $verCode="";        //验证码字符串
    for($i=0;$i<4;$i++) {
        //在字符串的长度范围内随机截取字符
        $index=mt_rand(0,$max);
        $verCode.=$seed[$index];
    }
    echo $verCode;      //输出验证码
?>
```

例5-12中程序的运行结果如图5-12所示。

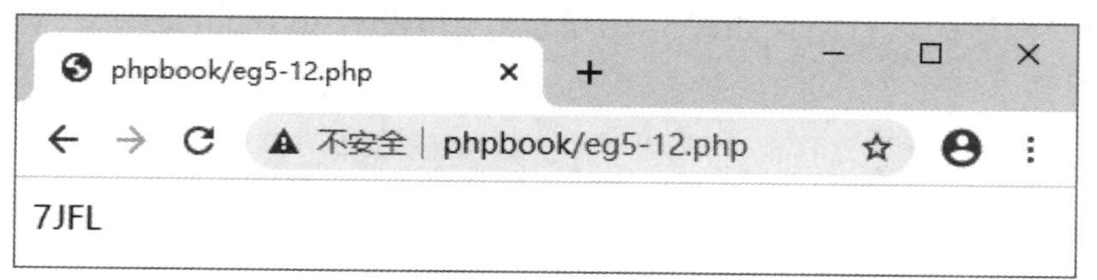

图5-12　例5-12中程序运行结果

5.1.4　文件包含函数

为了提高代码重用率，为了方便程序维护，人们常把一些公用代码模块独立地保存为一个文件，如类的封装文件，在需要使用这些代码模块的文件中，通过“文件包含”引入这些代码模块来实现代码重用。

PHP可以使用include()、require()、include_once()、require_once()四个函数将某个文件嵌入函数所在的文件中。

1❻. include()函数与require()函数

使用这两个函数都能将指定文件嵌入当前文件中。使用include()函数包含一个不存在的文件时，PHP会发出警告，但程序的运行不会中断；而使用require()函数包含一个不存在的文件时会停止程序的运行。

【例5-13】有两个文件：5-13A.php与5-13B.php，在5-13A.php中包含5-13B.php。

【5-13A.php】

```
<?php
    echo "当前文件位置：5-13A.php";
    include("5-13B.php");  //包含5-13B.php文件
?>
```

【5-13B.php】

```
<?php
    echo "<hr>";
    echo "当前文件名5-13B.php";
?>
```

运行例5-13程序中的5-13A.php文件，运行结果如图5-13所示。

学习笔记

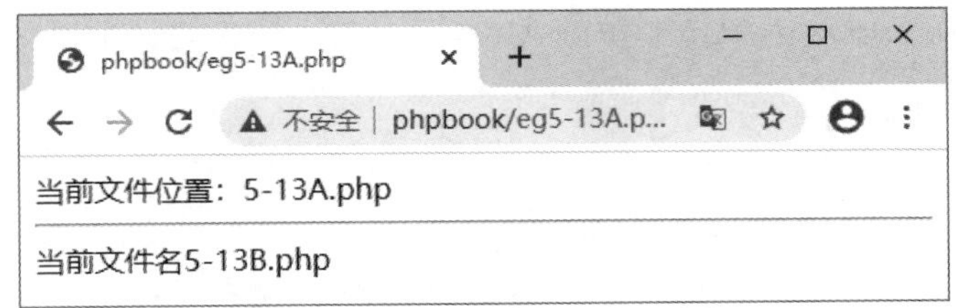

图5–13　例5–13中程序运行结果

require() 函数与 include() 函数的主要区别在于：require() 是“需要、依赖”某个文件，include() 是包含某个文件。因此，require() 函数要求所包含的文件必须是事实存在的才行。

【例 5–14】分别用 require() 与 include() 包含一个不存在的文件（A.php）。

```
<?php
    echo "当前代码位置：1<br>";
    include("A.php");
    echo "当前代码位置：2<br>";
    require("A.php");
    echo "当前代码位置：3";
?>
```

例 5–14 中程序的运行结果如图 5–14 所示。

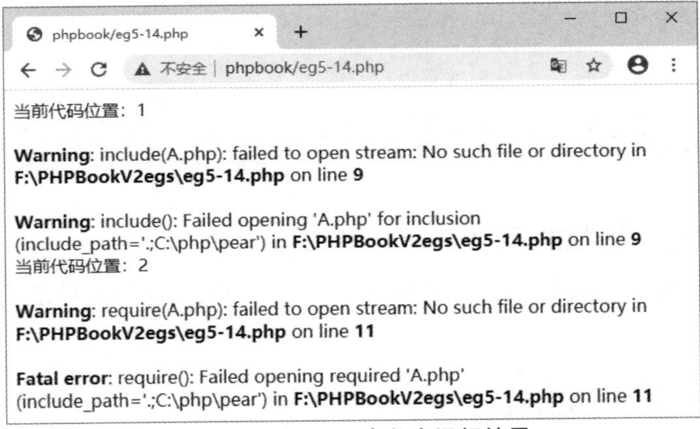

图5–14　例5–14中程序运行结果

从图 5–14 所示的运行结果中可以看出，尽管 include() 函数因包含一个不存在的文件而报错，但 PHP 依然继续执行其后面的 echo 语句（输出“当前代码位置：2”），而同样的情况下，require() 函数就会导致程序终止运行（不再输出“当前代码位置：3”）。

2❸. include_once() 函数与 require_once() 函数

include_once() 函数和 require_once() 函数的用法分别与 include() 函数和 require() 函数相同，但在同一个文件中多次使用 include_once() 函数或 requrie_once() 函数时，只有第一次使用时会将文件包含进来，从而避免多次包含同一文件而造成意外。

【例 5–15】将 5–13A.php 文件的程序修改如下。

```
<?php
    echo "当前测试点 1<br>";
    include_once("5-13B.php");  //包含 5-13B.php 文件
    echo "当前测试点 2<br>";
```

```
    include_once("5-13B.php"); //再次包含5-13B.php文件
    echo "当前测试点3<br>";
    require_once("5-13B.php");
?>
```

例5–15中程序的运行结果如图5–15所示。

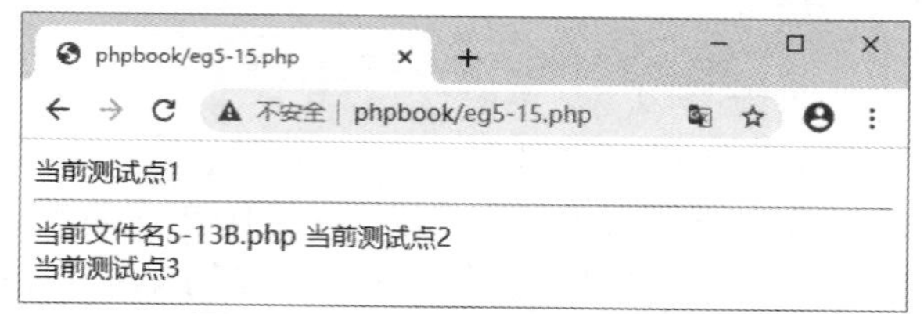

图5–15　例5–15中程序运行结果

从图5–15所示的运行结果中可以看出，对同一个文件，只要使用一次include_once()函数或require_once()函数，那么后面无论是使用include_once()函数还是require_once()函数，该文件都不会再被包含。

注 意

同一个文件，在使用了include_once()函数以后，再使用include()函数，依然有效。require()函数与require_once()函数也一样。

5.2 自定义函数

5.2.1 自定义函数的定义

自定义函数是程序员根据实际需要编写并封装的一段完成特定功能的、可重复调用的程序。

自定义函数的语法格式如下。

```
function 函数名([参数1|参数2|参数3…]){
    函数体
    [return val;]
}
```

如果函数有返回值，即可在函数体内加上return val语句，其中val为所需返回的值。

【例5–16】自定义一个函数，其功能为计算并返回两数之和。

```
<?php
    function myFunction ($A,$B){
        $C=$A+$B;
        return $C;
    }
?>
```

其中，函数名的命名参考变量的命名规则。

5.2.2 函数的调用

函数定义完成以后，必须通过函数名调用该函数，PHP才会执行其中的程序，从而实

现其功能。要调用一个函数，通过其函数名即可实现。

函数可以在调用点之前声明，也可以在调用点之后声明，这并不影响程序的运行结果。但良好的编程习惯，应当是先声明后调用。

【例 5–17】调用自定义函数。

```
<?php
    function mySum(){
        $A=1;
        $B=2;
        $C=$A+$B;
        echo "两数之和是".$C;
    }
    function myProduct(){
        $A=3;
        $B=2;
        $C=$A*$B;
        echo "两数之积是".$C;
    }
    mySum(); //调用 mySum()
?>
```

由于主程序只调用了 mySum()，没有调用 myProduct ()，因此 myProduct () 的程序不执行。程序运行结果如图 5–16 所示。

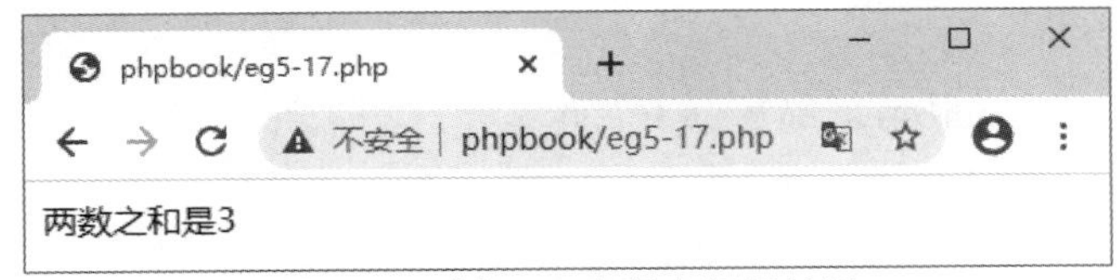

图5–16　例5–17中程序运行结果

5.2.3　函数的执行

在调用函数的程序中，程序从调用语句处跳到函数体内部执行，执行完函数体内部的语句以后，再跳回调用语句后面的一句代码继续执行。函数调用执行流程如图 5–17 所示。

函数执行的语法格式如下。

```
function my_fun()
{       函数语句 1;
        函数语句 2;
            …
}
语句 1; //程序自此处开始执行
语句 2;
调用函数语句 my_fun();
语句 3;
语句 4;
…
```

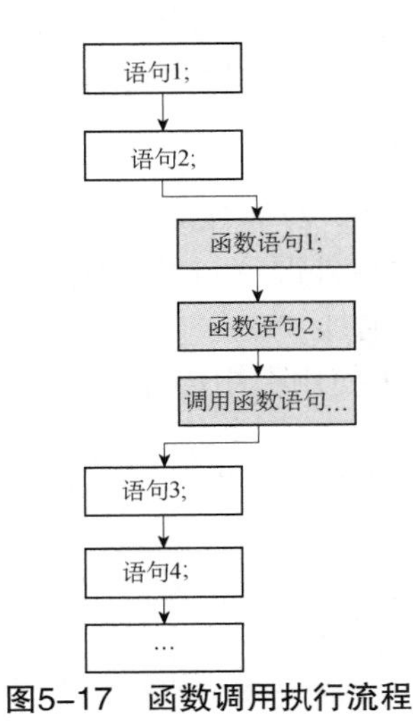

图5–17　函数调用执行流程

5.2.4 函数的参数

函数的参数是函数体与外部程序进行数据交换的窗口，调用函数时，通过参数将数据传递至函数内部。函数参数的传递，可以按值传递，也可以引用传递。

1. 按值传递

【例5-18】使用标量为函数传参。

```
<?php
    function myFun($A,$B){
        $C=$A+$B;
        return $C;        //函数的返回值是变量$C的值
    }
    $A=myFun(3,4);     //调用函数myFun()，参数值分别是3与4
    echo $A;
?>
```

以上程序运行时，通过myFun(3,4)语句调用自定义函数，其中3传递给函数的参数变量$A，4传递给函数的参数变量$B。

函数的参数也可以通过变量传递值。例5-18的程序中的函数myFun ()也可以如例5-19一样传递参数值。

【例5-19】使用变量为函数传参。

```
<?php
    function myFun($A,$B){
        $C=$A+$B;
        return $C;              //函数的返回值是变量$C的值
    }
    $d1=3;
    $d2=5;
    $A=myFun($d1,$d2);     //函数myFun()的参数值分别是$d1与$d2的值
    echo $A;
?>
```

例5-19中的程序运行结束以后，变量$d1的值传递给函数的参数变量$A，变量$d2的值传递给函数的参数变量$B。以上两种参数的传递方式都属于按值传递方式。

采用按值传递的方式，因为函数的参数变量的作用域只在函数体内，如例5-19中，$d1与$d2只是将各自的值传递给myFun ()函数的参数变量$A与$B，无论函数体内$A与$B的值如何改变，$d1与$d2的值都不受影响。

2. 引用传递

引用传递中，外部程序传递给函数参数的内容并不是一个值，而是变量的内存地址，使函数的参数与外部变量共享同一个内存空间。定义函数的参数使用引用传递方式的方法是在该参数前加“&”。

【例5-20】使用引用传递方式传递函数的参数。

```
<?php
    function myFun(&$A,$B){
        $A=$A+3;
        $B=$B+3;
        echo '$A='.$A.' ; ';
        echo '$B='.$B.'<br>';
    }
```

```
    $d1=2;
    $d2=3;
    myFun($d1,$d2);         //调用myFun()
    echo '$d1='.$d1.' ; ';
    echo '$d2='.$d2.'<br>';
?>
```

例5-20的程序中，函数myFun()的第一个参数$A，采用引用传递的方式为其传递值，第二个参数$B采用的是按值传递的方式。主程序调用该函数以后，$d1与函数中的$A共用一个内存空间；而$d2则把值赋予函数的$B。按值传递与引用传递的示意图如图5-18所示。

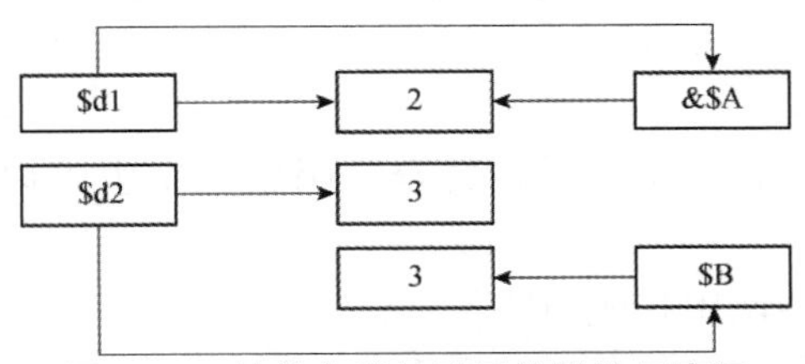

图5-18　按值传递与引用传递的示意图

函数调用完以后，$A的值为5，因而主程序中$d1的值也是5。而$B的值变为6，但$d2的值依然为3。

例5-20中程序的运行结果如图5-19所示。

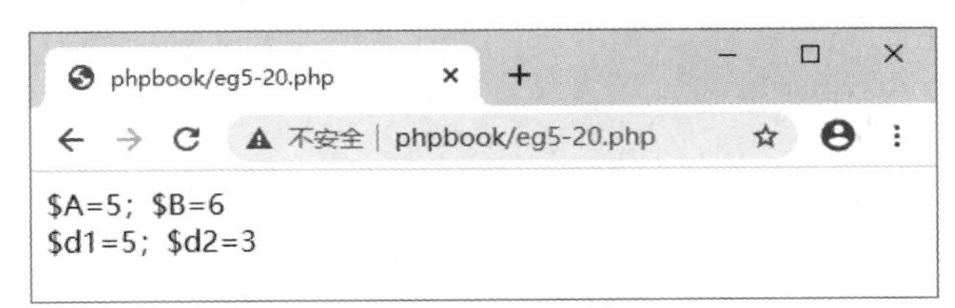

图5-19　例5-20中程序运行结果

3. 参数默认值

也可以在定义函数的参数时为其指定一个默认值。如果调用该函数时，没有给这个参数传递新值，函数就按其默认值进行调用，如果另外传递了新值，函数选择按新值进行调用。

【例5-21】参数默认值的使用。

```
<?php
    function myFun($A,$B=5){
        $A=$A+3;
        $B=$B+3;
        echo '$A+3='.$A.'<br>';
        echo '$B+3='.$B.'<br>';
    }
    $d1=2;
    $d2=3;
    myFun($d1,$d2);  //给两个参数传值
    myFun($d1);      //只给参数$A传值
?>
```

程序第一次调用myFun()函数时，分别给参数$A与$B传递值，$A、$B按新传递的值进行运算。程序第二次调用myFun()时，没有传递新值给$B，因此$B按默认值5进行运算。

例 5-21 中程序的运行结果如图 5-20 所示。

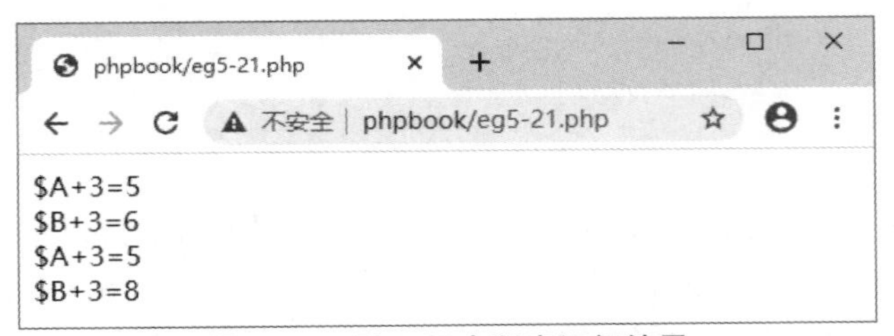

图5-20　例5-21中程序运行结果

5.2.5　函数体

函数体是实现函数功能的程序语句集合。函数体中也可以调用其他函数或包含其他类。

【例 5-22】在函数体中调用其他函数。

```
<?php
    function myFun1(){
        $A=1;
        $B=2;
        echo ($A+$B)."<br>";
    }
    function myFun2()
    {
        myFun1();     //调用 myFun1()
        echo "myFun2() 结束";
    }
    myFun2();     // 主程序调用函数 myFun2()
?>
```

例 5-22 的程序中，主程序只调用了 myFun2() 函数，但 myFun2() 函数的内部调用了 myFun1() 函数，从而两个函数都得以执行。以上程序的运行流程如图 5-21 所示。

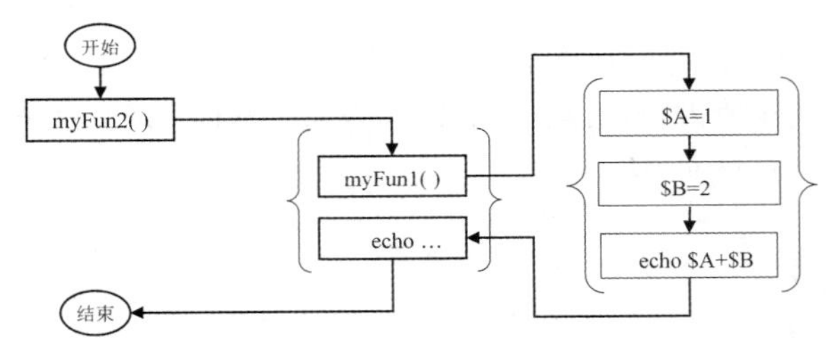

图5-21　例5-22中程序运行流程

例 5-22 中程序的运行结果如图 5-22 所示。

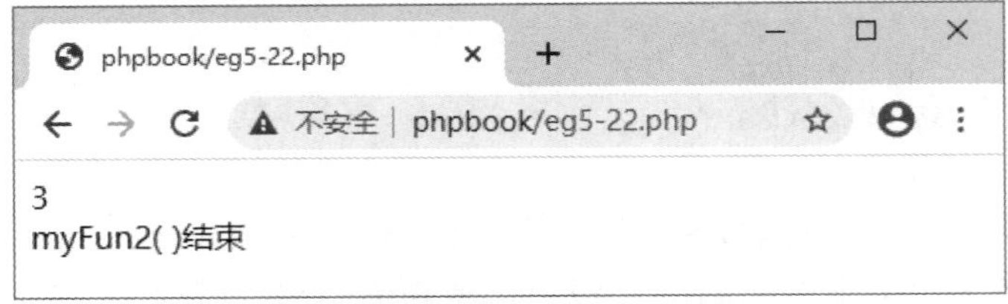

图5-22　例5-22中程序运行结果

5.2.6　函数返回值

函数返回值即函数的值，即函数向外部程序反馈运行结果的窗口。如果需要函数有一个返回值，则需要在函数体中使用return 语句。

【例5-23】调用函数返回值。

```
<?php
    function myFun1(){
        $A=1;
        $B=2;
        $C=$A+$B;
        return $C;        //函数1返回变量$C的值
    }
    function myFun2(){
        $A=3;
        $B=$A+myFun1();   //调用myFun1()，得到其返回值3
        return $B;        //函数2返回变量$B的值
    }
    $A=myFun2();          //调用myFun2()，得到其返回值
    echo $A;
?>
```

例5-23中的程序运行结束后，函数myFun1()的返回值是其变量$C的值，函数myFun2()的返回值是其变量$B的值。因此主程序中的变量$A的值是6。

注 意

如果函数体中的return语句后面没有任何值，函数体将从return语句处中断执行，跳转到调用函数的下一句程序，见例5-24。

【例5-24】不带值的return语句会中断函数体的执行。

```
<?php
    function myFun($A,$B){
        $A=$A+3;
        echo '$A+3='.$A.'<br>';
        return;       //此句以下的函数体不再执行
        $B=$B+3;
        echo '$B+3='.$B.'<br>';
    }
    $d1=2;
    $d2=3;
    myFun($d1,$d2);   //调用myFun()
?>
```

例5-24中程序的运行结果如图5-23所示。

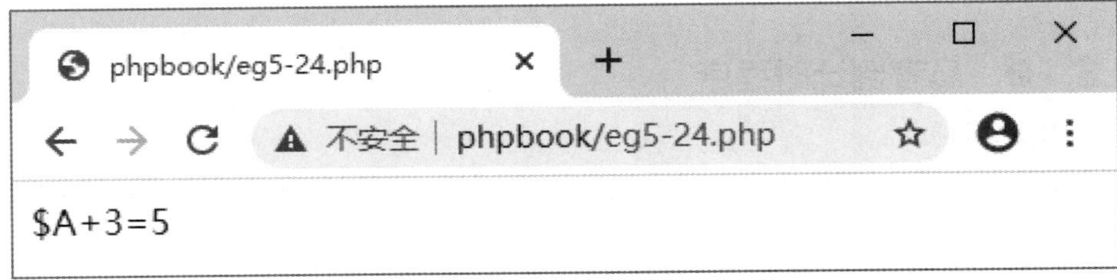

图5-23　例5-24中程序运行结果

学习笔记

5.2.7 函数的递归调用

递归是程序设计中非常独特的一种算法。PHP也支持函数的递归调用。所谓递归调用是指在函数体中，只要某个条件成立，就不断地调用该函数自身。

【例5-25】计算某个数的阶乘。阶乘公式：$n!=n*(n-1)*(n-2)*\cdots*1$（$n>1$）。

通过分析可知，求n!的过程如下。

因为1!=1，可以令$f(1)=1$，即可知道$f(2)=2*1=2*f(1)=2$，同理，$f(3)=3*2*1=3*2=3*f(2)\cdots$

同时可以得到：$f(n)=n*f(n-1)$（$n>1$），$f(n)=1$（$n=1$）。

程序实现如下。

```
<?php
    function f($N){
        if($N==1)
            return 1;
        else
            return $N*f($N-1); //递归调用
    }
    echo f(5);              //求5的阶乘
?>
```

注意

（1）递归调用必须保证函数的参数为某个值时，函数停止继续调用自身，这个值称为“临界值”。递归调用必须有临界值，否则，递归将无限递进而无法回归，陷入“死循环”的状况。

（2）递归调用由“递进”与“回归”两个过程完成，在“递进”阶段，每进一步，函数的参数值必须离临界值更近一步。达到临界值后，函数进入“回归”阶段。例5-25中程序的递归过程如图5-24所示。

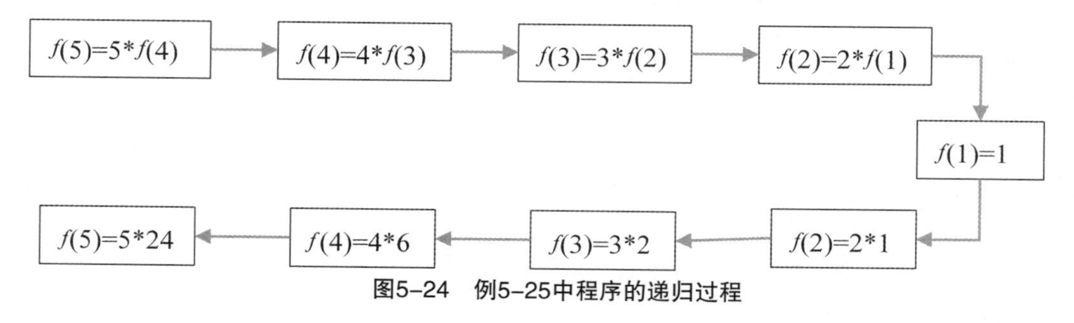

图5-24 例5-25中程序的递归过程

5.3 应用实践

5.3.1 高考倒计时程序

（1）需求说明。

高三教室里的显示屏需要动态显示当前距离当届高考时间（每年6月6日）的剩余天数，每1分钟刷新一次。

（2）测试用例：2021年高考。

（3）知识关联：时间日期类函数，自定义函数。

（4）参考程序。

```
<html>
    <head>
    <meta charset="utf-8">
    <meta http-equiv="refresh" content="60">
    <title>应用实践 5-1</title>
    </head>
    <body>
        <?php
            function countDown(){
                $nowYear=date("Y",time());          //当前年份
                $nowMonth=date("m",time());         //当前月份
                //判断高考时间
                if($nowMonth>6){
                    $gokaoDate=strtotime(($nowYear+1)."-"."06-06");
                }else{
                    $gokaoDate=strtotime($nowYear."-"."06-06");
                }
                //计算并返回剩余天数
                $remainDays=intval(($gokaoDate-time())/(3600*24));
                return $remainDays;
            }
            echo "<div style='font-size:20px;'>";
            echo "离高考只有<span style='color:red'>".countDown()."</span>天</div>";

        ?>
    </body>
</html>
```

（5）运行结果。

上述参考程序的运行结果如图 5-25 所示。

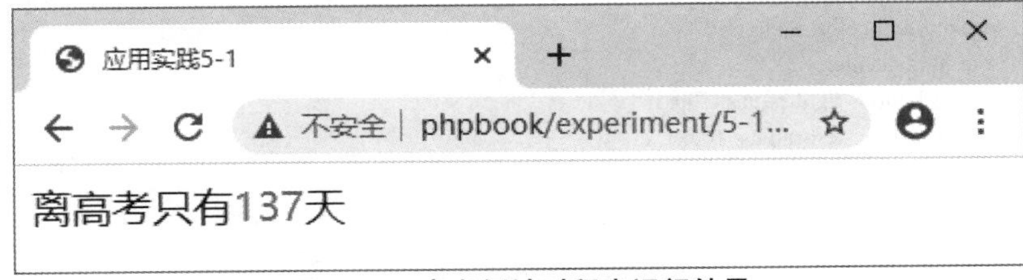

图5–25　高考倒计时程序运行结果

5.3.2　日历卡

（1）需求说明。

某应用系统需要在页面上显示一个日历卡，显示的内容与样式如图 5–26 所示。请使用 PHP+HTML 实现此效果。

（2）知识关联：时间日期类函数。

（3）参考程序。

```
<html>
    <head>
    <meta charset="utf-8">
```

学习笔记

```
        <meta http-equiv="refresh" content="60">
        <title>应用实践 5-2</title>
        <style type="text/css">
            #card{
                width: 200px;
                height: 200px;
                border: solid 1px gray;
                border-radius: 10px;
                background-color: blue;
            }
            #year_month{
                font-size: 20px;
                height: 30px;
                line-height: 30px;
                color: white;
                padding-left: 10px;
                display: inline-block;
            }
            #day{
                width: 200px;
                height: 130px;
                font-size: 100px;
                line-height: 130px;
                font-weight: bold;
                color: red;
                text-align: center;
                background-color:white;
            }
            #week{
                font-size: 30px;
                width: 200px;
                height: 40px;
                line-height: 40px;
                color: #ff00dd;
                background-color: lightgray;
                text-align: center;
                border-bottom-right-radius: 10px;
                border-bottom-left-radius: 10px;
            }
        </style>
        </head>
        <body>
        <?php
            $year=date("Y",time());
            $month=date("m",time());
            $day=date("d",time());
            $weekDay=date("w",time());
            $weeks=array("星期天","星期一","星期二","星期三","星期四","星期五","星期六");
        ?>
            <div id="card">
                <div id="year_month"><?php echo $year."年".$month."月";?></div>
                <div id="day"><?echo $day;?></div>
                <div id="week"><?php echo $weeks[$weekDay];?></div>
            </div>
        </body>
    </html>
```

（4）运行结果。

上述参考程序的运行结果如图5-26所示。

图5-26　日历卡程序运行结果

5.3.3　质数

（1）需求说明。

如果一个自然数只能被1与它自身整除，那么这个自然数称为质数。请设计程序定义一个函数，用该函数判断某个数是否为质数，并通过该函数判断用户所输入的自然数是否为质数。

（2）测试用例：12，13。

（3）知识关联：函数的定义，函数的调用，函数的传参。

（4）参考程序。

```
<html>
    <head>
    <meta charset="utf-8">
    <meta http-equiv="refresh" content="60">
    <title>应用实践 5-3</title>
    </head>
    <body>
    <form action="" name="form1" method="post">
        请输入一个自然数：
        <input type="number" name="N">
        <input type="submit" name="ok" value="确定">
    </form>
        <?php
            function prime($n){
                $isPrime=true;
                for($i=1;$i<=sqrt($n);$i++){
                    if($n%$i==0 && $i>1){
                        $isPrime=false;
                        break;
                    }
                }
                return $isPrime;
            }
            if(isset($_POST['ok'])){
                $n=$_POST['N'];
                if(prime($n)){
                    echo $n."是一个质数";
                }else{
                    echo $n."不是一个质数";
```

```
            }
        }
    ?>
    </body>
</html>
```

（5）运行结果。

上述参考程序的运行结果如图 5-27 和图 5-28 所示。

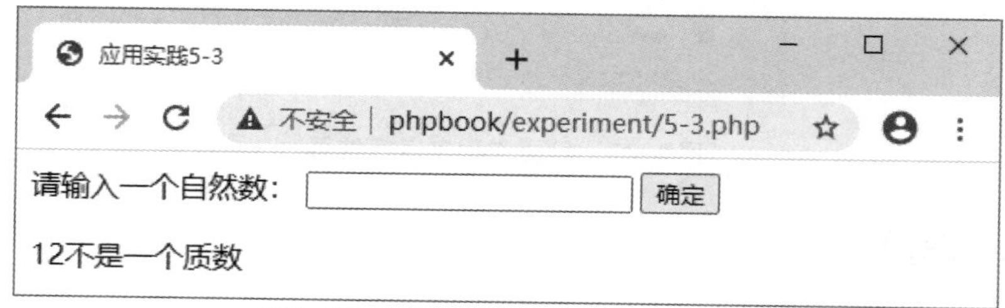

图5-27　测试用例12的程序运行结果

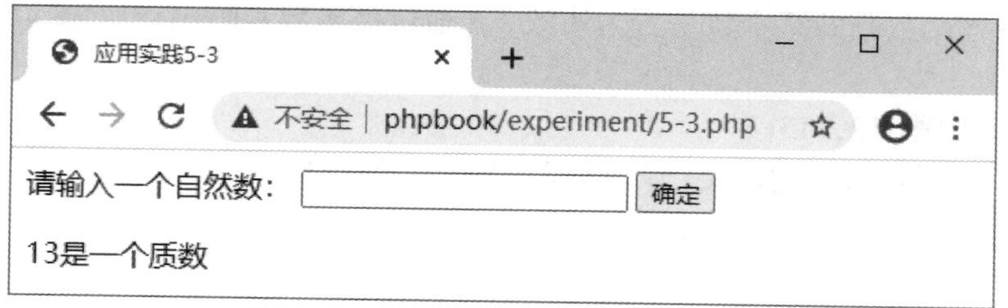

图5-28　测试用例13的程序运行结果

5.4 技能训练

1. 有一个数学函数，定义如下：

$$f(x,y,z)=\frac{x+z}{y-z}+\frac{y+2z}{x+3z}$$

请设计程序，让用户输入 x、y、z 的值后（假定用户输入的都是自然数），计算并输出函数的值。

2. 一个正整数的因子是可以整除它的全部正整数。如果一个正整数恰好等于它自身以外的所有因子之和，那么这个数就称为完数。例如，6=1+2+3（6 的因子是 1、2、3），所以 6 是完数。

请设计一个程序，定义一个"完数判断函数"，并通过该函数判断、输出用户输入的两个正整数［n，m］（$1 \leqslant n < m < 1000$）之间所有的完数，如果该范围内没有完数，输出 NULL。

3. 如果一个自然数 N，除了 1 与它自身以外，还能被更多的自然数整除，则 N 是一个合数。请设计程序定义一个函数，判断某个数是否为合数，并通过该函数判断、输出 1 ~ 100 的全部合数。

5.5 思考与练习

学习笔记

一、单项选择题

1. 下列选项中，date("Y-n-j",time())的正确输出格式是（　　）。

A. 2017-01-02　　B. 2017-01-2　　C. 2017-1-02　　D. 2017-1-2

2. $A=12，以下选项中返回值为true的选项是（　　）。

A. is_string($A);　　B. is_float($A);　　C. is_numeric($A);　　D. is_bool($A);

3. 以下表达式中，结果不可能是10的是（　　）。

A. date("n",time());　　B. date("w",time());　　C. mt_rand(0,12);　　D. mt_rand(1,10);

4. 下列说法中正确的是（　　）。

A. 自定义函数一定要有参数

B. 自定义函数体中，不能调用系统函数

C. 递归调用中，必须保证在某个时刻终止递归

D. 自定义函数的参数作用域只在函数体内

5. 下列说法中错误的是（　　）。

A. include() 函数包含一个不存在的文件时，程序不会终止

B. require() 函数包含一个不存在的文件时，程序不会终止

C. 在一段程序中，可以多次使用require() 函数包含同一个文件

D. 可以同时使用include_once() 与 require() 函数包含同一个文件

二、填空题

1. 以下程序运行结束后，$x、$y、$z、$r的值分别是______________。

```
<?php
  function fun($a, $b)
{
  if($a>$b)
          return $a;
     else
          return $b;
}
     $x=3;
     $y=8;
     $z=6;
     $r=fun($x+2,$y*$z);
?>
```

2. 以下程序运行结束后，$x、$y、$z、$r的值分别是______________。

```
<?php
  function fun(&$a, $b)
{
  if($a<$b)
          return $a++;
     else
          return $b++;
}
     $x=3;  $y=8;  $z=6;
     $a=fun($x,$y);
```

```
        $r=fun($a,2*$z);
?>
```

3. 以下程序运行结束后，$x、$y、$z、$r的值分别是________________。

```
<?php
  function fun(&$a, $b)
  {
    if($a<$b)
            return ++$a;
      else
            return $b++;
  }
      $x=3;  $y=8;  $z=6;
      $a=fun($x,$y);
      $r=fun($a,2*$z);
?>
```

4. 以下程序运行结束后，输出的结果是________________。

```
<?php
      $k=4;          $m=1;
      $p=fun($k,$m);
      echo $p."、";
      $p=fun($k,$m);
      echo $p."、";
      function fun($a,$b)
      {
            static $m=0;
            $i=2;
            $i+=$m+1;
            $m=$i+$a+$b;
            return $m;
      }
?>
```

5. 以下程序运行结束后，输出的结果是________________。

```
<?php
function fun($str)
{
      for($i=0;$i<strlen($str);$i++)
      {
            $str[$i]=$str[strlen($str)-$i-1];
      }
      return $str;
}
      $str="I am OK";
      echo fun($str);
?>
```

第 6 章　字符串处理

扫一扫
获取微课

PHP的字符串处理功能非常强大，它可以提供数十个用于处理字符串的内置函数，使用这些函数可以在PHP程序中很方便地完成对字符串的各种操作。

6.1 常用输出函数

6.1.1　字符串输出函数

输出一个字符串，可以使用前面介绍的echo语句，也可以用print()函数。其语法格式如下。

```
print (string| $str)
```

使用print()函数时需要注意以下两点。

（1）print()函数不仅可以输出字符串，而且具有返回值，当输出成功时，返回true；当输出失败时，返回false。因此，print()函数通常与条件表达式结合使用。

【例6–1】使用print()函数输出字符串。

```
<?php
    $dk="您好！ ";
    if(print $dk)
        echo "输出成功";
?>
```

例6–1中程序的运行结果如图6–1所示。

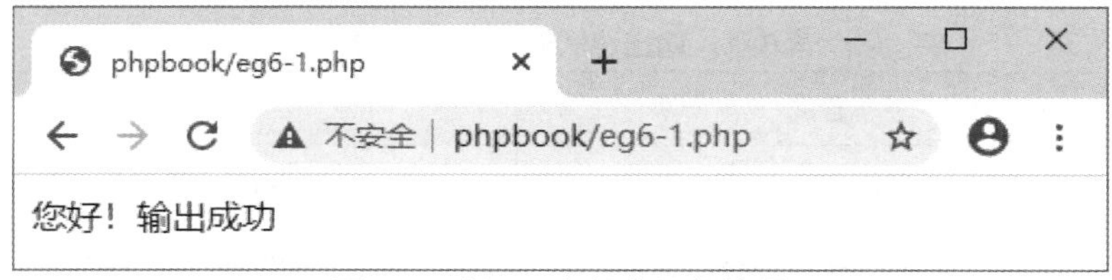

图6–1　例6–1中程序运行结果

学习笔记

（2）print() 函数不能像 echo() 函数那样通过逗号一句连续输出多个字符串。

【例 6-2】print() 函数与 echo() 函数相比较。

```
<?php
    $str1="您好！ ";
    $str2="欢迎学习 PHP";
    echo $str1,$str2;                    //正常输出
    print $str1,$str2;                   //发生错误
?>
```

6.1.2 ❻ 格式化输出函数

输出字符串时，利用字符串格式化函数，可以将字符串内容按某种固定的格式输出。PHP 中能够实现字符串格式化的函数有：printf() 函数、fprintf() 函数、sprintf() 函数、vfprintf() 函数、vprintf() 函数与 vsprintf() 函数。其用法大同小异，下面以 printf () 函数为例，说明此类函数的用法。

1. printf() 函数基本语法

printf() 函数的语法格式如下。

```
printf("输出格式",字符串)
```

其中，“输出格式”是一个含有 % 的字符串，其中 % 引领的就是输出格式的描述内容，其内容可以包括填充字符、对齐方式符、字符串长度和输出类型说明符中的一项或多项。

【例 6-3】使用指定格式输出数据内容。

```
<?php
    $num = 2;
    $str = "惠州";
    printf("在 %s 有 %u 百万辆自行车。",$str,$num);
?>
```

程序中的 %s 表示在该处以字符串型输出相应变量的内容，%u 表示该处以数值型输出相应变量的内容。例 6-3 中程序的运行结果如图 6-2 所示。

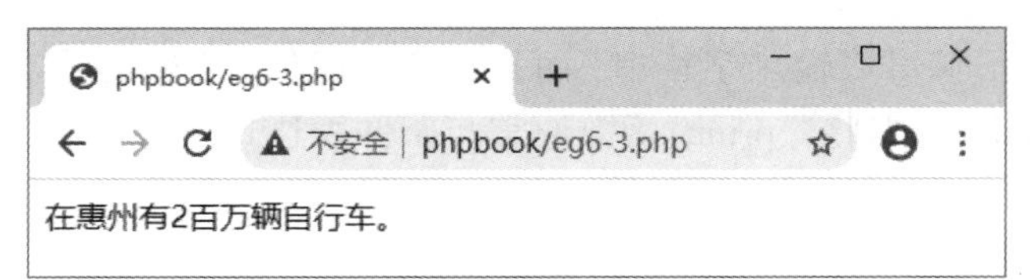

图6-2　例6-3中程序运行结果

使用格式描述形式，printf() 函数的基本语法格式如下。

```
printf("xxx %format1 xxx %format2 xxx…",str1,str2…)
```

formatN 表示输出格式符，输出格式符的含义及说明见表 6-1。

表6-1　输出格式符的含义及说明

输出格式符	含义	说明
%%	输出百分号%	printf("%%")=>%
%b	输出二进制数	printf("%b",2)=>10

续表

输出格式符	含义	说明
%c	输出ASCII值对应的字符	printf("%c",65)=>A
%d	包含正、负号的十进制数	printf("%d",−2)=>−2
%e	使用小写的科学计数法	printf("%e",2)=> 2.000000e+0
%E	使用大写的科学计数法	printf("%E",2)=> 2.000000E+0
%u	不包含正、负号的十进制数	printf("%d",−2)=> 4294967294
%f	浮点数（本地设置）	printf("%f",2)=> 2.000000
%F	浮点数（非本地设置）	printf("%F",2)=> 2.000000
%g	较短的 %e 和 %f	printf("%g",2.5546775)=> 2.55468
%G	较短的 %E 和 %f	printf("%g",2.5546775)=> 2.55468
%o	八进制数	printf("%o",9)=>11
%s	字符串	printf("%o",'9')=>'9'
%x	十六进制数（小写字母）	printf("%x",11)=>b
%X	十六进制数（大写字母）	printf("%X",11)=>B

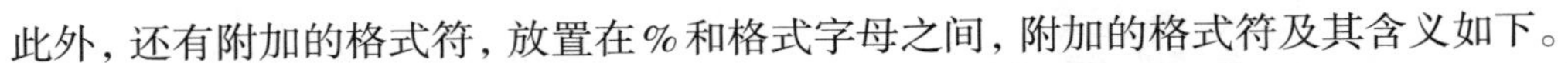
此外，还有附加的格式符，放置在%和格式字母之间，附加的格式符及其含义如下。

- +、−：在数字前面加上“+”或“−”定义数字的正负性。默认只标记负数，不标记正数。
- '：规定了使用什么字符作为填充，默认是空格。它必须与宽度指定器一起使用。
- [0 ~ 9]：规定变量值的最小宽度。
- .[0 ~ 9]：规定小数位数或最大字符串的长度。

printf() 函数中的参数是按次序对应的。在第一个%处，插入str1；在第二个%处，插入str2，依次类推，见例6−3。

2. 占位符

如果%格式符的数量多于strN参数的数量，必须使用占位符。占位符被插入%之后，由数字和\$组成，如“%1\$f”表示用浮点数（f）格式输出后面参数列表中的第1个变量（\$）。

【例6−4】占位符的使用。

```
<?php
    $num= 123;
    printf("两位小数格式：%1\$.2f<br>整数格式：%1\$u",$num);
?>
```

例6−4的程序中，一共有两个替换标记%，但只有一个代入参数$num，因此%后面用了1\$，表示替换第一个代入参数。第一个替换标记%后面的 .2f表示两位小数位的浮点型格式，第二个替换标记%后面的u表示不含正负号的十进制数格式。

例6-4中程序的运行结果如图6-3所示。

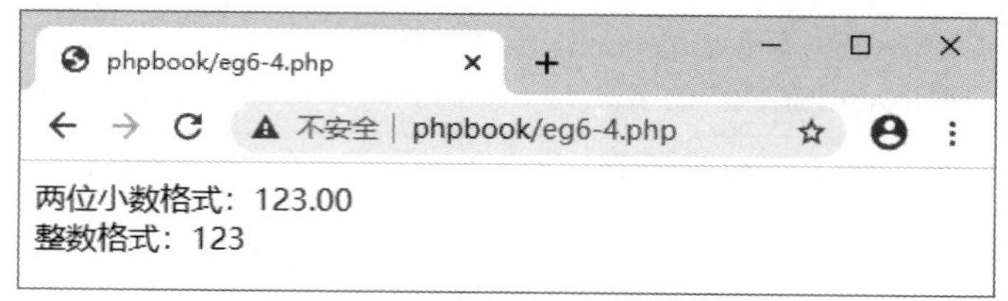

图6-3　例6-4中程序运行结果

如果有多个代入参数且代入参数的数量与%的数量不一致，即在%后用n\$指定该处替换第*n*个代入参数。

【例6-5】指定要替换的代入参数。

```
<?php
    $A=95;
    $B=23.12;
    printf("变量A两位小数格式：%1\$.2f<br>变量B整数格式：%2\$u<br>变量A整数格式:%1\$u",$A,$B);
?>
```

例6-5中程序的运行结果如图6-4所示。

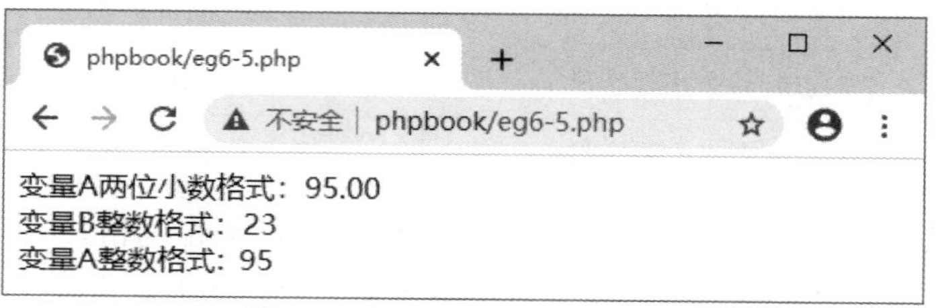

图6-4　例6-5中程序运行结果

3. 补位字符

使用printf()函数输出一个字符串时，允许用户定义输出内容在页面中所占的位置空间，如果字符串本身的长度不足以填满这些空间，可以再指定一个字符来补足长度，如果不指定，默认使用空格补足。

用户指定字符补足长度的语法格式如下。

```
printf(%['padding_characters][length][.precision]type,$str)
```

其中，['padding_characters]表示当$str中的字符串长度没有达到[length]值时，用来补位的字符。

[.precision]表示$str内容所占的长度。

type表示$str的输出格式类型（参阅表6-1）。

【例6-6】补位字符的使用。

```
<?php
    $A="HelloWorld";
    echo "变量A的长度是".strlen($A)."<br>";
    printf("%10s<br>",$A);
    printf("%'*15s<br>",$A);          //输出15位，不足用*补位
    printf("%'*15.5s<br>",$A);        //输出15位，字符串本身占5位，不足用*补位
?>
```

例6-6中程序的运行结果如图6-5所示。

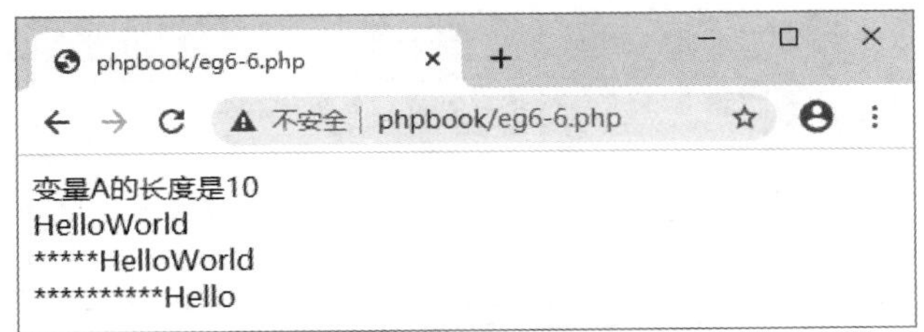

图6-5　例6-6中程序运行结果

注 意

printf() 函数的返回值是所输出的字符串的长度。示例如下。

```
<?php
    $A="Hello!";
    $B=printf("%'*14s",$A);    //$B 的值等于 14
?>
```

6.2 常用字符串操作函数

6.2.1 计算字符串长度

1. strlen() 函数

使用strlen()函数可以方便地计算出字符串的长度。strlen()函数的语法格式如下。

```
strlen(string)
```

string表示要输出的字符串内容，该内容可以是一个直接的字符串内容标量，也可以是一个字符串变量。

PHP利用该函数计算中文字符串的长度时，与程序文档所采用的编码字符集有关。在UTF-8编码中，每个汉字的长度为3个字符，在GB2312编码中，每个汉字的长度为2个字符。空格占1个字符。

【例6-7】采用GB2312编码字符集时字符串长度的计算。

```
<!DOCTYPE html>
  <html>
  <head>
    <meta charset="GB2312">
    <title>例 6-7</title>
  </head>
  <body>
  <?php
    $A="Hello";
    $B="我是中国人";
    echo "变量 A 的长度是".strlen($A)."<br>";    //输出 5
    echo "变量 B 的长度是".strlen($B);           //输出 10
  ?>
  </body>
  </html>
```

例6–7中程序的运行结果如图6–6所示。

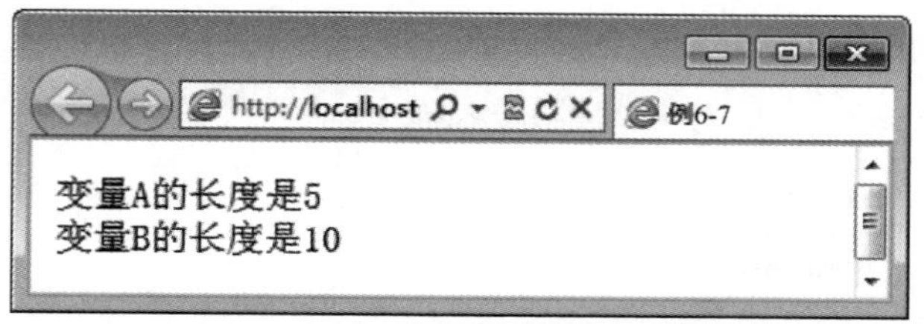

图6–6 例6–7中程序运行结果

【例6–8】采用UTF–8编码字符集时字符串长度的计算。

```
<!DOCTYPE html>
  <html>
  <head>
    <meta charset="utf-8">
    <title>例6-8</title>
  </head>
  <body>
  <?php
    $A="Hello";
    $B="我是中国人";
    echo "变量A的长度是".strlen($A)."<br>";      //输出5
    echo "变量B的长度是".strlen($B);             //输出15
  ?>
  </body>
  </html>
```

例6–8中程序的运行结果如图6–7所示。

图6–7 例6–8中程序运行结果

从例6–7与例6–8的对比可以看出，英文字符的长度与程序文档的编码字符集的类型无关，而中文字符在不同编码字符集中所占的长度不同。

2. mb_strlen()函数

由于使用strlen()函数计算中文字符的长度时直接受编码字符集的类型影响，并且所计算出来的长度是中文字符所占的字节数，而并非中文字符数，这与我们日常生产、生活中的理解不一致。

例如，“我是中国人”，一般情况下，我们理解的长度是5个字符，但strlen()函数计算出来的长度是10或15个字符。

为了解决这一矛盾，PHP提供了mb_strlen()函数。它的用法与strlen()函数的用法是一样的，主要的区别在于用该函数计算中文字符串的长度时，结果与编码字符集的类型无关，并且得到的是中文字符的个数。

【例6-9】计算中文字符串的字符个数。

```
<?php
    $A="Hello";
    $B="我是中国人";
    echo "变量A的长度是".mb_strlen($A)."<br>";              //输出5
    echo "变量B的长度是".mb_strlen($B);                    //输出5
?>
```

例6-9中程序的运行结果如图6-8所示。

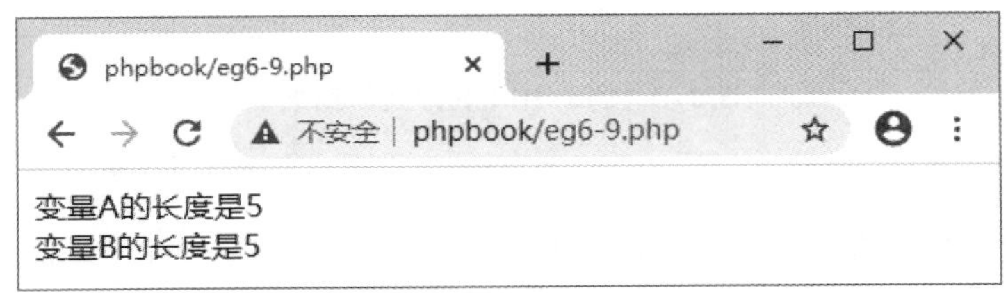

图6-8　例6-9中程序运行结果

注 意

PHP的mbstring扩展库，几乎为每一个字符串处理函数都提供了相对应的mb_函数。例如，前面所介绍的strlen()函数有一个相应的mb_strlen()函数，下面介绍的substr()函数有一个相应的mb_substr()函数。使用mb_系统的这些函数，可以更加便捷地处理中文字符串。

6.2.2　截取字符串

substr()函数用于截取字符串中指定部分的内容，其语法格式如下。

```
substr(string | $string,s_index,length)
```

其中，string | $string表示要处理的字符串标量或字符串变量。

s_index表示截取的开始位置，该参数如果为0，表示从字符串最左端开始截取；如果是正数，即从相应字符处开始截取；如果是负数，即从字符串尾端开始倒退到指定位置开始截取。

length表示要截取的字符串的长度。如果是正数，表示从s_index处开始向字符串尾部截取相应的字符数；如果是负数，表示从字符串尾端开始向s_index处舍弃相应的字符数。

【例6-10】截取字符串。

```
<?php
    $str="Good morning!China!";
    $s1=substr($str,0,4);
    $s2=substr($str,5,7);
    $s3=substr($str,-6,6);
    $s4=substr($str,4,-6);
    echo $s1."<br>";
    echo $s2."<br>";
    echo $s3."<br>";
    echo $s4;
?>
```

在例6-10的程序中，$s1从第0个字符开始向右截取4个长度的字符；$s2从第5个字符开始，向右截取7个长度的字符；$s3从倒数第6个字符开始，向右截取6个长度的字符；

$s4从第4个字符开始截取至倒数第6个字符。

例6-10中程序的运行结果如图6-9所示。

图6-9　例6-10中程序运行结果

注 意

若需要对中文字符串进行截取操作，则使用mb_substr()函数即可。其用法与substr()函数一致。

6.2.3 剪裁字符串

PHP中的字符串剪裁函数用于删除字符串中指定的字符，共有三种，即trim()函数、ltrim()函数与rtrim()函数，它们分别用于删除字符左右两边、左边、右边的指定字符。其语法格式如下。

```
trim(string|$string,[character])
ltrim(string|$string,[character])
rtrim(string|$string,[character])
```

其中，[character]属于可选参数，用于指定所要删除的字符，若不指定，则默认删除空格。

【例6-11】字符串剪裁函数的使用。

```
<?php
    $str="--I like PHP--";
    $s1=trim($str,"-");                //删除左右两端的"-"
    $s2=ltrim($str,"-");               //删除左"-"
    $s3=rtrim($str,"-");               //删除右"-"
    echo $str."<br>";
    echo $s1."<br>";
    echo $s2."<br>";
    echo $s3;
?>
```

例6-11中程序的运行结果如图6-10所示。

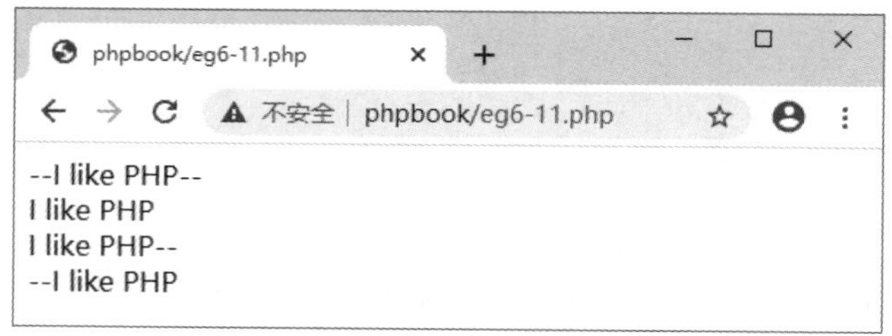

图6-10　例6-11中程序运行结果

注 意

trim() 函数、ltrim() 函数与 rtrim() 函数均可以直接支持对中文字符串的剪裁操作。

6.2.4　字符串替换

使用字符串剪裁函数只能去掉字符串左右两边的指定字符，但是去不掉字符串中间的指定字符，这时可以使用字符串替换函数。PHP 中的字符串替换函数有两个：str_replace() 函数与 substr_replace() 函数。

1. str_replace() 函数

str_replace() 函数的功能是将字符串中的部分字符替换为其他字符。其语法格式如下。

```
str_replace("replace_str","by_str","source_str",[counter])
```

其中，replace_str 是 source_str 中需要替换为 by_str 的内容，可选参数 counter 必须是一个变量，用于保存在该次替换操作中被替换内容的个数。

str_replace() 函数返回的内容是被替换以后的字符串。

【例 6-12】使用 str_replace() 函数替换所有的空格。

```
<?php
    $str="Hello!My name is Rose";
    $s1=str_replace(" ","",$str,$i);        //替换所有的空格
    echo $str."<br>";
    echo $s1."<br>";
    echo "一共有".$i."个空格被替换";
?>
```

例 6-12 中程序的运行结果如图 6-11 所示。

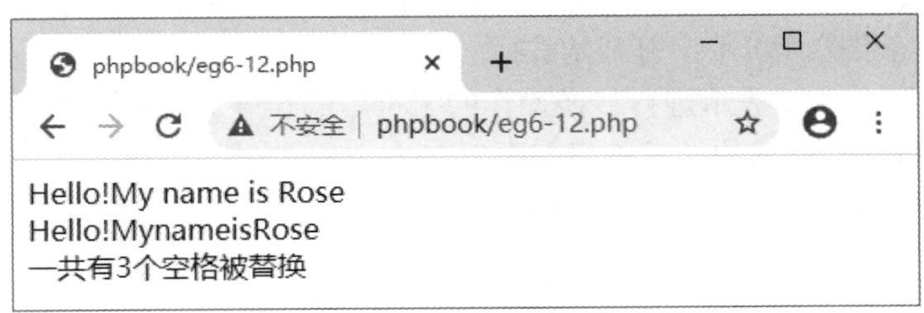

图6-11　例6-12中程序运行结果

注 意

str_replace() 函数可以直接支持中文字符的识别与替换。此外，该函数对英文字母的大小写是敏感的。如果不需要区分英文字母的大小写，可以使用 str_ireplace() 函数，它的用法与 str_replace() 函数一样，只是对英文字母的大小写不敏感。示例如下。

```
<?php
    $A="When I was a worker";
    echo str_replace("w","",$A);        //输出 "When I as a orker"
    echo str_ireplace("w","",$A);       //输出 "When I as a orker"
?>
```

【例 6-13】str_replace() 函数允许对数组元素进行替换。

```
<?php
    $A=array("浅红","红","深红","暗红");
    $B=str_replace("红","绿",$A);                    //将数组A元素中的"红"替换为"绿"
    foreach($B as $k)
        echo $k."、";
?>
```

例6-13中程序的运行结果如图6-12所示。

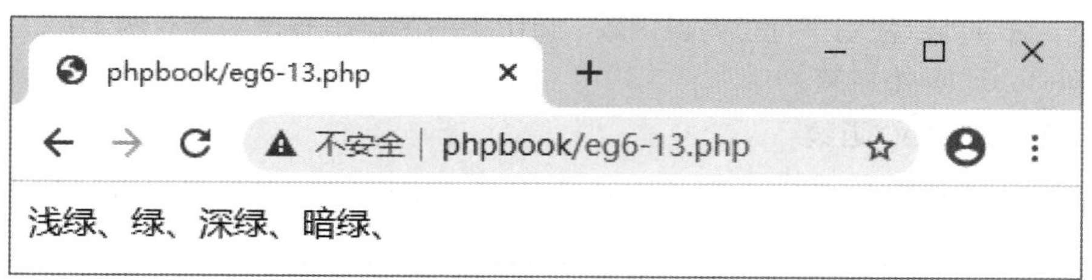

图6-12　例6-13中程序运行结果

str_replace() 函数还可以利用数组元素一次性对字符串中多个不同的字符同时进行替换。

2❸. substr_replace() 函数

substr_replace() 函数与 str_replace() 函数的主要区别在于：str_replace() 函数的替换操作范围是整个字符串，而 sub_replace() 函数则可以将替换操作控制在指定范围内。

其语法格式如下。

```
substr_replace(source_string,by_string,start_index,[length])
```

其中，source_string 表示原始的字符串内容或字符串变量。

by_string 表示要替换的目标字符串。

start_index 表示从字符串的哪个位置开始替换，默认是从首字符开始，如果是负数 *n*，即从字符串的尾部倒数第 *n* 个字符开始替换。

[length] 是可选参数，表示进行替换操作的字符串的长度，默认是整个原始字符串的长度，0 表示将目标字符插入原始字符串前面。

【例6-14】使用 substr_replace() 函数替换字符。

```
<?php
    $str="Hello!My name is Rose.";
    $A1=substr_replace($str,"",6,3);              //从第6个字符开始，替换3个字符
    $A2=substr_replace($str,"My",6,2);            //从第6个字符开始，替换2个字符
    $A3=substr_replace($str,"Rose:",0,0);         //在最左边插入"Rose:"
    $A4=substr_replace($str,"Nice to meet you!",strlen($str),0);       //在最右边插入字符
    echo $str."<br>";
    echo $A1."<br>";
    echo $A2."<br>";
    echo $A3."<br>";
    echo $A4."<br>";
?>
```

例6-14中程序的运行结果如图6-13所示。

图6-13　例6-14中程序运行结果

注 意

substr_replace() 函数同样可以直接支持中文字符操作，也可以借助数组进行替换操作，具体用法可参考 str_replace() 函数。

6.2.5　字符串查找

所谓字符串查找，是指在一个字符串中查找所需的字符串。PHP中关于字符串查找、匹配或定位的函数很多，我们以 strstr() 与 strpos() 两个函数为例，介绍这类函数的用法与用途。

1❻. strstr() 函数

strstr() 函数用于搜索某个字符串在原字符串中首次出现的位置 *n*，函数的返回值是原字符串中第 *n* 位以后的内容。

其语法格式如下。

```
strstr(source_string,search_string,[ before_search ])
```

其中，source_string 是必选参数，表示进行查找操作的原字符串。

search_string 是必选参数，指要查找的内容字符串。

before_search 是可选参数，布尔型，默认为 false，表示函数返回的是 search_string 的内容出现点 *n* 以后的字符串（包括第 *n* 个字符），如果设为 true，函数将返回出现点以前的字符串。如果找不到 search_string 中的内容，函数返回 false。

【例6-15】使用 strstr() 函数进行字符串切割。

```
<?php
    $str="先天下之忧而忧，后天下之乐而乐";
    $s1=strstr($str,"后");              //s1 的值是"后天下之乐而乐"
    $s2=strstr($str,"，",true);          //s2 的值是"先天下之忧而忧"
    echo $str."<br>";
    echo $s1."<br>";
    echo $s2."<br>";
?>
```

例6-15中程序的运行结果如图6-14所示。

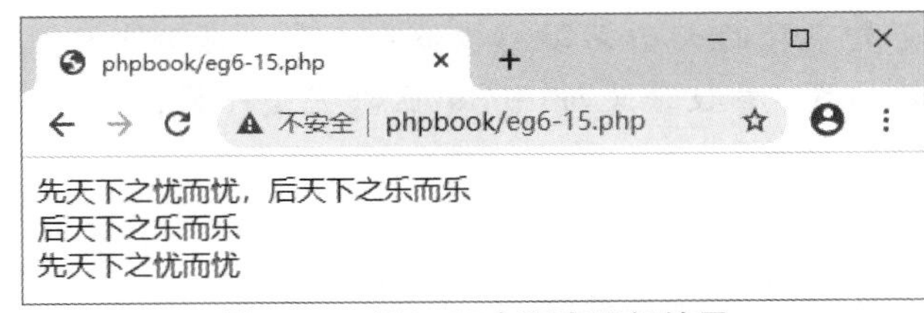

图6-14　例6-15中程序运行结果

注 意

strstr() 函数对中英文字符的查找操作都可以直接支持，但对英文的大小写是敏感的，如果不需要区分大小写字母，可以使用 stristr() 函数，其用法格式与 strstr() 完全一样。

2. strpos() 函数

strpos() 函数用于查找某个字符串在另一个字符串中第一次出现的位置 *n*，其返回值是一个整数，若找不到该字符串，返回 false。

其语法格式如下。

```
strpos(source_string, search_string, [start_index])
```

其中，source_string 是必选参数，表示查找操作所在的原字符串。

search_string 是必选参数，用于指定要查找的字符串。

start_index 是可选参数，表示从原字符串第几个字符开始查找，默认值是 0，即从首字符开始查找。

【例 6-16】利用 strpos() 函数进行字符串查找。

```
<?php
    $str="This is a PHP programe";
    $s1=strpos($str,"is");              //s1 的值是 2
    $s2=strpos($str,"is",7);            //s2 的值是空
    echo $str.'<br>';
    echo 'is 首次出现在第'.$s1.'位<br>';
    if($s2)
        echo '第 7 个字符以后 is 出现的位置是：'.$s2;
    else
        echo "第 7 个字符以后 is 未再出现";
?>
```

例 6-16 的程序中 $str 的内容，第 7 个字符以后 is 未再出现，因此 $s2 的值是 false。例 6-16 中程序的运行结果如图 6-15 所示。

图6-15　例6-16中程序运行结果

注 意

strpos() 函数对英文字母的大小写敏感，如果不需要区分大小写进行查找，可以用 stripos() 函数。其语法格式、参数含义与 strpos() 函数完全一样，只是对英文字母大小写不敏感。

3❻. mb_strpos() 函数

strops() 函数对中文字符进行查找时，会受编码字符集类型的影响，一个中文字符的长

度为2或3。因此，strpos()函数不适合用来处理中文字符串。可以使用mbstring扩展库中的mb_strpos()函数来处理中文字符串。其语法格式、用法与strpos()函数完全一样，只是更适合用来处理中文字符串。通过下面的范例程序，可以对比出strpos()函数与mb_strpos()函数在处理中文字符串方面的不同。

【例6-17】查找中文字符串。

```
<?php
    $str="先天下之忧而忧，后天下之乐而乐";
    $s1=mb_strpos($str,"忧");            //s1的值是2
    $s2=strpos($str,"忧");               //s2的值是12
    echo $str.'<br>';
    echo 'mb_strpos查找"忧"首次出现在第'.$s1.'位<br>';
    echo 'strpos查找"忧"首次出现在第'.$s2.'位<br>';
?>
```

例6-17中程序的运行结果如图6-16所示。

图6-16　例6-17中程序运行结果

6.2.6　字符与ASCII码互转

用于字符与ASCII码之间互相转换的函数有ord()函数与chr()函数两个，它们分别用于将字符转换为ASCII码及将ASCII码转换为字符。

1. ord()函数

ord()函数用于将字符转换为与其对应的ASCII码。

其语法格式如下。

```
ord(character)
```

其中，character表示要转换的字符，如果character中含有多个字符，函数只返回第一个字符的ASCII码。

【例6-18】将字符转换为ASCII码。

```
<?php
    $A="G";
    $B="Good";
    echo ord($A)."<br>";                //输出71
    echo ord($B);                       //输出71
?>
```

2. chr()函数

chr()函数用于将ASCII码转换为对应的字符。

其语法格式如下。

```
chr(ASCII码值)
```

其中，ASCII码值可以是十进制数、八进制数或十六进制数。如果使用八进制数，要

学习笔记

以数字“0”开头；如果使用十六进制数，要以数字+英文字母“0x”开头。

【例6-19】将ASCII码转换为字符。

```
<?php
    echo chr(65)."<br>";                //输出A
    echo chr(065)."<br>";               //输出5
    echo chr(0x65);                     //输出e
?>
```

例6-19中，65是字符A的ASCII码值。八进制数65相当于十进制数53，是数字5对应的ASCII码值。十六进制数65相当于十进制数101，是字符e对应的ASCII码值。

6.2.7❸ 字符串比较

字符串比较函数用于对比两个字符串之间的大小关系。常用的有strcmp()函数与strncmp()函数。

1. strcmp()函数

strcmp()函数用于对比两个字符串之间的大小关系。

其语法格式如下。

```
strcmp(str_1，str_2)
```

如果str_1大于str_2，函数返回1；如果两个字符串相等，函数返回0；如果str_1小于str_2，函数返回-1。

函数在进行比较运算时要遵循以下法则：

（1）按字符串中各个字符的ASCII码值的大小进行比较。

（2）对两个字符串中的字符逐个进行比较。例如，“abc”>“aac”。

（3）区分英文字母的大小写。例如，“A”<“a”。

（4）采用GB2312编码的中文字符，按每个字符的拼音进行比较。

【例6-20】使用strcmp()函数进行字符串大小的比较。

```
<?php
    echo strcmp("hello","hello")."<br>";          //输出0
    echo strcmp("hello","hEllo")."<br>";          //输出1
    echo strcmp("hello","hello!")."<br>";         //输出-1
    echo strcmp("hello!","hello");                //输出1
?>
```

注 意

如果不需要区分英文字母的大小写，可以使用strcasecmp()函数。其用法与strcmp()函数是一样的，只是对英文字母的大小写不做区分。

2. strncmp()函数

strncmp()函数的用法与strcmp()函数很相似，只是strncmp()函数可以指定截取字符串中的一部分进行比较，而strcmp()函数则是对整个字符串进行比较。

strncmp()的语法格式如下。

```
strncmp(str_1，str_2，cmp_length)
```

其中，str_1与str_2表示参与比较的两个字符串。

cmp_length是一个整数，用于指定两个字符串参与比较的字符的个数。

这三个参数都是必选参数。

【例6-21】使用strncmp()函数比较字符串大小。

```
<?php
    $A="hello!My name is Jack.";
    $B="hello!my name is Jack.";
    echo strncmp($A,$B,6)."<br>";        //输出0
    echo strncmp($A,$B,8);               //输出-1
?>
```

注 意

strncmp()函数区分英文字母的大小写，若不需要区分英文字母的大小写，应当使用strncasecmp()函数进行比较。

6.2.8　字符串加密

PHP为用户提供了非常方便的字符加密功能。利用crypt()函数与md5()函数能方便地实现对字符串的加密。

1. crypt()函数

crypt()函数可以根据运行系统的不同，以及其参数的格式与长度，采用DES、Blowfish或MD5等加密算法中的一种，对参数中的字符串进行加密，并返回加密以后的字符串。

其语法格式如下。

```
crypt(string, [salt])
```

其中，string是必选参数，用于指定需要加密的字符串。

salt（盐值）是可选参数，是用于增加被加密字符数目的字符串，以使编码更加安全。如果未填写该参数，则每次调用该函数时PHP都会随机生成一个。

【例6-22】使用crypt()函数加密字符串。

```
<?php
    $str="admin";
    echo crypt($str)."<br>";              //此处每次输出的结果不一样
    echo crypt($str,"ok")."<br>";         //加密后，前面添加"ok"
    echo crypt($str,"my");                //加密后，前面添加"my"
?>
```

例6-22中程序的运行结果如图6-17所示。

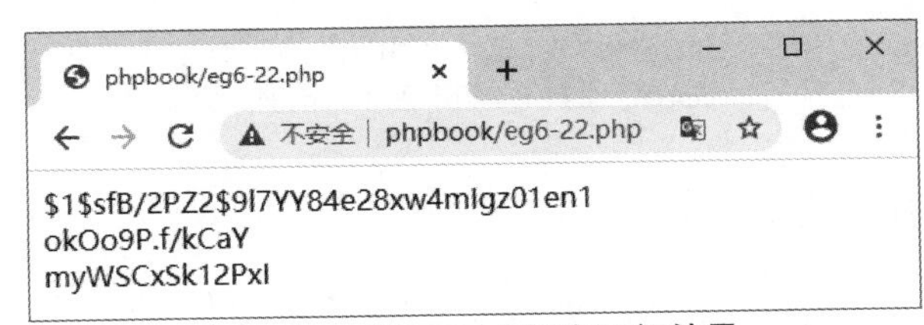

图6-17　例6-22中程序运行结果

2. md5()函数

md5()函数用于对字符串进行MD5算法的加密，从而得到一个长度为32的字符串。

学习笔记

其语法格式如下。

```
md5(string, [format])
```

其中，string是必选参数，用于指定需要加密的字符串。

format是可选参数，其值是true或false。true表示每个字符加密后是一个16位的二进制格式的字符串；false表示每个字符加密后是一个32位的十六进制格式的字符串。默认值是false。

【例6-23】使用md5()函数加密字符串。

```
<?php
    $A="admin888";
    echo md5($A)."<br>";        //32位十六进制格式
    echo md5($A,true);          //16位二进制格式
?>
```

例6-23中程序的运行结果如图6-18所示。

图6-18　例6-23中程序运行结果

6.2.9　字符串转换数组

字符串与数组之间可以通过explode()函数与implode()函数互相转换。

1. explode()函数

explode()函数用于将一个字符串以某个字符为分隔符，分隔成几部分，每部分作为数组的一个元素值。

explode()函数的语法格式如下。

```
explode(delimiter, string)
```

其中，delimiter是必选参数，用于指定分隔字符串的字符。

string是必选参数，用于指定被分隔的字符串内容。

该函数的返回值是转换以后的数组。

【例6-24】使用explode()函数分隔字符串。

```
<?php
    $A="My name is Jack";
    $arr=explode(" ", $A)           //以空格为分隔符，将字符串转换为数组
    print_r($arr);                  //print_r函数用于输出数组的结构与内容
?>
```

例6-24中程序的运行结果如图6-19所示。

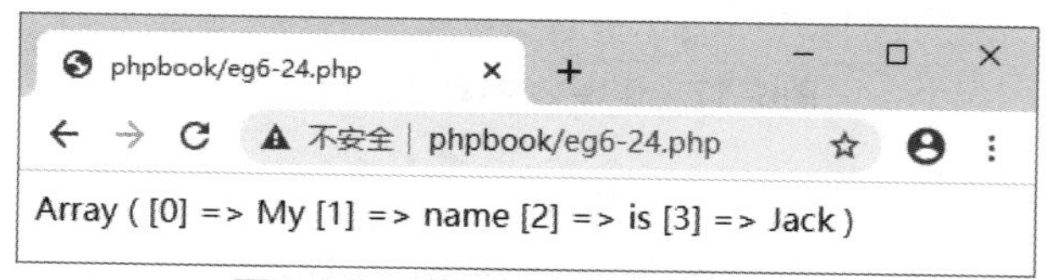

图6-19　例6-24中程序运行结果

学习笔记

2. implode()

implode() 函数用于将一个数组中各个元素的值连接成一个字符串。

implode() 函数的语法格式如下。

```
implode(delimiter, array)
```

其中，delimiter为可选参数，表示合并数组各元素时，使用什么字符连接这些元素的内容，如果不填，默认使用空字符串。

array 是必选参数，用于指定要合并的数组。

【例 6–25】使用 implode() 函数连接数组元素。

```
<?php
    $arr=array("广东","广西","北京","浙江");
    $str1=implode($arr);                  //直接将数组各元素拼接为字符串
    $str2=implode("#",$arr);              //用#连接数组各元素
    echo $str1."<br>";
    echo $str2;
?>
```

例 6–25 中程序的运行结果如图 6–20 所示。

图6–20　例6–25中程序运行结果

6.2.10　英文字母大小写转换

转换英文字母的大小写，可以通过 strtoupper() 与 strtolower() 两个函数来实现。前者将小写字母转换为大写字母，后者将大写字母转换为小写字母。所需转换的字符串中如果含有非英文字符，这两个函数会自动忽略对这些字符的转换。

【例 6–26】英文字母大小写转换。

```
<?php
    $str="我喜欢用PHP进行coding";
    $str1=strtoupper($str);
    $str2=strtolower($str);
    echo $str1."<br>";
    echo $str2;
?>
```

例 6–26 中程序运行的结果如图 6–21 所示。

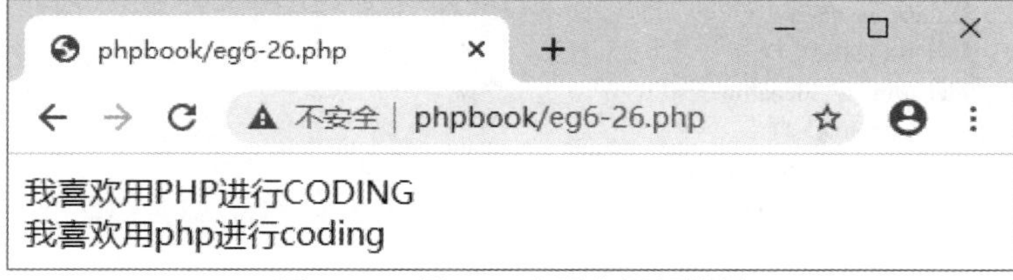

图6–21　例6–26中程序运行结果

学习笔记

6.3 应用实践

6.3.1 学号信息分析程序

（1）需求说明。

某学校的学号由8位字符（英文字母+数字）组成，格式范例为D20C4801。

其中，第1个英文字母的含义是：A.财经学院；B.商务学院；C.师范学院；D.信息学院；E.艺术学院。

第2、3位数字表示年级。

第4位英文字母的含义是：C.大专；U.本科。

第5、6位数字，表示班级编号。

第7、8位数字，表示个人编号。

请设计一个程序，对用户所输入的学号进行分析（假定所有的输入均合法），并按下面的格式输出学号中所包含的详细信息。

学院：××××

学历：××

年级：××级

班级：××班

（2）测试用例：D20C4411，C21U1802。

（3）知识关联：英文字母大小写转换，格式化输出，截取字符串。

（4）参考程序。

```
<html>
    <head>
    <meta charset="utf-8">
    <title>应用实践 6-1</title>
    </head>
    <body>
    <form id="form1" name="form1" method="post" action="">
      请输入您的学号：<input type="text" name="uid"/>
      <input type="submit" name="ok"  value="分析" />
    </form>
        <?php
            if(isset($_POST['ok'])){
                $ID=strtoupper($_POST['uid']);              //统一转换成大写字母
                $departments=array("A"=>"财经学院",
                                   "B"=>"商务学院",
                                   "C"=>"师范学院",
                                   "D"=>"信息学院",
                                   "E"=>"艺术学院");
                $educations=array("C"=>"大专","U"=>"本科");
                $i=substr($ID, 0,1);
                $department=$departments[$i];              //学院
                $i=substr($ID,3,1);
                $education=$educations[$i];              //学历
                $grades=substr($ID,1,2);              //年级
```

```
                    $classes=substr($ID,4,2);                 //班级
                    echo $ID."同学您好，您的个人信息如下：<br>";
                    printf("学院：%s<br>学历：%s<br>年级：%u级<br>班级：%u班",$department,$education,$grades,$clas
ses);
                }
            ?>
        </body>
    </html>
```

（5）运行结果。

上述参考程序的运行结果如图6–22所示。

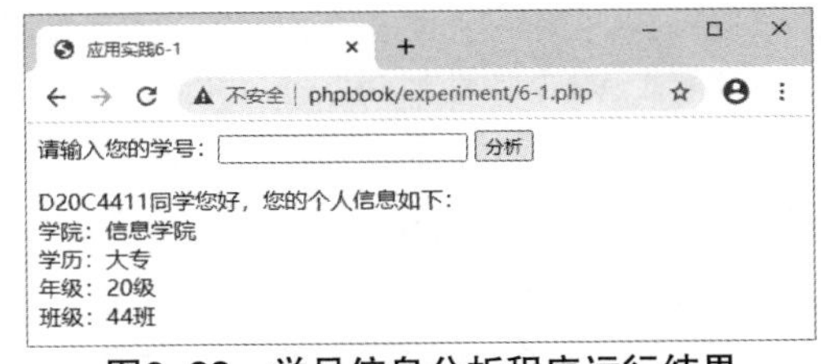

图6–22　学号信息分析程序运行结果

注 意

若对数组方面的知识比较熟悉，亦可使用switch分支结构来处理“院系信息”，用条件分支结构来处理“学历信息”。

6.3.2　加密登录验证程序

（1）需求说明。

某系统在用户注册时，已经先用md5()函数对用户的明文密码进行了加密，再保存入库。请设计实现一个登录验证程序，对用户名和密码进行验证，并输出验证结果。

假定已经注册的用户名为“admin”，密码明文为“admin123456”，加密后保存的字符串为“a66abb5684c45962d887564f08346e8d”。

（2）测试用例：[Admin,admin123456]，[admin,admin888]，[admin,admin123456]。

（3）知识关联：字符串加密，字符串比较。

（4）参考程序。

```
<html>
    <head>
    <meta charset="utf-8">
    <title>应用实践6-2</title>
    </head>
    <body>
    <form id="form1" name="form1" method="post" action="">
      用户名：<input type="text" name="uname"/>
      密码：<input type="password" name="upw"/>
      <input type="submit" name="login"  value="登录" />
    </form>
    <?php
        $uName="admin";
        $uPing="a66abb5684c45962d887564f08346e8d";
        if(isset($_POST['login'])){
            $userName=$_POST['uname'];
```

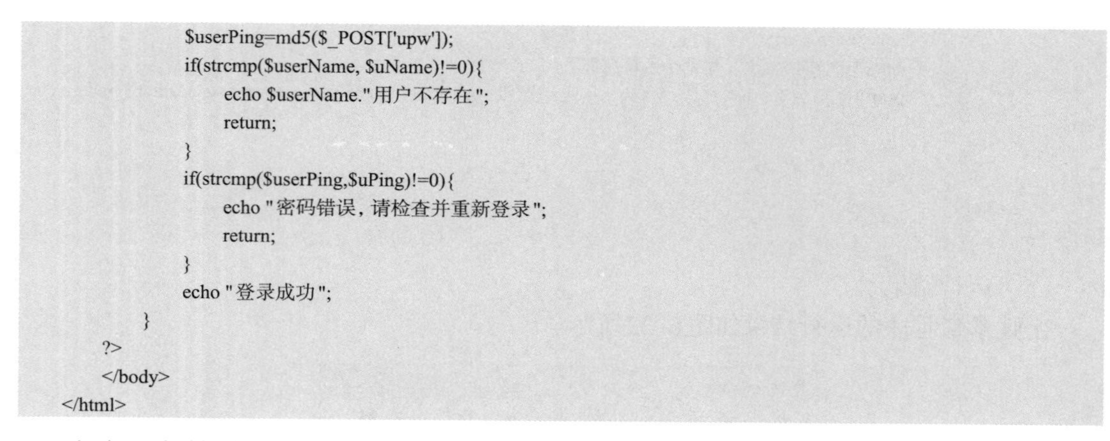

```
                $userPing=md5($_POST['upw']);
                if(strcmp($userName, $uName)!=0){
                    echo $userName."用户不存在";
                    return;
                }
                if(strcmp($userPing,$uPing)!=0){
                    echo "密码错误，请检查并重新登录";
                    return;
                }
                echo "登录成功";
            }
        ?>
    </body>
</html>
```

（5）运行结果。

上述参考程序的运行结果如图6–23至图6–25所示。

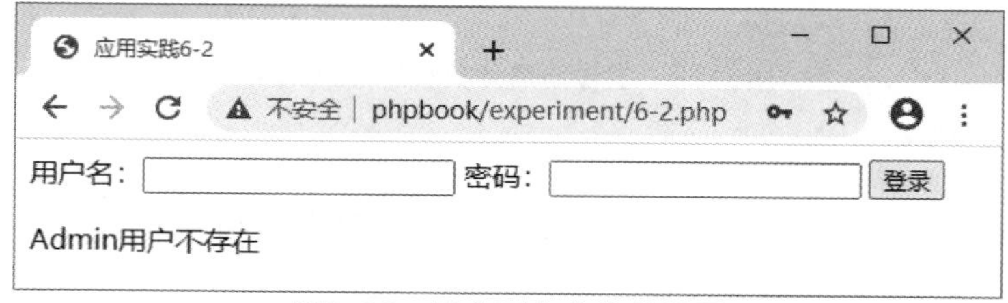

图6–23　用户不存在参考效果

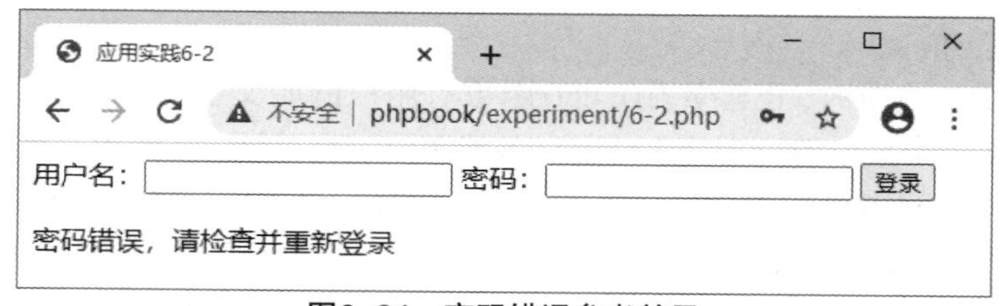

图6–24　密码错误参考效果

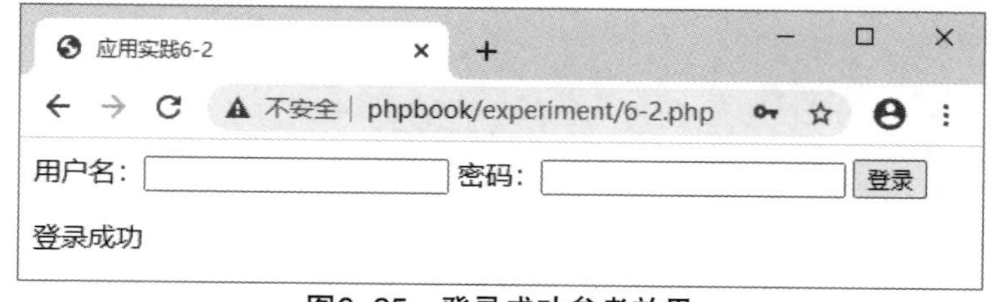

图6–25　登录成功参考效果

6.4 技能训练

1. 请设计一个密码确认程序，密码确认程序的运行界面如图6–26至图6–28所示，如果用户两次输入的密码完全一致，则显示验证通过，否则显示验证不通过。

学习笔记

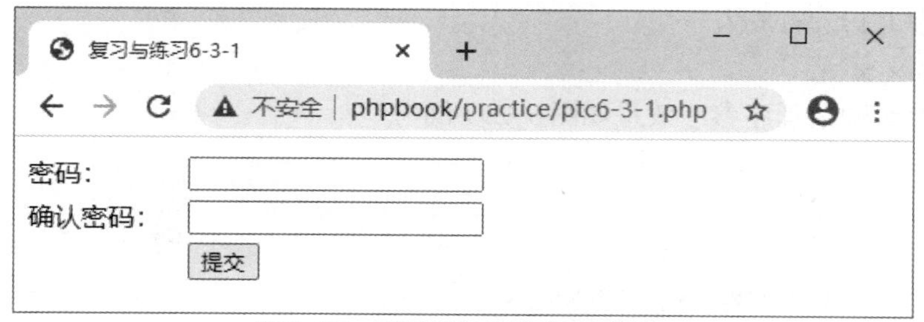

图6–26　密码确认程序运行界面1

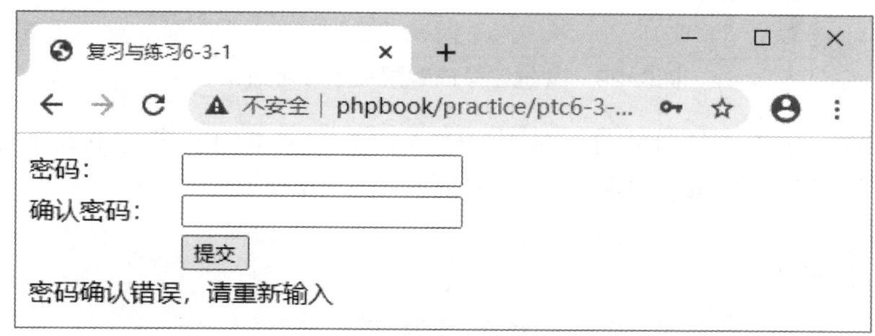

图6–27　密码确认程序运行界面2

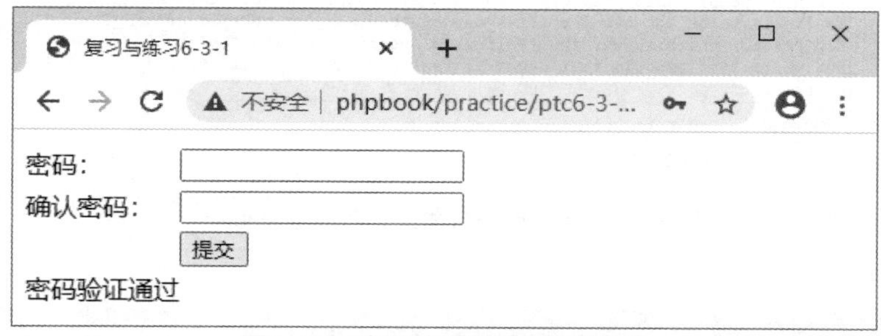

图6–28　密码确认程序运行界面3

2. 设计实现一个自动根据身份证信息提示用户购票的程序。

要求与说明如下。

（1）用户输入的身份证号码，长度必须是18位，前面17位只能是阿拉伯数字，末位可以是X（不区分大小写），如包含其他字符信息，则提示“身份证错误”，并中断处理。

（2）身份证号码从左往右每位的含义：7 ~ 10位表示出生年份，11 ~ 12位表示出生月份，13 ~ 14位表示出生日期，第17位奇数表示男，偶数表示女。

（3）《中国民用航空旅客、行李国内运输规则》规定：2周岁以下的“婴儿”按照同一航班成人普通票价的10%购买婴儿票；2 ~ 12周岁的“儿童”，按照同一航班成人普通票价的50%购买儿童票；12周岁以上的“成人”全额购票。

（4）假定本次航班票价为1000元，请检查并分析用户输入的身份证号码，并按以下格式输出购票提示信息。

性别：×

年龄：× × 岁

票类：婴儿|儿童|成人
票价：￥××元
身份证号码购票程序参考效果如图 6-29 所示。

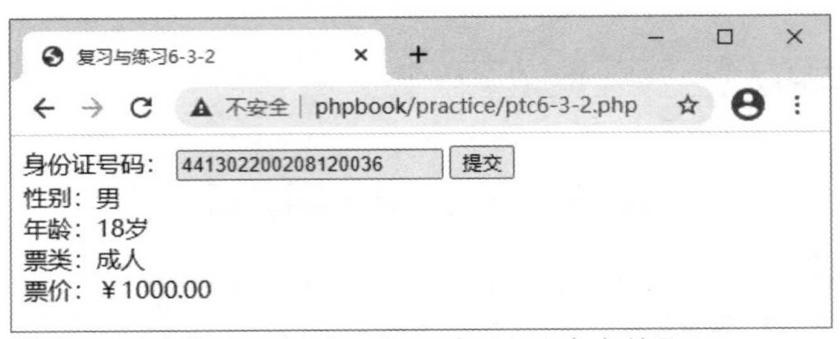

图6-29　身份证号码购票程序参考效果

3. 设计实现一个单词统计程序，对用户输入的英文文本内容进行单词个数统计，并输出统计结果。英文单词数量统计程序参考效果如图 6-30 所示。

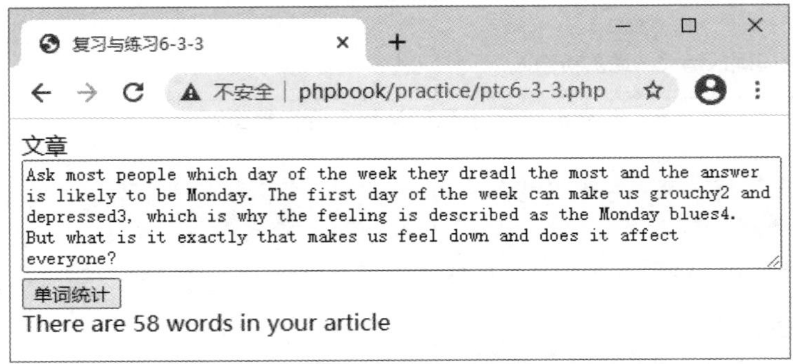

图6-30　英文单词数量统计程序参考效果

6.5 思考与练习

一、单项选择题

1. 若 $n=2.3，以下语句能够输出“2.300”的是（　　）。

A. printf("%3f",$n);　　B. printf("%.3f",$n);

C. printf("%5f",$n);　　D. printf("%.5f",$n);

2. $A="good morning"; $B=substr($A,5,3). "e";$B 的值是（　　）。

A. "moe"　　B. "od more"　　C. "more"　　D. "d more"

3. $A="中国人也可以说NO"; strlen($A) 的结果是（　　）（UTF8 编码）。

A. 9　　B. 16　　C. 23　　D. 18

4. strpos("That's a book","t") 的结果是（　　）。

A. 0　　B. 1　　C. 3　　D. 4

5. $A="Welcome to PHP study";explode("",$A, 3) 的结果是（　　）。

A. array("Welcome","to","PHP","study")

B. array("Welcome","to","PHP")

学习笔记

C. array("Welcome","to","PHP study")

D. array("Welcome to","PHP","study")

二、填空题

1. $A="I am a college student";
$B=strpos($A,"s");
substr($A,$B,7) 的值是______________。

2. $A=array("Hello","world");
$B=implode($A);
$C=strcmp($B,"hello world");
$B 的值是______________，$C 的值是______________。

3. $A="This is a book";
$B=array("c","o");
$C=array("e");
str_replace($B,$C,$A) 的结果是______________。

4. 已知字符“A”的 ASCII 值是 65,
$A=ord("A")+2;$B=ord("A")+32;
$C=$A|$B; 则 chr($C) 的值是______________。

5. $A="A heaven in a wild flower";
$B="A heaven is in your heart";
strncmp($A,$B,9) 的结果是______________。

第 7 章 数组

扫一扫
获取微课

数组是一组具有共同特性的数据的集合，它们既是一个可以操作的整体，也可以有相对独立性。在PHP中，数组既是一种数据类型，又是一种数据的组织与处理手段。数组有一维数组、二维数组、多维数组。

一维数组的每一个元素是一个数据，二维数组的每一个元素是一个一维数组。

7.1 数组的结构

数组中的每一个数据都称为数组的一个元素，每一个元素都由两部分组成：元素名与元素值。其中，元素名称为“键名”，元素值称为“键值”。

数组的元素可以没有键名，由PHP使用数字索引号作为键名，也可以由程序员自定义键名。

没有键名的数组称为“索引数组”，使用自定义键名的数组称为“关联数组”。

【例7-1】索引数组。

```
<?php
    $A=array(3, 5, 7, 9);
?>
```

例7-1的数组中，元素没有键名，默认键名分别是“0”“1”“2”“3”，对应的值分别是3、5、7、9。对没有自定义键名的数组（索引数组），可通过元素的索引号对该元素进行访问，如$A[0]。

【例7-2】关联数组。

```
<?php
    $A=array("a"=>3,"b"=>5, "c"=>7, "d"=>9);
?>
```

上述数组中，“a”“b”“c”“d”是键名，3、5、7、9是键值。要访问数组中的某个元素，使用键名进行访问即可，如$A['a']。

程序员也可以给数组中的部分元素定义键名，其余的元素采用索引，这样的数组称为“混合数组”。

【例 7–3】混合数组。

```
<?php
    $A=array("a"=>3,5,7,"b"=>9);
?>
```

数组 $A 中，4 个元素的键名分别是“a”“0”“1”“b”。

索引数组中每一个元素的索引号也称为该元素的下标，数组的下标默认从 0 开始。可以通过数组的下标对数组进行操作。数组的下标值可以通过变量来指定。

【例 7–4】通过数组元素的下标输出元素的值。

```
<?php
    $A=array(3,5,7,9);
    for($i=0;$i<=3;$i++)
        echo $A[$i].",";
?>
```

例 7–4 中程序的运行结果如图 7–1 所示。

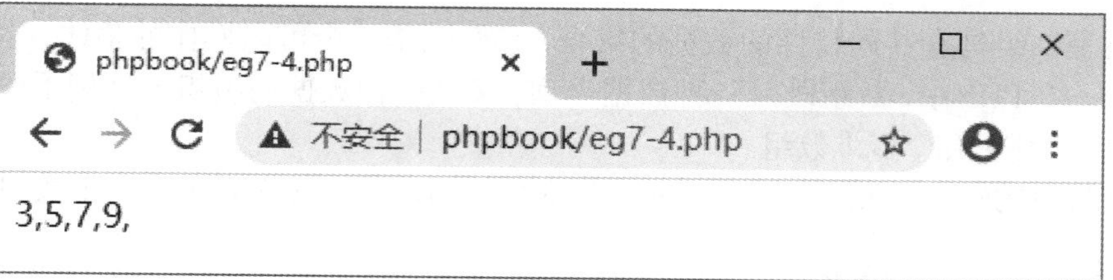

图7–1　例7–4中程序运行结果

7.2 数组的定义

7.2.1　一维数组的定义

定义一个一维数组的方法有多种，比较常用的是使用 array() 函数定义、赋值定义及使用 range() 函数定义。

1.　使用 array() 函数定义数组

array() 函数的语法格式如下。

```
$数组名＝array(key1=>value1, key2=>value2,…,keyN=>valueN)
```

或

```
$数组名＝array(value1，value2，value3,…,valueN)
```

其中，key1，key2... 表示键名，value1，value2... 表示键值。

程序员也可以在定义数组时不对数组进行初始化，即只定义一个空数组，而不指定各个元素的键名与键值，待后续程序根据需要再给各个元素赋值。

```
$数组名＝array()
```

【例 7–5】给空数组增加元素并赋值。

```
<?php
    $A=array();                  //定义一个空数组
    for($i=0;$i<=12;$i++)        //给数组元素赋值
        $A[$i]=$i;
    foreach($A as $V)            //输出数组
        echo $V." ";;
?>
```

例7–5 中程序的运行结果如图 7–2 所示。

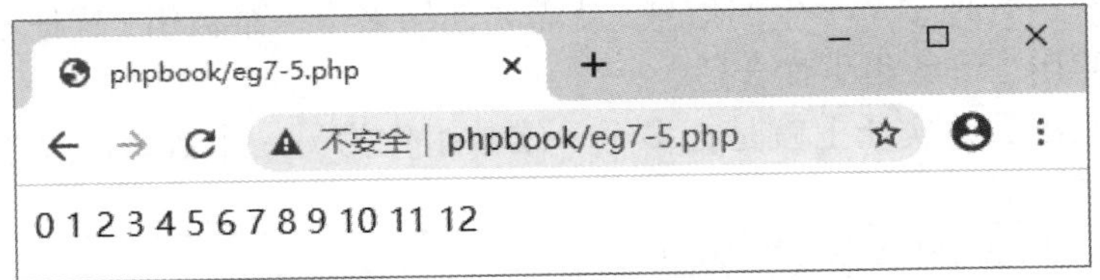

图7–2　例7–5中程序运行结果

2. 赋值定义数组

赋值定义数组相当于“隐式定义”——未定义先使用：通过直接给一个数组的各元素赋值，使其成为一个数组。

【例7–6】定义一个长度为4的数组。

```
<?php
    for($i=0;$i<=3;$i++)
        $A[$i]=$i*2+1;
    foreach($A as $V)                       //输出数组$A
        echo $V." ";
?>
```

例7–6 的程序中并没有数组 $A 的声明语句，而是通过循环结构直接给数组元素赋值。这种情况下，PHP 也会自动将 $A 定义为数组。

例7–6 中程序的运行结果如图 7–3 所示。

图7–3　例7–6中程序运行结果

3❻. range() 函数定义数组

如果一个数组的所有元素的值都明确在某一范围内，那么可以使用 range() 函数来定义一个指定范围的数组。其语法格式如下。

```
$数组名=range(s_value，e_value，[step])
```

其中，s_value 为数组第 0 个元素的值，e_value 为数组最后一个元素的值，[step] 是可选参数，表示相邻元素值之间的差值，如果未指定，默认为 1。

例如，$A=range(1,5) 表示数组 A 的第 0 个元素的值为 1，最后一个元素的值为 5，相邻元素值之间步长为 1，因此 $A 各元素的值分别是 1，2，3，4，5。

$B=range(1,5,2) 表示数组 B 的第 0 个元素的值是 1，最后一个元素的值是 5，相邻两个元素的值之间相差 2，即数组 B 的元素值分别是 1，3，5。

7.2.2 二维数组的定义

二维数组也是程序中常见的数组形式。与一维数组相比，它能够存储更加丰富的数据，并且能够组织更加丰富的数据属性。例如，存储一个学生的信息，包括学号、姓名、性别、专业，用一维数组就足够了。

但如果要统一管理多个学生的信息，就需要使用多个一维数组，这样不利于数据的组织管理。此时使用二维数组更加合适。

PHP 中的二维数组实质上就是把多个一维数组作为另一个数组的元素值。定义二维数组的语法格式如下。

```
$array_2d=array($array_1, $array_2, …$array_N)
```

【例 7-7】学生信息数组可以定义如下。

```
<?php
    $stu1=array("D20C4701","张明","男","软件技术");
    $stu2=array("D20C4702","李英","女","软件技术");
    $stu3=array("D20C4703","王强","男","软件技术");
    $stu4=array("D20C4704","赵红","女","软件技术");
    $student=array($stu1,$stu2,$stu3,$stu4);
?>
```

可以把二维数组 $student 看成一个矩阵或如下二维数据表。

	元素	0	1	2	3
0	stu1	“D20C4701”	“张明”	“男”	“软件技术”
1	stu2	“D20C4702”	“李英”	“女”	“软件技术”
2	stu3	“D20C4703”	“王强”	“男”	“软件技术”
3	stu4	“D20C4704”	“赵红”	“女”	“软件技术”

如果将二维数组 $student 理解成一个 4 行 4 列的表格，那么在操作这个数组中的某个元素时，就可以通过行号与列号来定位该元素（未指定键名的情况下），而行号与列号共同组成了二维数组的下标。

其语法格式如下。

```
$array_2d[row_index][col_index]
```

【例 7-8】通过数组下标输出 $student 中各元素的值。

```
<?php
    $stu1=array("D20C4701","张明","男","软件技术");
    $stu2=array("D20C4702","李英","女","软件技术");
    $stu3=array("D20C4703","王强","男","软件技术");
    $stu4=array("D20C4704","赵红","女","软件技术");
    $student=array($stu1,$stu2,$stu3,$stu4);
    for($i=0;$i<=3;$i++){
        for($j=0;$j<=3;$j++)
            echo $student[$i][$j].',';
        echo "<br>";
    }
?>
```

例 7–8 中程序的运行结果如图 7–4 所示。

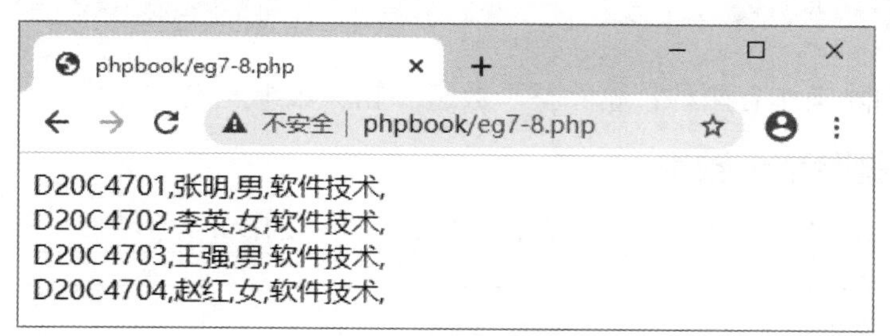

图7–4　例7–8中程序运行结果

注 意

也可以为二维数组中各元素数组定义键名，如 $student=array("A"=>$stu1,"B"=>$stu 2, "C"=>$stu3);。

7.3 数组的长度

数组中元素的个数称为数组的长度。我们可以通过 count() 函数或 sizeof() 函数来获取数组的元素个数。其语法格式如下。

```
count($array_name)
```

或者

```
sizeof($array_name)
```

【例 7–9】用两种不同的方法统计数组长度。

```
<?php
    $A=array(4,2,5,1,0,1);
    $B=array("a"=>12,"b"=>25,"c"=>33,"d"=>20);
    echo '数组 A 共有 '.count($A).' 个元素 <br>';
    echo '数组 B 共有 '.sizeof($B).' 个元素 ';
?>
```

例 7–9 中程序的运行结果如图 7–5 所示。

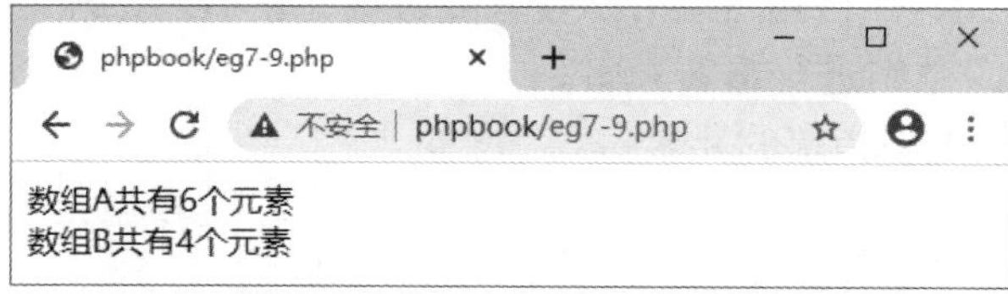

图7–5　例7–9中程序运行结果

注 意

sizeof() 函数或 count() 函数通常用于无法预计数组长度，而又需要使用其长度值的情况。

对于二维数组，使用 sizeof() 函数或 count() 函数计算其长度时，得到的是其第一维的元素个数。例如，例 7–7 中的二维数组 $student，count($student) 的结果是 4。

7.4 数组的删除

对数组的删除操作有两种：删除整个数组和删除数组元素。

7.4.1 删除整个数组

删除整个数组的方法与释放一个变量的方法一样，使用unset()函数。其语法格式如下。

```
unset($array_name)
```

【例7-10】删除整个数组。

```
<?php
    $A=array(1,2,3);
    var_dump($A);
    echo "<br>";
    unset($A);            //释放数组
    var_dump($A);         //NULL
?>
```

执行unset($A)语句以后，数组$A已不存在，再执行var_dump($A)语句，即无变量信息可输出（NULL）。

例7-10中程序的运行结果如图7-6所示。

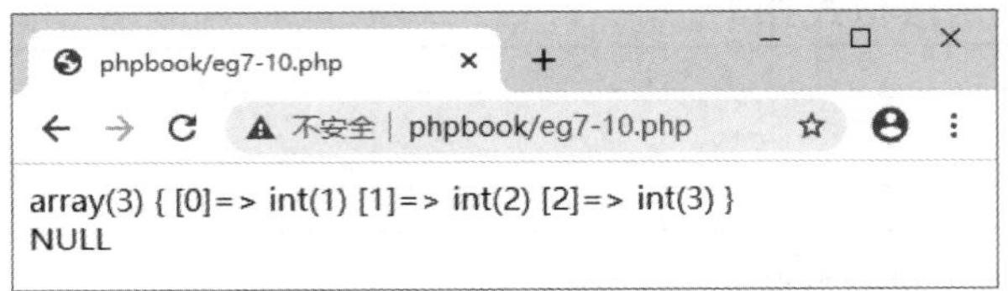

图7-6　例7-10中程序运行结果

7.4.2 删除数组元素

删除一个数组元素也可以由unset()函数来实现。其语法格式如下。

```
unset($arr[index] | $arr[key]);
```

其中，$arr[index]是指使用数组的下标指定要删除的数组元素，$arr[key]是指使用键名指定要删除的数组元素。使用unset()函数删除数组元素后，被删除的数组下标或键名被直接丢弃，PHP不会对数组进行重新索引。

【例7-11】删除数组中指定的元素。

```
<?php
    $A=array("a"=>1,"b"=>2,"c"=>3);
    $B=array("广东","北京","上海");
    unset($A["a"]);            //通过键名删除a元素
    unset($B[1]);              //通过下标删除1元素
    print_r($A);
    echo "<br>";
    print_r($B);
?>
```

例7-11的程序中删除数组$A的"a"元素后，"a"键名不复存在，删除了数组$B的"1"元素后，"1"索引不复存在。

例 7–11 中程序的运行结果如图 7–7 所示。

图7–7　例7–11中程序运行结果

注 意

如果需要删除某些数组元素以后，使数组自动重新索引，可以通过 array_splice() 函数来实现，并且使用该函数还可实现一次删除多个元素。

其语法格式如下。

```
array_splice($array1,Offset,Length[,$array2])
```

其中，$array1 为进行删除操作的数组名，是必选参数。

Offset 为删除位置偏移量，如果为正，则从第 Offset 个元素开始删除；如果为负，则从数组倒数第 Offset 个元素开始删除。

Length 为删除的长度（删除的元素个数），是必选参数。

$array2 为可选参数，如果指定，$array1 中被删除的元素将由此数组中的元素替代。如果 $array1 没有删除任何元素（length=0），则 $array2 数组中的元素将插入 $array1 中的 Offset 位置。如果未设置 $array2 参数，则直接把 $array1 中指定的元素删除。

执行该函数以后，$array1 中的元素将重新索引。

【例 7–12】在数组中指定的位置进行增、删元素的操作。

```
<?php
    $arr1=array("红","绿","蓝","黄","白");
    $arr2=array("黑","灰");
    array_splice($arr1,2,1);              //删除 $arr1 的 2 号元素，并重新索引
    print_r($arr1);
    echo "<br>";
    array_splice($arr1,1,0,$arr2);        //从 $arr1 的 1 号元素处开始插入 $arr2;
    print_r($arr1);
?>
```

例 7–12 中程序的运行结果如图 7–8 所示。

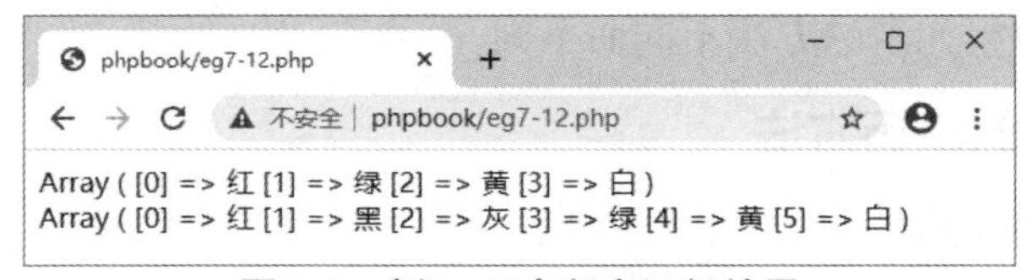

图7–8　例7–12中程序运行结果

从图 7–8 所示的运行结果中可以看出，array_splice() 函数把 $arr1 的 2 号元素（蓝）删除后，会自动把后面的“黄”“白”两个元素的索引号前移。同理，把 $arr2 的元素插入 $arr1 以后，array_splice() 函数也会对 $arr1 中的所有元素重置索引号。

注 意

数组还可以通过出栈、入栈的方式，进行元素的删除、插入操作，详阅第 7.7 节相关内容。

7.4.3❻ 删除重复的数组元素

一个数组中可能会存在多个相同的元素，如果需要将重复的元素删除，可以使用 array_unique() 函数。其语法格式如下。

```
array_unique($array)
```

其中，$array 是指要删除重复元素的数组名。函数返回的结果是一个已经剔除重复元素的新数组。需要强调的是，该函数只把剔除重复元素后的值作为一个新的数组返回，并不改变原数组的值，并且所返回的新数组，索引也与原数组一致。

【例 7–13】删除数组中重复的元素。

```
<?php
    $arr1=array(1,1,2,3,4,2,5,6);
    $arr2=array_unique($arr1);      //将删重后的数组赋予 $arr2
    print_r($arr2);
    echo "<br>";
    print_r($arr1);
?>
```

例 7–13 中程序的运行结果如图 7–9 所示。

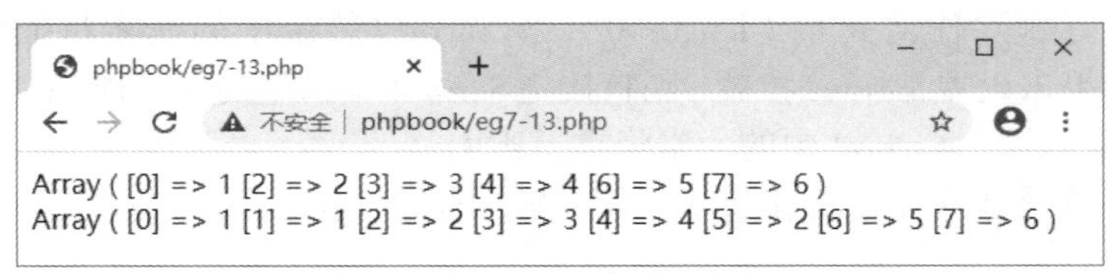

图7–9 例7–13中程序运行结果

由图 7–9 所示的运行结果可见，数组 $arr2 的各元素的索引，依然与数组 $arr1 中的索引一致，而数组 $arr1 的值，并不因为 array_unique() 函数的操作而发生改变。

7.5 数组的遍历

按顺序对数组中的每个元素逐个访问一次，称为数组的“遍历”。对数组的遍历方法的选择可以因访问数组元素的方法不同而不同。

7.5.1 数组的遍历方法

1. 索引数组的遍历

如果是索引数组可以先用 count() 函数或 sizeof() 函数计算出数组的长度，然后通过循环结构进行遍历。

【例 7–14】用 while 循环实现对数组的遍历。

```
<?php
    $arr=array(1,2,3,4,5,6);
    $i=0;
```

```
    while($i<sizeof($arr)){  //或者换为count($arr)
        echo $arr[$i]."  ";
        $i++;
    }
?>
```

使用while循环与sizeof()函数实现数组遍历时，必须借助一个变化步长为1的变量来标志数组元素的下标值，通过下标值来访问数组的各个元素。

例7–14中程序的运行结果如图7–10所示。

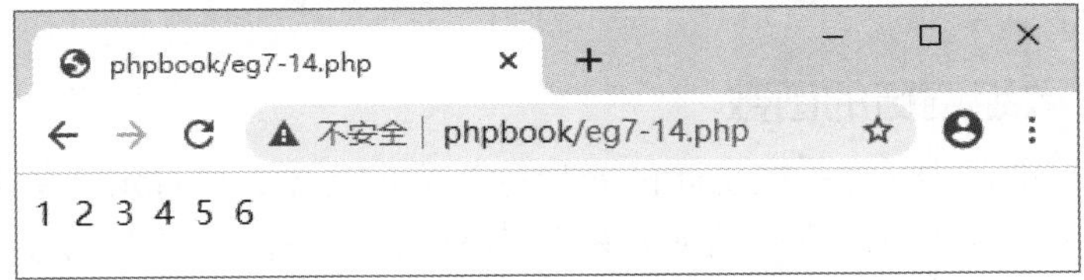

图7–10　例7–14中程序运行结果

索引数组还可以用for循环实现数组的遍历，其原理和过程与while循环是一样的，只是循环结构的形式稍有改变。

【例7–15】用for循环进行数组遍历。

```
<?php
    $arr=array(1,2,3,4,5,6);
    for($i=0;$i<count($arr);$i++){  //或者换为$i<sizeof($arr)
        echo $arr[$i]."  ";
    }
?>
```

2. foreach遍历

foreach循环是数组遍历的专用循环，也是在数组遍历中应用得最广泛的方法，并且无论是索引数组、关联数组还是混合数组，它均可适用。

关于foreach循环的具体讲解，请参阅第4. 2节的内容。

【例7–16】用foreach循环进行数组遍历。

```
<?php
    $arr1=array(1,2,3,4,5,6); //索引数组
    $arr2=array("a"=>"音乐","b"=>"舞蹈","c"=>"美术","d"=>"书法");   //关联数组
    $arr3=array("中国","p"=>"美国","英国");                        //混合数组
    //遍历输出$arr1的每个元素
    foreach ($arr1 as $key => $value) {
    echo $value."  ";
    }
    echo "<br>";
    //遍历输出$arr2的键名与元素
    foreach ($arr2 as $key => $value) {
    echo $key."=>".$value."  ";
    }
    echo "<br>";
    //遍历输出$arr3的每个元素
    foreach ($arr3 as $key => $value) {
    echo $value."  ";
    }
?>
```

例 7–16 中程序运行的效果如图 7–11 所示。

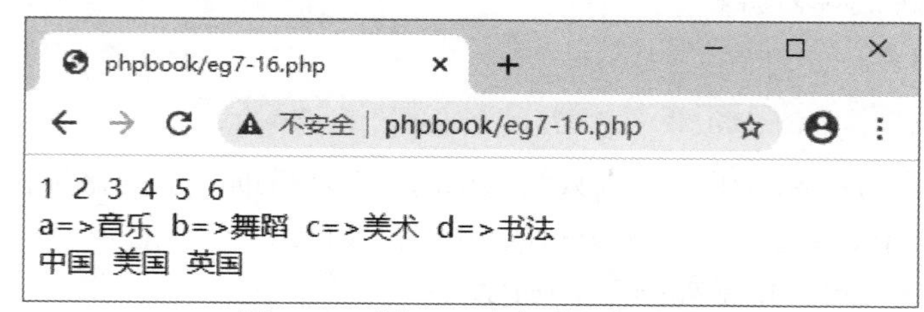

图7–11 例7–16中程序运行结果

7.5.2 数组遍历的函数

在数组的遍历操作中，每一次访问的元素称为当前元素，当前元素是由数组中的指针所在的位置决定的，指针当前所指的元素就是当前元素。因此，通过移动指针的位置，即可访问不同的数组元素。

移动数组指针的函数有以下几个：

（1）next() 函数。用于将指针移到数组的下一个元素。

（2）end() 函数。用于将指针直接移到数组的最后一个元素。

（3）reset() 函数。用于将指针直接指向数组的第一个元素。

移动数组指针的函数如图 7–12 所示。

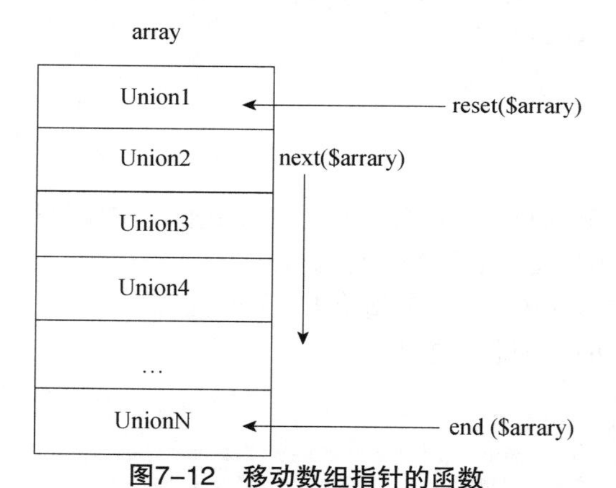

图7–12 移动数组指针的函数

【例 7–17】利用函数移动指针进行数组遍历。

```
<?php
    $arr=array("a"=>"PHP","b"=>"JAVA","c"=>"C++","d"=>"C#","e"=>"Python");
    echo '第一个元素键名 :'.key($arr).'<br>';          //输出 a
    //向前移动两次指针
    next($arr);
    next($arr);
    echo '当前元素键名 :'.key($arr);                  //输出 c
    echo ', 值 :'.$arr[key($arr)].'<br>';             //输出 C++
    end($arr); //指针移到最后
    echo '当前元素值 :'.$arr[key($arr)];              //输出 Python
?>
```

例 7–17 中程序的运行结果如图 7–13 所示。

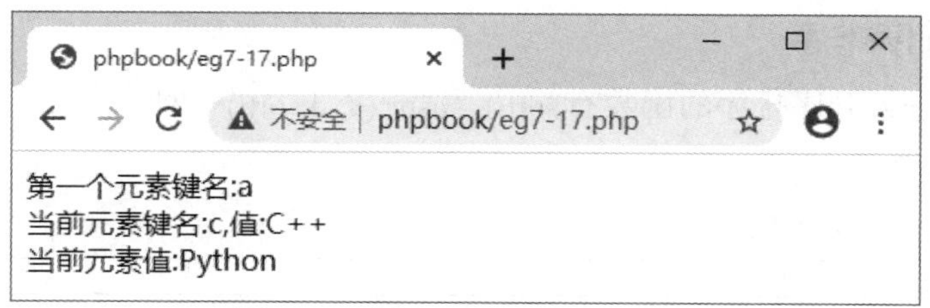

图7–13　例7–17中程序运行结果

学习笔记

7.5.3❻　二维数组的遍历

二维数组的遍历也可以根据数组类型的不同，而采用不同的方法。

对于索引型的二维数组，可以直接通过 $array[m][n] 的形式对数组进行遍历访问。

任何类型的二维数组均可使用foreach循环进行遍历。

【例7–18】索引型二维数组的遍历。

```
<?php
    $book1=array("《PHP程序设计与项目开发》",48.5,"电子工业出版社");
    $book2=array("《MySQL数据库技术与应用》",45.0,"电子工业出版社");
    $book3=array("《微信公众平台与小程序开发》",57.0,"电子工业出版社");
    $book4=array("《数据结构与算法》",36.0,"电子工业出版社");
    $books=array($book1,$book2,$book3,$book4);
    $lenBooks=sizeof($books);                          //计算二维数组的长度
    //遍历
    for($i=0;$i<$lenBooks;$i++){
    $lenBook=sizeof($books[$i]);          //计算元素数组的长度
    for($j=0;$j<$lenBook;$j++){
        echo $books[$i][$j];              //输出各项值
    }
    echo "<br>";
    }
?>
```

【例7–19】用foreach循环遍历二维数组。

```
<?php
    $stu1=array("ID"=>"D21C5001","name"=>"张明","sex"=>"男","major"=>"软件技术");
    $stu2=array("ID"=>"D21C5002","name"=>"赵英","sex"=>"女","major"=>"软件技术");
    $stu3=array("ID"=>"D21C5003","name"=>"刘华","sex"=>"女","major"=>"软件技术");
    $stu4=array("ID"=>"D21C5004","name"=>"黄浩","sex"=>"男","major"=>"软件技术");
    $students=array("xs1"=>$stu1,"xs2"=>$stu2,"xs3"=>$stu3,"xs4"=>$stu4);
    //遍历输出学生信息
    foreach($students as $key=>$val){
        echo $val['ID'].','.$val['name'].','.$val['sex'].','.$val['major'].'<br>';
    }
?>
```

7.6 数组的排序

利用PHP系统函数中的数组排序类函数，可以很方便地对数组中的元素进行排序操作。

学习笔记

7.6.1 升序排序

对数组元素进行升序排序的函数有 sort()、asort()、ksort() 三种。

1. sort() 函数

sort() 函数的语法格式如下。

```
sort($array,[sort_fleg])
```

注 意

sort() 函数运行后的返回值是布尔型，如果排序成功，返回 true ；如果排序失败，返回 false。

其中，sort_fleg（排序标志）是一个整型的可选参数，用于设置如何比较数组中的各项元素。它的取值及含义如下。

- 0=SORT_REGULAR ：默认。把键值按常规顺序排列（Standard ASCII，不改变类型）。
- 1=SORT_NUMERIC ：把键值作为数字处理。
- 2=SORT_STRING ：把键值作为字符串处理。
- 3=SORT_LOCALE_STRING ：把键值作为字符串处理，并基于当前地理区域进行设置（具体参阅 Windows 系统的“区域与语言”）。

【例 7-20】对数组元素按字符串类型进行排序。

```
<?php
    $arr1=array("a"=>1,"b"=>30,"c"=>2,"d"=>10);
    echo '默认排序后 :<br>';
    if(sort($arr1)){                        //标准排序 $arr1
        foreach ($arr1 as $key => $value) {
        echo $key."=>".$value."、";
        }
    }
    echo '<br>SORT_STRING 排序后 : <br>';
    if(sort($arr1,2)){                      //按字符串排序
        foreach ($arr1 as $key => $value) {
        echo $key."=>".$value."、";
        }
    }
?>
```

例 7-20 中程序的运行结果如图 7-14 所示。

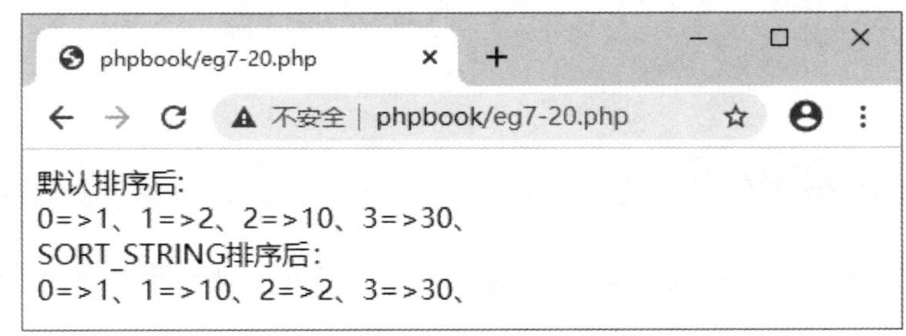

图7-14　例7-20中程序运行结果

从例7-20中可以看出，使用sort()函数对数组中的元素进行升序排序时，PHP只针对键值进行排序，不考虑每个键值与原来键名或索引之间的对应关系，排序以后，数组变成了索引型，所有的元素都重新建立了索引。

2❻. asort()函数

若在数组排序的同时，需要保留原键名与键值之间的对应关系，可以使用asort()函数。它的语法格式、参数含义都与sort()函数一样，只是保留原键名与键值的对应关系。

【例7-21】例7-20中的程序，用asort()函数描述如下。

```
<?php
    $arr1=array("a"=>1,"b"=>30,"c"=>2,"d"=>10);
    echo '默认排序后:<br>';
    if(asort($arr1)){                        //标准排序 $arr1
        foreach ($arr1 as $key => $value) {
        echo $key."=>".$value."、";
        }
    }
    echo '<br>SORT_STRING 排序后: <br>';
    if(asort($arr1,2)){                      //按字符串排序
        foreach ($arr1 as $key => $value) {
        echo $key."=>".$value."、";
        }
    }
?>
```

例7-21中程序的运行结果如图7-15所示。

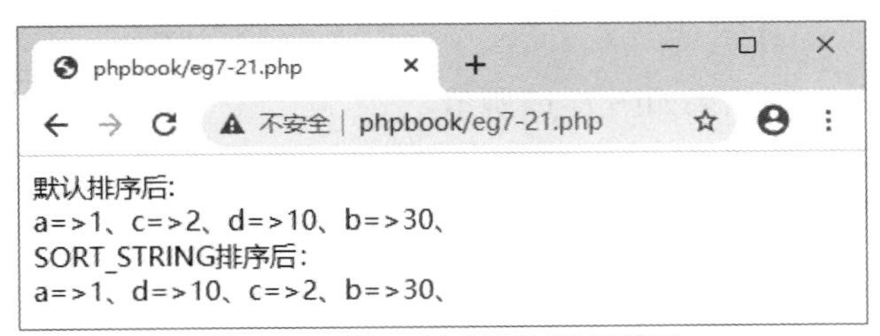

图7-15　例7-21中程序运行结果

3❻. ksort()函数

sort()函数与asort()函数都是根据数组中元素的键值进行排序的，ksort()函数则是根据元素的键名进行排序，排序后，原键名与键值之间的对应关系不改变。

【例7-22】按学号对学生的成绩进行升序排名。

```
<?php
    $arr1=array("D3605"=>89,"D3603"=>85,"D3607"=>80,"D3601"=>70);
    echo '排序后（按学号顺序）:<br>';
    if(ksort($arr1)){              //标准排序 $arr1
        foreach ($arr1 as $key => $value) {
        echo $key."=>".$value."、";
        }
    }
?>
```

例7-22中程序的运行结果如图7-16所示。

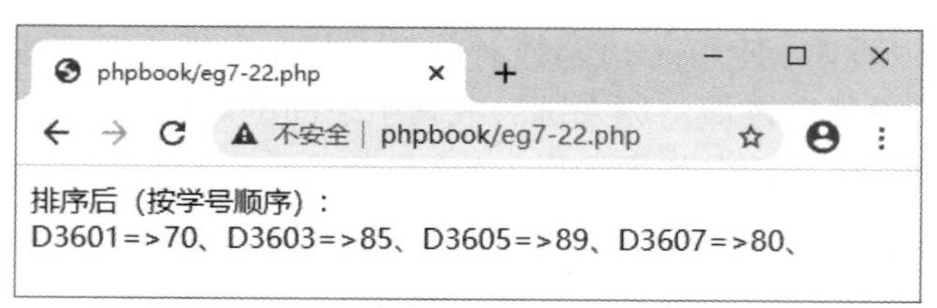

phpbook/eg7-22.php
不安全 | phpbook/eg7-22.php
排序后（按学号顺序）：
D3601=>70、D3603=>85、D3605=>89、D3607=>80、

图7-16　例7-22中程序运行结果

7.6.2　降序排序

对数组进行降序排序的函数有 rsort()、arsort() 与 krsort()，它们的语法格式、参数含义、返回值分别与 sort()、asort() 与 ksort() 函数完全一样，只是排序的结果为降序。

1．rsort() 函数

rsort() 函数按照数组元素的键值对其进行降序排序，排序以后，重新索引所有的元素键名。

【例 7-23】根据数值对数组进行排序，并重新索引。

```
<?php
    $arr1=array("a"=>80,"f"=>95,"e"=>86,"c"=>70);
    echo '降序排序后如下 :<br>';
    if(rsort($arr1)){   //标准降序排序 $arr1
    foreach ($arr1 as $key => $value) {
        echo $key."=>".$value."、";
        }
    }
?>
```

例 7-23 中程序的运行结果如图 7-17 所示。

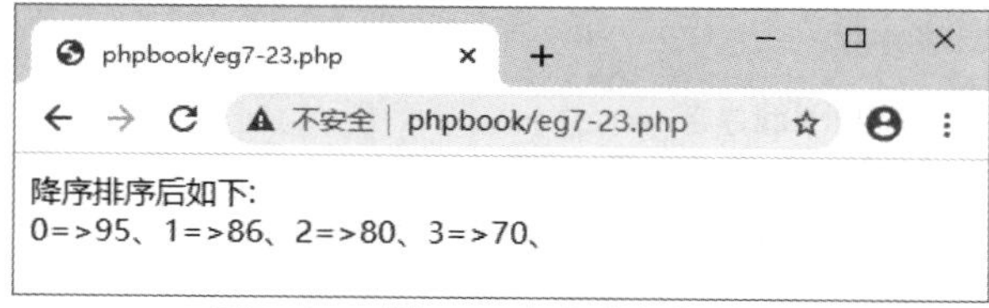

图7-17　例7-23中程序运行结果

2❻．arsort() 函数

arsort() 函数按照数组元素的键值对其进行降序排序，排序以后，保留原键名与键值之间的对应关系。

【例 7-24】保留索引关系，根据数值大小对数组进行排序。

```
<?php
    $arr1=array("a"=>80,"f"=>95,"e"=>86,"c"=>70);
    echo '降序排序后如下 :<br>';
    if(arsort($arr1)){   //标准降序排序 $arr1
      foreach ($arr1 as $key => $value) {
        echo $key."=>".$value."、";
        }
    }
?>
```

例 7–24 中程序的运行结果如图 7–18 所示。

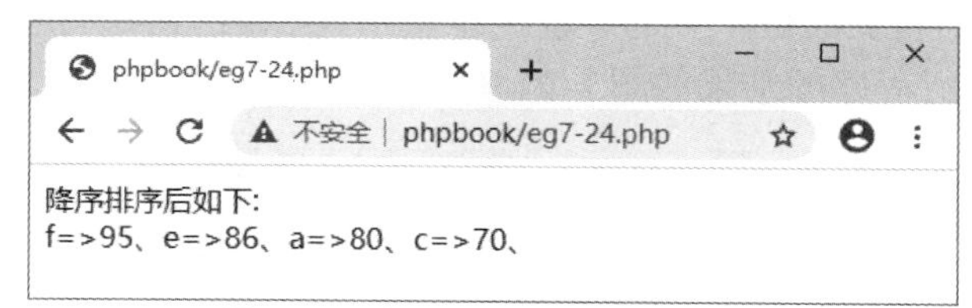

图7–18　例7–24中程序运行结果

3❻. krsort() 函数

krsort() 函数按照数组元素的键名降序排序，排序以后，保留数组元素原键名与键值之间的对应关系。

【例 7–25】按照键名对数组进行降序排序。

```
<?php
     $arr1=array("a"=>80,"f"=>95,"e"=>86,"c"=>70);
     echo '降序排序后如下:<br>';
     if(krsort($arr1)){   //标准降序排序 $arr1
     foreach ($arr1 as $key => $value) {
           echo $key."=>".$value."、";
           }
     }
?>
```

例 7–25 中程序的运行结果如图 7–19 所示。

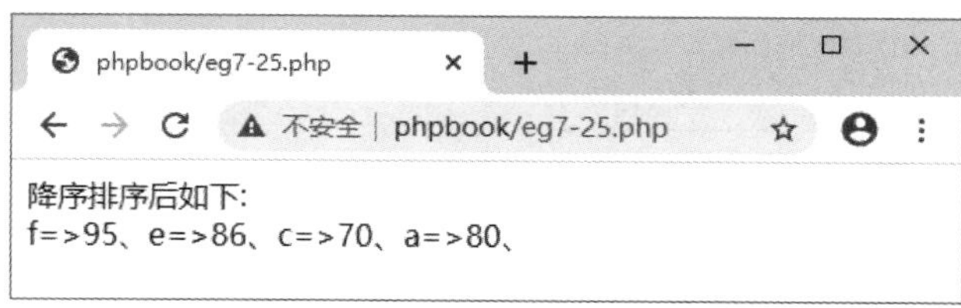

图7–19　例7–25中程序运行结果

7.6.3❻　随机排序

在关于数组的排序操作中，PHP 提供了一个很特别的函数，就是随机排序函数——shuffle() 函数。

其语法格式如下。

```
shuffle($array)
```

【例 7–26】使用 shuffle() 函数实现一个简单的验证码生成程序。

```
<?php
     $seed=array("0","1","2","3","4","5","6","7","8","9","A","B","C","D","E","F",);
     shuffle($seed);   //打乱数组元素
     //抽取前 5 个元素作为验证码
     $idenCode="";
     for($i=0;$i<5;$i++)
           $idenCode.=$seed[$i];
     echo $idenCode;                          //输出验证码
?>
```

例 7-26 中的程序运行后，由于每次使用 shuffle() 函数排序的结果都不同，并且没有规律可循，因此，每次刷新页面后产生的验证码也就不同。第 1 次运行程序的结果如图 7-20 所示。刷新页面后运行程序的结果如图 7-21 所示。

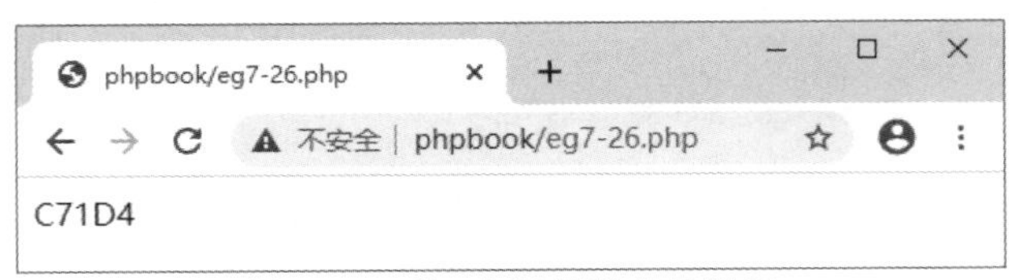

图7-20　第1次运行程序的结果

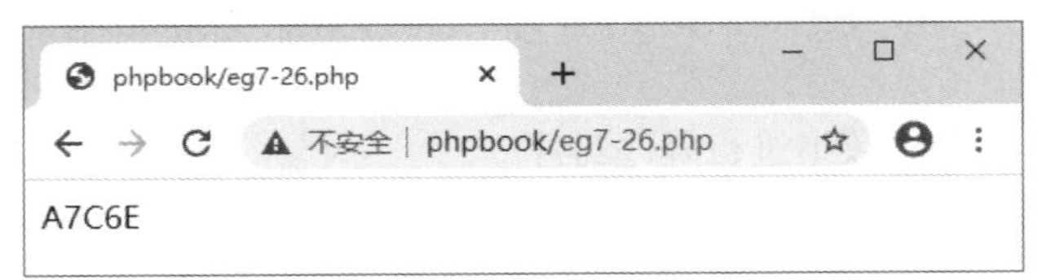

图7-21　刷新页面后运行程序的结果

7.7 数组的入栈与出栈

栈在数据结构中是一个非常重要的概念。在线性表中，FILO（先入后出）工作机制的数据结构，称为栈，FIFO（先入先出）工作机制的数据结构称为堆。栈与堆的示意图如图 7-22 所示。

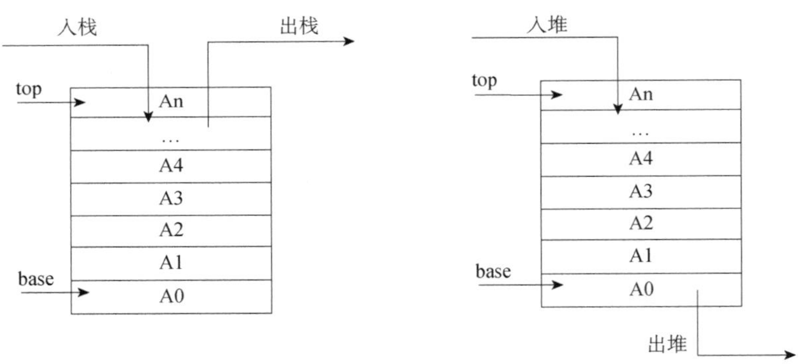

图7-22　栈与堆的示意图

在 PHP 中，数组也可以通过入栈与出栈的方式执行增、删元素的操作。其中，入栈使用 array_push() 函数，出栈使用 array_pop() 函数。

7.7.1　数组入栈函数 array_push()

array_push() 函数用于将新元素以入栈的方式，压入数组的元素列表的尾部。可以一次压入一个元素，也可以一次压入多个元素。

其语法格式如下。

```
array_push($array,var1[,var2,var3…])
```

其中，$array 表示要增加元素的数组名，$var1 表示要增加的元素值，如有多个元素需

学习笔记

要入栈，则在后面继续列举，以英文逗号分隔。

【例 7-27】通过入栈的方式增加数组元素。

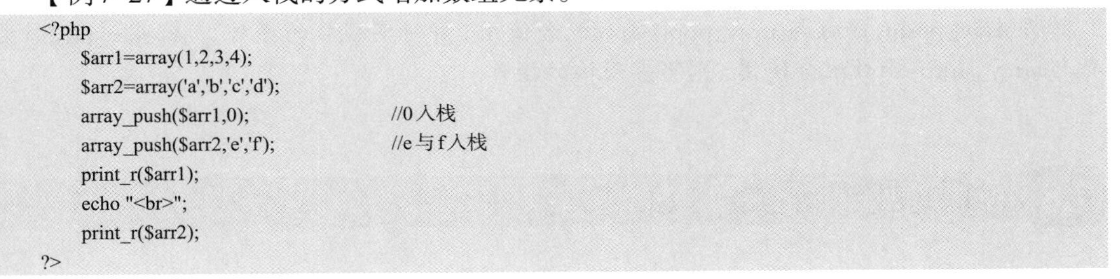

```
<?php
    $arr1=array(1,2,3,4);
    $arr2=array('a','b','c','d');
    array_push($arr1,0);                //0 入栈
    array_push($arr2,'e','f');          //e 与 f 入栈
    print_r($arr1);
    echo "<br>";
    print_r($arr2);
?>
```

例 7-27 中程序的运行结果如图 7-23 所示。

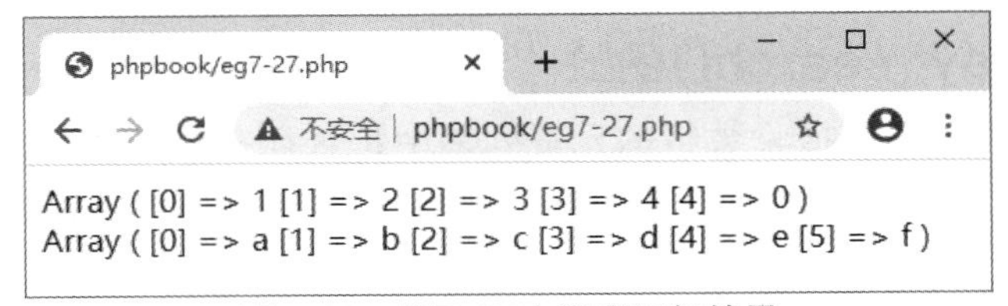

图7-23　例7-27中程序运行结果

注 意

使用 array_unshift() 函数可实现从数组的头部压入新元素。该函数的功能与 array_push() 函数的功能相似，只是新元素是追加到数组元素列表的前面。

7.7.2　数组出栈函数array_pop()

数组的出栈相当于删去数组尾部最后一个元素，array_pop() 函数的语法格式如下。

```
array_pop($array)
```

其中，$array 是要出栈的数组名。

【例 7-28】删除数组的最后一个元素。

```
<?php
    $arr=array(1,2,3,4,5);
    array_pop($arr); //5 出栈
    print_r ($arr);
?>
```

例 7-28 中程序运行的结果如图 7-24 所示。

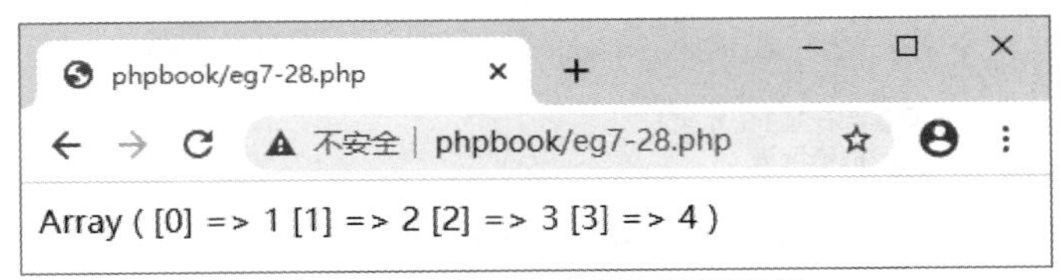

图7-24　例7-28中程序运行结果

注 意

与入栈不同，出栈一次只能删除一个元素。

PHP 也提供了一个从数组头部出栈的函数—— array_shift() 函数，它的用法与 array_pop() 函数相似，只是每次执行时，数组的第一个元素会被删除。

将 array_push() 函数与 array_pop() 函数配合使用，即可实现栈的操作。将 array_push() 函数与 array_shift() 函数配合使用，则可实现堆的操作。

7.8 查找数组元素

在一个数组中，查找某个元素值是否存在时常用的函数有两个：array_search() 函数与 in_array() 函数。

7.8.1 array_search() 函数

array_search() 函数用于搜索数组的元素列表中是否存在某个值，如果存在，即返回该元素的键名或索引，否则返回空值。

其语法格式如下。

```
array_search($value,$array)
```

其中，$value 是要搜索的目标值，$array 是数组名。

【例 7–29】在学生信息数组中查找某个姓名。

```
<?php
    $arr=array("张英","李明","王光","何清");
    $goal="李明";
    $index=array_search($goal,$arr);
    if($index=='')
    echo "未找到目标值".$goal."<br>";
    else
    echo "目标值".$goal."在第".$index."个元素<br>";
    $goal="秦玉";
    $index=array_search($goal,$arr);
    if($index=='')
    echo "未找到目标值".$goal;
    else
    echo "目标值".$goal."在第".$index."个元素";
?>
```

例 7–29 中程序的运行结果如图 7–25 所示。

图7–25　例7–29中程序运行结果

注 意

如果数组中有多个能匹配查找目标的元素，array_search() 函数也只能返回第 1 个匹配元素的索引或键名。各位师生可以思考如何实现返回全部匹配元素的索引。

7.8.2⑥　in_array()函数

in_array()函数的功能与array_search()函数的功能一样，区别在于返回值不同。如果数组元素中存在查找的目标值，则返回true，否则返回false。该函数适用于只需要判断目标值是否存在，不需要获取其具体索引或键名的情况。

其语法格式如下。

```
in_array($value,$array,type)
```

其中，$value表示要查找的目标值，$array表示数组，type的值为true或false。

如果type的值为true，则要求数组中的元素不仅内容与$value相同，数据类型也必须与其一致才匹配。

如果type的值为true，且查找内容为字符串，则区分大小写。

【例7-30】根据不同条件，判断数组中是否存在某个元素。

```
<?php
    $arr=array(12,"12","230","Book");
    $r1=in_array(12,$arr,true);          //返回true
    $r2=in_array(230,$arr,true);         //返回false
    $r3=in_array(230,$arr,false);        //返回true
    $r4=in_array("book",$arr,true);      //返回false
    $r5=in_array("book",$arr,false);     //返回true
?>
```

7.9　应用实践

7.9.1　成绩管理程序

1.需求说明

某班学生PHP程序设计成绩情况如下。

D20C5001　70

D20C5002　85

D20C5003　76

D20C5004　72

D20C5005　80

D20C5006　88

D20C5007　80

现需要设计一个管理程序来实现以下功能：

（1）用户可以直接选择输出全部成绩单。

（2）用户可以根据“升序”或“降序”对成绩进行排序，并输出排序后的成绩单。

（3）用户可以输入学号（不区分大小写），查询并输出该学生的成绩，如果找不到该学号，则提示“暂无该生成绩”。

（4）用户可以输入学号后删除该生的成绩。

2.测试用例

（1）降序、升序排名显示。

（2）查询、删除："D20C5005""D20C5022"。

3. 知识关联

数组的定义，数组元素的删除，数组的遍历，数组的排序。

4. 参考程序

```
<?php
    //定义成绩单数组
    $scoreList=array("D20C5001"=>70,
                     "D20C5002"=>85,
                     "D20C5003"=>76,
                     "D20C5004"=>72,
                     "D20C5005"=>80,
                     "D20C5006"=>88,
                     "D20C5007"=>80);
    if(isset($_POST['ok'])){
        $opt=$_POST['opt'];            //获取操作类型
        switch ($opt) {
            case 'print':
                printList();
                break;
            case 'select':
                $ID=strtoupper($_POST['uid']);
                selectByID($ID);
                break;
            case 'delete':
                $ID=strtoupper($_POST['uid']);
                deleteScore($ID);
                break;
            case 'des':
                sortScore("des");
                break;
            case 'asc':
                sortScore("asc");
                break;
        }
    }
    /*成绩单打印函数*/
    function printList(){
        global $scoreList;
        foreach ($scoreList as $key => $value) {
            echo $key."：".$value."分<br>";
        }
    }
    /*根据学号查询成绩函数*/
    function selectByID($id){
        global $scoreList;
        if(isset($scoreList[$id])){
            echo $id."：".$scoreList[$id]."分";
        }else{
            echo "<label class='warn'>暂无该生成绩</label>";
        }
    }
    /*删除成绩函数*/
    function deleteScore($id){
        global $scoreList;
```

学习笔记

```
            if(isset($scoreList[$id])){
                unset($scoreList[$id]);
                echo "<label class='warn'>{$id} 学生的成绩已删除</label><br>";
                printList();
            }else{
                echo "<label class='warn'>找不到 {$id} 的成绩</label>";
            }
        }
        /* 成绩排序函数 */
        function sortScore($flag){
            global $scoreList;
            if($flag=='des'){
                arsort($scoreList);
            }elseif($flag=='asc'){
                asort($scoreList);
            }
            printList();
        }
?>
```

5. 运行结果

上述程序运行结束后的参考效果如图 7–26 至图 7–29 所示。

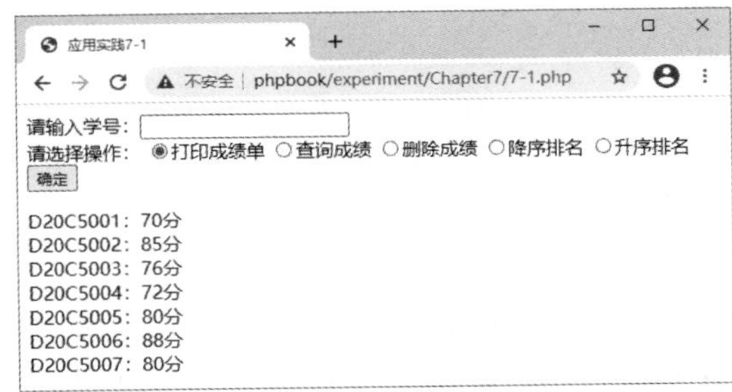

图7–26　成绩单打印参考效果

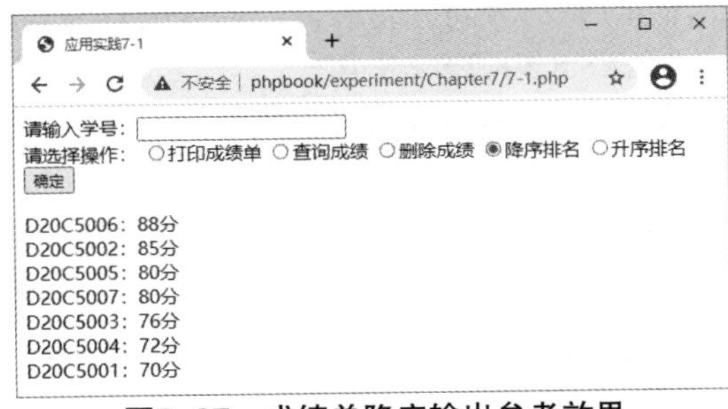

图7–27　成绩单降序输出参考效果

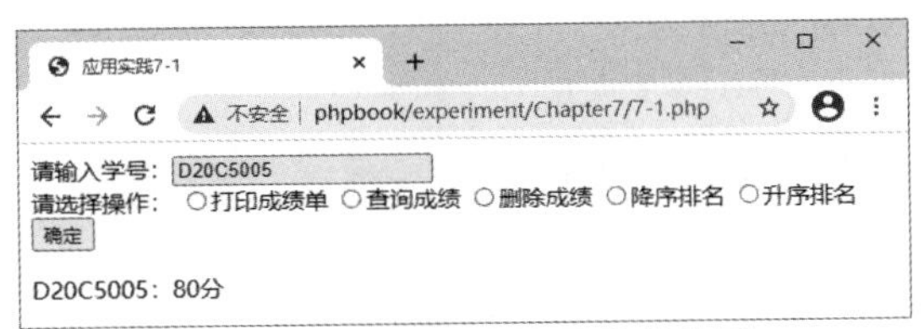

图7–28　输出查询结果参考效果

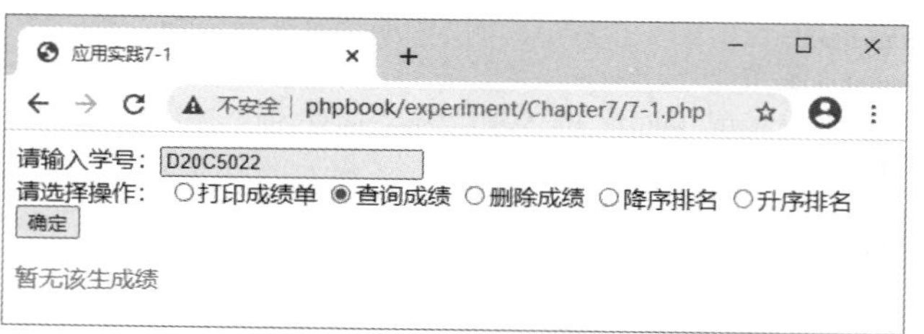

图7-29 未找到学生成绩参考效果

用户可以输入学号，通过选中“删除成绩”单选按钮，删除该生的成绩，并输出删除完成后的全部学生的成绩单，如图7-30所示。

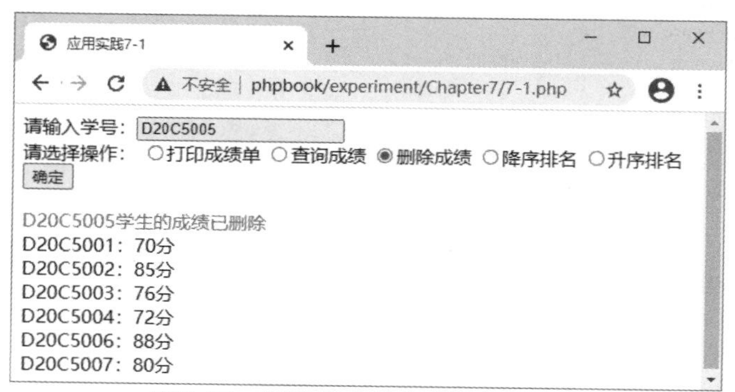

图7-30 删除指定学生成绩参考效果

7.9.2 比赛评分程序

（1）需求说明。

某学院举行校园歌手比赛，院方聘请了8个评委（代号分别是1 ～ 8），选手的成绩采用10分制，从8个成绩中去掉一个最高分及一个最低分后，将剩下6个分数的平均数作为选手的最后得分（保留两位小数）。为提高评分效率及保证评分的公平性，请设计一个程序，要求按以上规则评分，同时显示最高分与最低分的评委代号与评分。

（2）测试用例：[8,8.5,8.3,7.8,8.1,8.2,8.2,8.4]。

（3）知识关联：数组的定义，查找数组元素，数组的遍历。

（4）参考程序。

```
<form id="form1" name="form1" method="post" action="">
  <h3>请输入各位评委评分</h3>
     1号：<input type="text" name="judge1"><br>
     2号：<input type="text" name="judge2"><br>
     3号：<input type="text" name="judge3"><br>
   4号：<input type="text" name="judge4"><br>
   5号：<input type="text" name="judge5"><br>
   6号：<input type="text" name="judge6"><br>
   7号：<input type="text" name="judge7"><br>
   8号：<input type="text" name="judge8"><br>
  <input type="submit" name="ok"  value="提交统计" />
</form>
<?php
   if(isset($_POST['ok'])){
      $s1=$_POST['judge1'];
```

学习笔记

```
$s2=$_POST['judge2'];
$s3=$_POST['judge3'];
$s4=$_POST['judge4'];
$s5=$_POST['judge5'];
$s6=$_POST['judge6'];
$s7=$_POST['judge7'];
$s8=$_POST['judge7'];
$scores = array($s1,$s2,$s3,$s4,$s5,$s6,$s7,$s8);
$minS=min($scores);            //最低分
$maxS=max($scores);            //最高分
$minJ=array_search($minS,$scores)+1;     //最低分评委
$maxJ=array_search($maxS,$scores)+1;     //最高分评委
$total=0;
foreach ($scores as $key => $value) {
    $total+=$value;
}
$score=round((($total-$maxS-$minS)/6),2);          //最后成绩
printf("<h4>去掉第<label>%u</label>号评委最高分<label>%.1f</label></h4>",$maxJ,$maxS);
printf("<h4>去掉第<label>%u</label>号评委最低分<label>%.1f</label</h4>",$minJ,$minS);
echo "<h2>当前选手最后成绩：<label>{$score}</label></h2>";
}
?>
```

（5）运行结果。

上述参考程序的运行结果如图 7-31 所示。

图7-31　比赛评分程序运行结果

注 意

应用实践的范例程序均为关键部分代码。完整的范例程序请扫描二维码下载。

7.10 技能训练

1. 使用程序实现一个长度为10的数组，其中的元素是一个递增的偶数数列，首项是2，公差为2，并输出数组的各元素。

2. 定义一个长度为10的数组，其元素值是10个随机大小的整数（范围为1 ~ 100），将元素升序排序后输出。

3. 某公司举行抽奖活动，共有50人参加抽奖，每人一个抽奖号码（1 ~ 50），现需要从中随机抽出5个中奖号码，请编写程序实现这一功能。

4. 图7-32所示为数学科目中著名的“杨辉三角”，它有以下3个基本特点：

（1）第n行有n个数字。

（2）第n行的第1个数与第n个数均为1。

（3）第$n+1$行的第i（$i>1$且$i<n+1$）个数等于第n行的第$i-1$个数和第i个数之和，即$C(n+1,i)=C(n,i)+C(n,i-1)$。

编写程序输出7行的“杨辉三角”。

```
            1                n=1
          1   1              n=2
        1   2   1            n=3
      1   3   3   1          n=4
    1   4   6   4   1        n=5
  1   5  10  10   5   1      n=6
1   6  15  20  15   6   1    n=7
```

图7-32　“杨辉三角”

7.11 思考与练习

一、单项选择题

1. 以下数组定义语句中正确的是（　　）。

A. $a={1,2,3,4,5};　　B. $x[3][ ]={{1},{2},{3}};

C. $b=array(1,2,3,4);　　D. $y=array{0,1,2,3};

2. 定义数组时，键名与键值之间的连接符是（　　）。

A. #　　B. =　　C. =>　　D. ->

3. 能正确获取数组$arr=array(array('a','b','c'))中的值'c'的是（　　）。

A. $arr [0][2];　　B. $arr [3];　　C. $arr [1][3];　　D. $arr [2];

4. 使用（　　）函数，可以返回数组中某个元素的键名。

A. array_push()　　B. array_search()　　C. array_shift()　　D. array_pop()

5. 要删除数组中的重复值，返回一个所有元素都唯一的数组，可使用以下函数中的（　　）函数。

A. array_keys()　　B. array_unique()

C. array_values()　　D. array_unshift()

6. $A=array("a"=>2,"b"=>4,"c"=>1, "d"=>3);，能够将$A数组转换为$A=array("c"=>1,"a"=>2,"d"=>3,"b"=>4)的函数是（　　）。

A. sort()　　B. asort()　　C. ksort()　　D. arsort()

学习笔记

7. $A=array(2,3,4,1);array_shift($A) 的结果是（　　）。

A. $A=array(2,3,4)　　B. $A=array(3,4,1)　　C. $A=array();　　D. $A=array(1,4,3,2)

8. $A=array(array(1,2),array(2,4),array(3,2));count($A) 的结果是（　　）。

A. 6　　B. 3　　C. 4　　D. 2

9. $A=array(3,2,6,9);$B=array(4,2,0,1);array_multisort($A,$B) 的结果是（　　）。

A. $A=array(2,3,6,9);$B=array(4,2,0,1);

B. $A=array(2,3,6,9);$B=array(0,1,2,4);

C. $A=array(2,3,6,9);$B=array(4,2,1,0);

D. $A=array(2,3,6,9);$B=array(2,4,0,1)

10. rang(1,10,2) 得到下面的（　　）数组。

A. array(2,4,6,8,10)　　B. array(1,3,5,7,9)　　C. array(1,10)　　D. array(1,2,4,8)

二、填空题

1. 下面的程序最后输出的值是________________。

```
<?php
    $arr = array(array('jack','boy',23,'18nan'=>array(18000,180,18)), array('rose','girl',18));
    echo $arr[1][1];
?>
```

2. 运行下面代码输出的内容是________________。

```
<?php
    $arr=array(5=>1,12=>2);
    $arr[13]=3;
    $arr["x"]=4;
    unset($arr[5]);
    print_r($arr);
?>
```

3. 下面的程序最后输出的 $max 值是________________。

```
<?php
$arr = array(1,5,67,8,4,3,45,6, 87,2);
$max = $arr[0];
for($i = 1;$i < sizeof($arr);$i++){
    if($arr[$i] >= $max){
        $max= $arr[$i];
}}
echo $max;
?>
```

4. 下面的程序输出的结果是________________。

```
<?php
    $A=array(1=>6,2=>2,3=>13,4=>7);
    $B=array(3,2,9,5);
    arsort($A);
    sort($B);
    echo ($A[3]+$B[3]);
?>
```

第 8 章　面向对象程序设计

扫一扫
获取微课

面向对象（OOP：Object Oriented Programming）是程序设计中一个非常重要的方法。相较传统的面向过程的设计方法，它的优点主要有以下几点：

（1）便于管理。面向对象设计方法将不同功能的程序封装成独立的模块，各个模块能够相对独立，有利于系统维护与调试。

（2）可扩展性强。面向对象设计方法中提供了继承功能，使新的模块能够在继承某个模块功能的基础上增加自己的功能。

（3）重用灵活。已经定义好的功能模块可以多次重用，不需要多次编码。

面向对象程序设计有以下三大特点：

（1）封装性，是指一个类的定义与使用分开。在定义一个类时，只保留一些必需的接口（方法）使类与外部联系，至于类内部定义的功能是如何实现的，使用人员不必关心，他只需要知道如何通过接口使用这个类即可。

（2）继承性，是指一个类（子类）可以在另一个类（父类）的功能的基础上定义（可以把继承理解为父类的升级或改造，但它不影响父类自身）。PHP是单继承，即一个父类可以派生多个子类，但一个子类只有一个父类。

（3）多态性，是指由一个类创建出来的不同对象，调用类中的同一个方法时，可以产生不同的形态（同一方法，不同功能）。

8.1　类

类是对具有相同属性特征、行为特征的事物的一种抽象归纳。

例如，生物物种中人是其中一个物种（类）。这个物种的生物都有身高、体重、性别、学历、职业等属性，都可以具备运动、生产、说话、唱歌等行为能力。但并非每个人的身高、体重、智商都一样，每个人的行为能力也不尽相同。这就使得每个具体的“人”——小明、小李、小王并不完全相同，如图8-1所示。

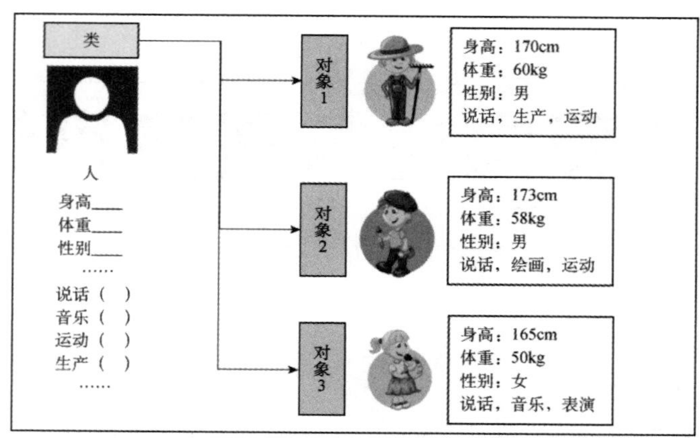

图8-1　人是类，具体的每个人是对象

在面向对象程序设计中，类是具有相同属性和方法（行为特征）的一组对象的集合，它定义一种程序模型的属性与方法，允许程序在必要的地方，利用这个模型生成不同的、具体的对象。

以图8-1为例，我们可以在程序中定义一个程序模板，叫“人”，这个模板只规定了“人”有身高、体重、性别等属性，规定了“人”有说话、音乐、运动、生产等行为能力，但并不具体指定各项属性的值，也不明确描述各项行为能力的具体情况。这就是类。

如果我们根据“人”类这个模板，给其中的各项属性赋予具体的值，同时将其各种行为能力的具体情况描述出来，这就是一个具体的自然人了，也就成了一个对象，如图8-1中的对象1、对象2等。

因为类是从众多具有相同属性与方法的对象中抽象出来的，因此，不同程度的抽象可以得到不同层次的分类，如图8-2所示。

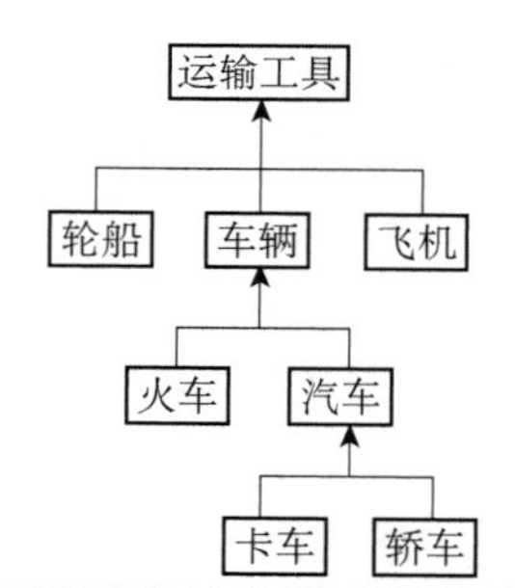

图8-2　不同程度的抽象可以得到不同层次的类

8.1.1　类的定义与实例化

在PHP中定义一个类，也称为封装一个类，使用class关键字，后面是类名，然后是类的描述语句。

不同类的描述语句不同，下面是一个典型的类定义示例。

```
class ClassName{
    private attribute;                              //私有属性
    protected attribute;        //保护属性
    public attribute;           //公有属性
    function __construct(arg1,arg2……){              //构造函数
```

```
        //构造函数体
    }
    private function funName (){                    //私有成员方法
        //函数体
    }
    protected function funName (){                  //保护成员方法
      //函数体
    }
    public function funName (){                     //公有成员方法
        //函数体
    }
    function __destruct(){                          //析构函数
        //函数体
    }
}
```

注 意

（1）类名ClassName遵循PHP的变量命名规则，但类名中所有单词的首字母通常都要大写。

（2）_ _construct() 函数与 _ _destruct() 函数的前缀是两个下画线。

【例8-1】定义一个学生类。

```
<?php
class Student{
    //学生信息属性列表
    public $sName;                  //姓名
    public $sSex;                   //性别
    private $sID;                   //学号
    private $sCollage;              //学院
    protected $sMajor;              //专业
    //构造函数
    function __construct($id,$major){
        $this->sID=strtoupper($id);
        $this->sMajor=$major;
        $this->sCollage=$this->getCollage();          //调用私有成员方法
    }
    //解析学院方法
    private function getCollage(){
        $collageCode=substr($this->sID, 0,1);
        switch ($collageCode) {
            case 'A':
                return "财经学院";
                break;
            case 'B':
                return "商务学院";
                break;
            case 'C':
                return "师范学院";
                break;
            case 'D':
                return "信息学院";
                break;
        }
    }
```

学习笔记

```
        //输出学生信息的公有成员方法
        public function printInfo(){
            echo "学号:".$this->sID,"<br>";
            echo "姓名:".$this->sName."<br>";
            echo "性别:".$this->sSex."<br>";
            echo "学院:".$this->sCollage."<br>";
            echo "专业:".$this->sMajor."<br>";
        }
        //析构函数
        function __destruct(){
            echo "<hr>";
        }
    }
?>
```

封装一个类只是定义了一个抽象的模型，必须将其具体化为对象，类中的程序才会发挥具体的作用，这就是类的初始化，也称为类的实例化。

实例化一个类的语法格式如下。

```
$objectName=new ClassName([$varList]);
```

$objectName是对象名，命名规则遵循变量的命名规则；$varList是可选参数具体情况，它取决于类的构造函数参数列表。

【例8-2】将例8-1中的类初始化为两个对象。

```
<?php
    $stu1=new Student("D20C5001","移动应用开发");          //初始化第一个对象
    $stu1->sName="李小燕";              //给姓名属性赋值
    $stu1->sSex="女";                   //给性别属性赋值
    $stu1->printInfo();                 //调用输出方法
    $stu1=NULL;                         //释放对象

    $stu2=new Student("B20C2501","电子商务"); //初始化第二个对象
    $stu2->sName="张成";
    $stu2->sSex="男";
    $stu2->printInfo();
?>
```

例8-2中程序的运行结果如图8-3所示。

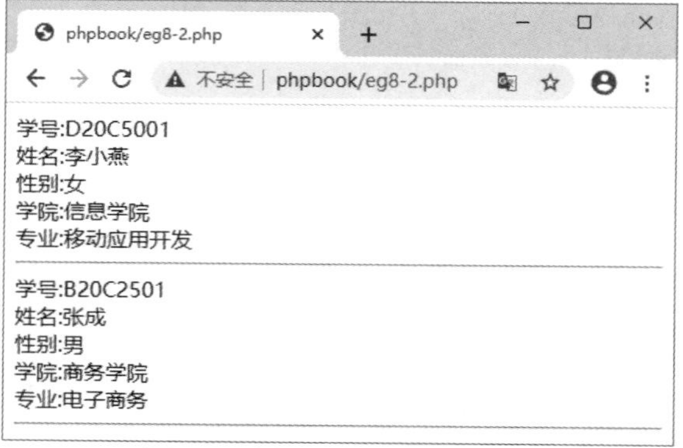

图8-3　例8-2中程序运行结果

从例8-2中程序的运行结果可以看出以下几点内容。

（1）当一个对象初始化时，构造函数会自动执行。

（2）当一个对象被释放或者程序结束运行时，类的析构函数会自动被调用。

（3）在例8-2的类定义中定义了五个变量，分别用于接收学生的学号、姓名、性别、学院与专业；定义了四个函数，分别是构造函数、学院解析函数、信息输出函数与析构函数。

（4）类中的函数可以调用类的另一个函数，但要注意不能形成闭环调用关系。比如，A函数调用B函数，B函数调用C函数，但C函数中又调用了A函数，这是不允许的。

8.1.2　类的属性

类中的变量称为成员变量，也称为属性。它与普通变量本质上是一样的，但其作用范围会因为修饰字的不同而不同。

在一个类中，定义成员变量的语法格式如下。

```
modifier $var
```

其中，modifier（修饰字）包括四种类型：public，private，protected与static。

（1）public，公共变量。该变量是公开的，无论是在类内还是在类外，都可以直接访问，也可以被子类所继承。

例8-1中的$sName与$sSex两个变量是公共变量，既可以在类内访问，也可以在类外访问。

例如，在Student类中，输出$sName的语句属于类内访问成员变量。

```
echo "姓名:".$this->sName."<br>";
```

在例8-2中，利用对象名给$sName赋值，属于类外访问成员变量。

```
$stu1->sName="李小燕";
```

注　意

（1）在类内访问成员变量var，只能以$this->var的形式进行。

（2）在类外访问成员变量var，只能以$对象名->var的形式进行。

（2）private，私有变量。顾名思义，此类变量仅属于其所在的类，因此只能在所属类的内部被访问，该类的子类也不能访问。

例8-1中的$sID变量，是私有变量，只能在该类的封装体内访问。

（3）protected，保护变量。该类变量可以被本类及所有的子类访问。它不像公共变量那样全部开放，也不像私有变量那样严格封闭于类内。

例如，例8-1中的$sajor变量是一个保护变量，除在Student类中可以访问外，如果Student类还有子类，那么在其子类中也可以通过parent::$sMajor的方式访问该变量。

（4）static，静态变量。这是一种比较特殊的变量。它有以下两个特点。

①静态成员变量不需要实例化它所在的类就可以直接访问。类内访问的格式为self::静态变量名，在子类中访问父类静态变量的格式为parent::静态变量名。

②静态变量所在的对象被销毁以后，静态变量的值依然存在，直至整个程序结束才会释放。

【例 8-3】统计访问数量。

```
<?php
    //定义访客类
    class Guest{
        static $num=0;
        function __construct(){
            $this->showMsg();
        }
        public function showMsg(){
            self::$num++;
            echo "你是第".self::$num."位访客<br>";
        }
    }
    $guest1=new Guest;      //实例化对象
    $guest2=new Guest;      //创建新对象
    echo "你是第".Guest:: $num."位访客";  //直接通过类名访问静态变量
?>
```

例 8-3 的程序中，$guest1 与 $guest2 都是 Guest 类的对象，两次通过构造函数调用了 Guest 类中的 showMsg() 方法，由于每次调用 showMsg() 之后，Guest 类的静态成员变量 $num 的值都继续保留在内存中，所以 $num 的值不断递增。

例 8-3 中程序的运行结果如图 8-4 所示。

图8-4　例8-3中程序运行结果

通过例 8-3 与前面的例子的对比可以看出，类的静态变量相当于一个共用的内存空间，不管实例化出多少个 Guest 类的对象，这个变量都指向同一个内存空间。

8.1.3　类的方法

函数用于完成某项功能，类的函数则用于完成类的某项功能，称为类的一个方法。PHP 类的方法主要有以下几种。

1. 普通方法

类的普通方法的定义格式如下。

```
modifier function funName(){
    函数体
}
```

其中，modifier 也有 public、protected 与 private 三种类型，其含义与成员变量的修饰字相同。

类的普通方法既可在类的定义中调用，也可为这个类的所有对象调用。在类内调用方法的语法格式如下。

```
$this->functionName();
```

通过类的实例对象调用方法的语法格式如下。

```
$objectName->functionName();
```

其中，functionName表示方法名，$objectName表示类的对象名。

2. 静态方法

类的静态方法用static关键字定义。与类的静态变量一样，类的静态方法只属于类本身，而不属于这个类的任何一个对象。因此，它可以通过“类名::方法名”进行调用，也可以通过“对象名->方法名”进行调用（提倡使用第一种方法）。

此外，静态方法只能调用静态成员变量，不能调用普通变量，否则将报错。

【例8-4】类的静态方法的使用。

```
<?php
    //定义类
    class Human{
        static $name="伟明";
        public $height=180;
        static function fun1(){                    //静态方法1
            echo "name:".self::$name."<br>";
        }
        static function fun2(){  //静态方法2
            echo "名字：".self::$name."<br>";       //访问静态成员
            echo "身高：".$this->height;             //出错
        }
        public function fun3(){  //普通方法
            echo "姓名：".self::$name;     //调用静态成员
            echo "身高：".$this->height."<br>";  //调用普通成员
        }
    }
    $p1=new Human();
    Human::fun1();              //方法1调用静态方法
    $p1->fun3();                //调用普通方法
    $p1->fun2();                //方法2调用静态方法
?>
```

例8-4中程序的运行结果如图8-5所示。

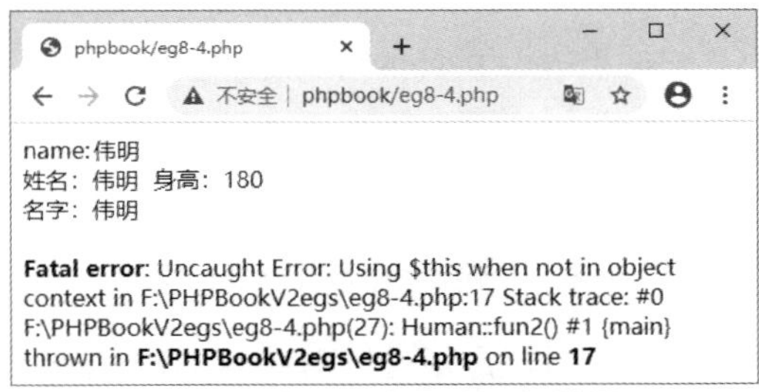

图8-5　例8-4中程序运行结果

注 意

对静态属性与普通方法，要避免使用以下访问格式。

① $object1::$name;，不能通过对象访问类的静态变量。

② $object1->name;，不能通过对象访问类的静态变量。

③ ClassName::functionName();，普通方法不能通过类名直接访问。

3. 构造函数

构造函数主要用于初始化一个对象，使类的对象能够获得可用的内存空间。

定义一个类的构造函数，其语法格式有两种，分别如下。

```
function __construct(){
            //函数体
}
```

或者

```
function ClassName() {        //用类名作为构造函数名
            //函数体
}
```

当对类进行实例化时，构造函数自动被调用，不需要特别声明调用语句。

【例8–5】定义一个图书类并实例化一本图书对象。

```
<?php
    //定义类
    class Book{
        private $bName;
        private $bAuthor;
        function __construct($bookname,$author){
            $this->bName=$bookname;
            $this->bAuthor=$author;
            $this->showInfo();
        }
        public function showInfo(){
            echo "书名：".$this->bName."<br>";
            echo "作者：".$this->bAuthor;
        }
    }
    $book1=new Book("三国演义","罗贯中");
?>
```

例8–5中程序的运行结果如图8–6所示。

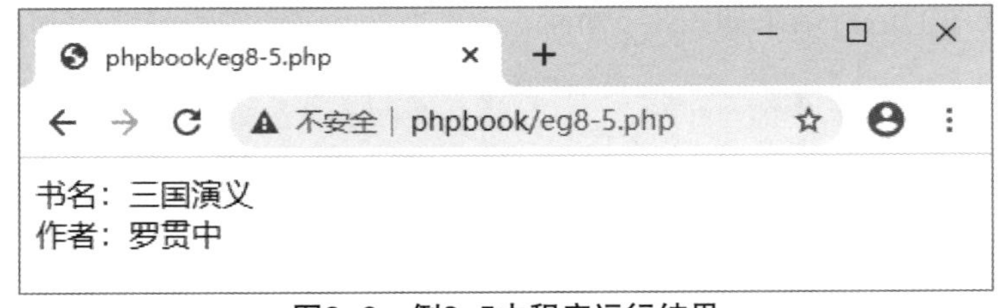

图8–6　例8–5中程序运行结果

从例8–5的程序中可以看出，程序实例化对象book1以后，自动执行了Book类的__construct()函数，从而完成了对showInfo()函数的调用。

4. 析构函数

析构函数在销毁一个实例对象时自动被调用，主要用于释放对象占用的内存空间。因此，当一个实例对象被销毁时，后期任务可以在该函数中定义。应用举例参见例8–1与例8–2。

8.2 类的继承

前面提到，不同程度的抽象，可以得到不同层次的分类。

例如，所有的汽车都有品牌、出厂日期等属性。货车也都具有这些属性，但货车往往还有一个“限重”属性用于指定货车的最大牵引质量。

这时，汽车就是一种“粗类”抽象，货车则可以看作是一种“细类”抽象。它既具备所有汽车类的属性，又具有自己独有的属性。

在程序设计中，封装货车类时，如果能够把汽车类中定义的属性用到货车类中，那么货车类中只需定义自己的独有属性“限重”即可。这样一来，就可以节省定义两类共有属性的时间、简化代码，从而提高开发效率。

这就是类的继承——让特殊类在复用普通类的属性与方法的基础上，扩展定义自己的属性与方法。在继承中，继承类称为子类，被继承类称为父类。继承的语法格式如下。

```
class SubClassName extends SuperClassName{
    //子类独有属性声明
    //子类独有行为声明
}
```

其中，SubClassName 为子类名，SuperClassName 为父类名。

【例 8-6】定义汽车类及其子类货车类，并实例化货车对象。

```
<?php
    //汽车类
    class Car
    {
        public $brand;              //品牌
        public $productionDate;     //出厂日期
        function __construct($brand,$productiondate){
            $this->brand=$brand;
            $this->productionDate=$productiondate;
            $this->showInfo();
        }
        protected function showInfo(){
            printf("【汽车品牌】%s<br>",$this->brand);
            printf("【出厂日期】%s<br>",$this->productionDate);
        }
    }
    //货车类
    class Truck extends Car
    {
        public $weightLimit;     //限重
        function __construct($brand,$productiondate,$weightlimit){
            $this->brand=$brand;
            $this->productionDate=$productiondate;
            $this->weightLimit=$weightlimit;
            $this->showInfo();
        }
        //扩展子类的方法
        public function warning(){
            printf("本车限重%u吨<br>",$this->weightLimit);
        }
    }
    //实例化货车对象
    $dongFeng=new Truck("东风","2021-1-24",40);
    $dongFeng->warning();
?>
```

例 8-6 中程序的运行结果如图 8-7 所示。

图8-7　例8-6中程序运行结果

类的继承有以下几个特点：

（1）子类与父类拥有同名方法时，子类对象以子类的方法为准，如构造函数__construct() 方法。

（2）子类可以在父类属性的基础上增加自己的属性，如 Truck 类中的 $weightLimit，也可以在父类方法的基础上增加自己的方法，如 Truck 类中的 warning()。

（3）子类可以继承父类的公共属性（public）、保护属性（protected）、公有方法、保护方法，无法继承父类的私有属性与方法。通过子类或子类对象访问父类的私有属性或调用父类的私有方法将出错。

注 意

如果在声明一个类的成员方法时省略修饰字（public、protected、private），PHP 默认修饰字为 public。

8.3 类的多态性

8.3.1 类的多态性

所谓多态，是指同一种成员方法，最后实现时有多种不同的形态，它是面向对象程序设计的一个重要特点。

1. 覆盖

覆盖也称重写，或重定义，是在子类中对父类的同名方法进行重新定义，这样在子类对象调用该方法时，会产生不同于父类方法的结果。例如，例 8-6 中货车类（Truck 类）中的构造函数就是对父类（Car 类）构造函数的一种覆盖。两个构造函数同名，但最后返回的结果不同。

在覆盖情况下，如果是父类的对象，即调用父类中的方法；如果是子类的对象，则调用子类中的方法。

2. 重载

重载是在同一个类中，对同一个名称的方法进行多次定义，每次定义时，该方法的参数数量或类型都有所不同，从而使方法的作用不同。

重载中多个函数的名字虽然相同，但因为参数个数、类型不同，调用这些函数时，PHP 会根据实际调用时的传参情况，自动调用对应形式的函数。

下面我们实现的是一个根据参数的数量不同进行重载的例子：在调用汽车类的

getCarInfo()方法时，如果采用getCarInfo(brand)形式，则只返回品牌名能够精确匹配“brand”字符的汽车信息，如果采用getCarInfo(brand，TRUE)形式，则返回所有品牌名包含了“brand”字符的汽车信息。

【例8-7】根据参数数量不同进行重载。

```
<?php
    class Car
    {
        //使用魔术函数__call()实现重载
        function __call($name,$args){
            echo "调用方法:".$name."  ";
            echo "参数个数:".count($args)."<br>";
            //根据参数的数量决定所调用的方法
            if($name=="getCarInfo"){ //对外的方法名为getCarType()
              if(count($args)==1)
                  $this->getCarInfo1($args[0]);
                if(count($args)==2 && $args[1]==TRUE)
                    $this->getCarInfo2($args[0],$args[1]);
            }
        }
        private function getCarInfo1($brand){
            echo $brand."限载30吨，2020年12月20日出厂";
            echo "<hr>";
        }
        private function getCarInfo2($brand,$exact){
            echo $brand."—YJ220,限载25吨，2019年11月02日出厂<br>";
            echo $brand."—TS320,限载30吨，2020年12月20日出厂<br>";
            echo "<hr>";
        }
    }
    $obj=new Car;
    $obj->getCarInfo("东风—WF330");
    $obj->getCarInfo("东风",TRUE);
?>
```

例8-7中程序的运行结果如图8-8所示。

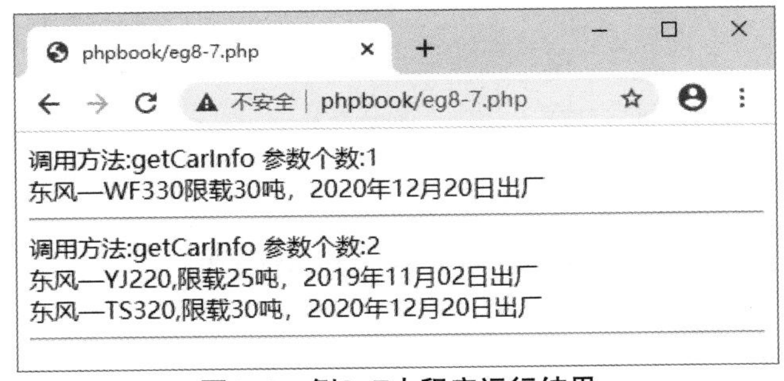

图8-8　例8-7中程序运行结果

注 意

注意区别覆盖与重载。覆盖发生在父类与子类的同名方法之间，重载发生在同一类内的同名方法之间。严格来说，PHP并不支持真正的函数重载。上面的例子，是利用PHP的魔术函数__call()，实现与函数重载一样的效果的。

由于PHP是弱类型语言，对数据类型不敏感，因此它无法自动通过区分数据类型来构造重载函数。例8-8是通过不同类型的参数实现重载的示例。

【例8-8】根据参数的数据类型不同实现重载。

```
<?php
    class OverLoad
    {
        function __call($name,$args){
            if($name=="seal"){
                if(gettype($args[0])=='string')
                  $this->seal1($args[0]);
                elseif(gettype($args[0])=='integer')
                  $this->seal2($args[0]);
                else
                  echo "参数类型错误";
            }

        }
        private function seal1($var){
            printf("字符串%s的长度是%u",$var,strlen($var));
            echo "<hr>";
        }
        private function seal2($var){
            printf("数值%u的平方是%u",$var,pow($var,2));
            echo "<hr>";
        }
    }
    $obj=new OverLoad;
    $obj->seal("123");
    $obj->seal(12);
    $obj->seal(true);
?>
```

例8-8中程序的运行结果如图8-9所示。

图8-9　例8-8中程序运行结果

8.3.2❻　final类

类可以多级继承，即B类作为A类的子类的同时，也可以是C类的父类，类似爷爷—父亲—孙子的关系。但如果一个类在定义时加上了final关键字，则表示该类是终极类，不能再被继承。其语法格式如下。

```
final class class_name
{
    //类定义体
}
```

学习笔记

【例8-9】final关键字的使用。

```
<?php
    final class A                //创建一个终极类
    {
        function __construct() {
            echo "终极类的构造函数";
        }
    }
    class B extends A            //创建A类的子类B
    {
        function test() {
            echo "子类方法";
        }
    }
    $obj=new B;
    $obj->test();
?>
```

class A是一个final类，子类B试图继承A类，这将导致错误的结果。

例8-9中程序的运行结果如图8-10所示。

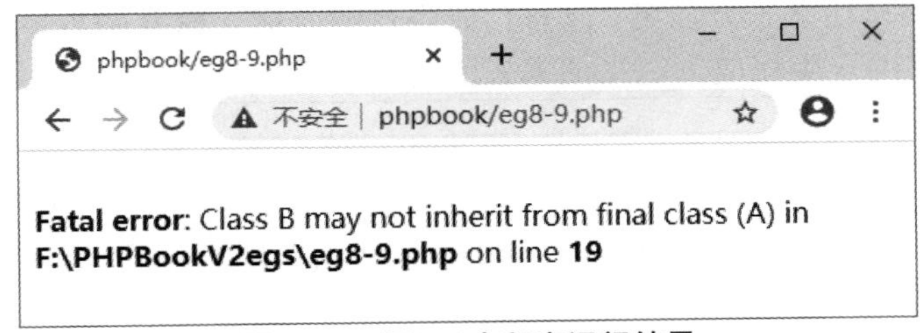

图8-10　例8-9中程序运行结果

普通类中的方法也可以加上final关键字，表示该方法在该类的子类中，可以被继承，但不可以被重写。

【例8-10】在子类中重写父类的final方法将出错。

```
<?php
    class A
    {
        final function test(){
            echo "父类的test方法<br>";
        }
        final function output(){
            echo "父类的output方法<br>";
        }
    }
    class B extends A      //创建A类的子类B
    {
        function output(){     //重写output()
            echo "子类的output方法<br>";
        }
    }
    $obj=new B;
    $obj->test();
    $obj->output();
?>
```

class A 中定义了两个 final 方法—— test() 与 output()，子类对象 $obj 调用父类的 test() 方法及子类的 output() 方法，但子类的 output() 方法是对父类同名方法的重写，这将导致出错。

例 8-10 中程序的运行结果如图 8-11 所示。

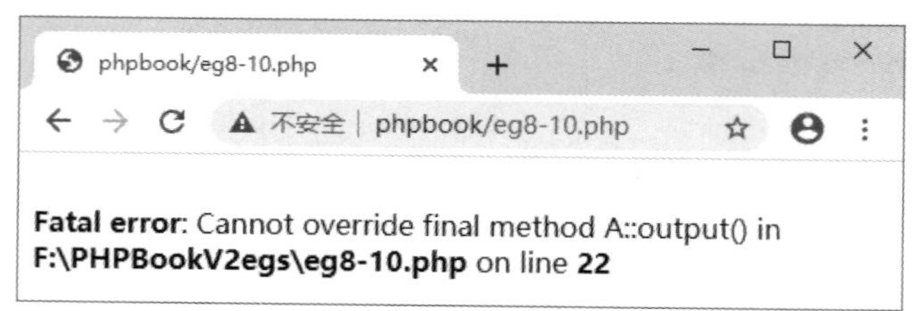

图8-11 例8-10中程序运行结果

8.4 抽象类

8.4.1 抽象方法

抽象方法是指只定义了方法名，没有具体实现的方法（没有函数体的函数）。它的具体实现由其所在类的子类完成。定义抽象方法的语法格式如下。

```
abstract function funName();
```

注 意

由于抽象方法没有具体实现其功能的程序代码，因此，它只是一句声明语句，后面要以分号结束。

8.4.2 抽象类

抽象类是一种不能创建实例对象的类，它只能作为其他类的父类。它像普通类一样也有自己的属性、成员方法，但必须至少包含一个抽象方法。定义抽象类的语法格式如下。

```
abstract class ClassName
{ … }
```

抽象类通常应用于复杂的继承关系中，在这种继承关系中，要求每个子类都包含并重载父类的某些方法，那么父类就没有必要再具体定义这些方法的实现，交给子类根据自身的需要实现即可。这样做可以使所有子类在实现体现一些共同性质的功能时，都使用共同的方法名。

例如，以动物（Animal）为父类，派生出兽、禽、鱼等子类。所有的动物都必须体现运动、繁殖等行为。但兽、禽、鱼类的运动、繁殖方式又互不相同。

【例 8-11】动物抽象类的定义与实现。

```
<?php
    /** 定义动物抽象类 */
    abstract class Animal
    {
        public $name;                                        //成员属性：名字
```

学习笔记

```
        function __construct($name){                //普通方法：构造
            $this->name=$name;
            $this->move();
            $this->reproduction();
        }
        abstract function move();                   //抽象方法：运动
        abstract function reproduction(); //抽象方法：繁殖
    }
    /** 定义子类：兽类 */
    class Beast extends Animal
    {
        function move(){                            //实现父类的抽象方法
            echo $this->name."采取行走的方式运动<br>";
        }
        function reproduction(){                    //实现父类的抽象方法
            echo $this->name."以胎生为主<br>";
        }
    }
    /** 定义子类：禽类 */
    class Birds extends Animal
    {
        function move() {                           //实现父类的抽象方法
            echo $this->name."采取飞翔的方式运动<br>";
        }
        function reproduction(){                    //实现父类的抽象方法
            echo $this->name."多以卵生的方式繁殖<br>";
        }
    }
    $tiger=new Beast("老虎");
    $eager=new Birds("大雁");
?>
```

例8-11中程序的运行结果如图8-12所示。

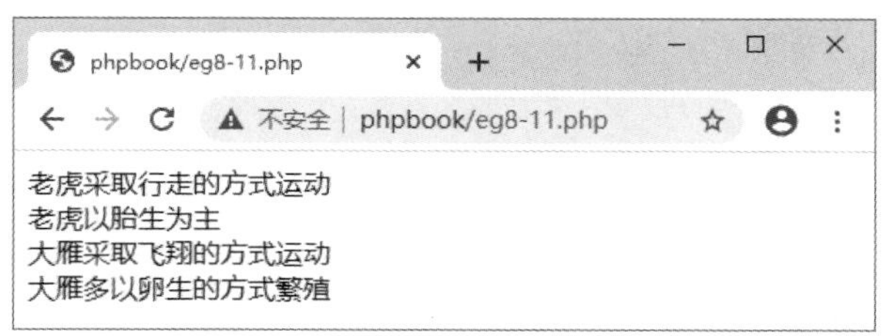

图8-12　例8-11中程序运行结果

8.5 接口类

8.5.1 接口的定义与实现

PHP是一种单继承语言，一个父类可以有多个子类，但一个子类只能继承一个父类。如果要实现多继承操作，只能使用接口类（interface）。

接口类是一种特殊的类：它相当于一个类的模板，在这个模板中定义了一个类必须包含哪些方法，但它不提供这些方法的具体实现过程（类似抽象方法），而是把这些实现过

程交给它的实现类完成，并且要求它的实现类必须实现它的全部方法，缺一不可。

定义接口类的语法格式如下。

```
interface InterfaceName
{
        public function fun1();
        public function fun2();
        …
}
```

注 意

接口类中的所有成员方法，都必须是public类型，在定义接口时，public关键字可以省略。

如果要实现接口类中的方法，需要再定义接口的实现类（implements），其语法格式如下。

```
class ClassName implements InterfaceName
{
    //接口类各方法的实现过程
}
```

例如，定义一个“工作”接口，该接口规定了设定工作时间、设定工作地点两个方法。然后通过“员工”类实现。

【例8-12】工作接口的定义与实现。

```
<?php
    /** 定义工作接口 */
    interface Working
    {
        function setWorkTime($worktimes);
        function setWorkPlace($workplace);
    }
    /** 定义员工类 */
    class Staff implements Working
    {
        private $staffName;
        private $workTime;
        private $workPlace;
        function __construct($name,$times,$places){
            $this->staffName=$name;
            $this->setWorkTime($times);
            $this->setWorkPlace($places);
        }
        //实现接口的全部方法
        function setWorkTime($worktimes){
            $this->workTime=$worktimes;
        }
        function setWorkPlace($workplace){
            $this->workPlace=$workplace;
        }
        //定义类的普通方法
        public function getStaffInfo(){
            echo "<h4>".$this->staffName."</h4>";
            echo "[ 工作时间 ]".$this->workTime." 小时 / 天 <br>";
            echo "[ 工作地点 ]".$this->workPlace;
```

```
        }
    }
    //实例化员工类
    $staff=new Staff("张明",9,"研发部203组");
    $staff->getStaffInfo();
?>
```

例8-12中程序的运行结果如图8-13所示。

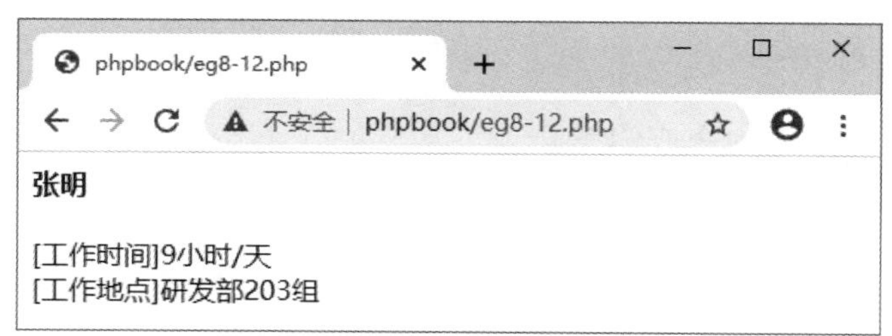

图8-13　例8-12中程序运行结果

8.5.2　接口的继承与实现

一个接口类可以派生出它的子接口类，这称为接口的扩充。子接口类在继承它的父接口类全部方法的基础上，可以继续扩充自己的方法。在实现一个子接口类时，必须把这个子接口类及它的父接口类的全部方法都实现。子接口类的继承与实现示意图如图8-14所示。

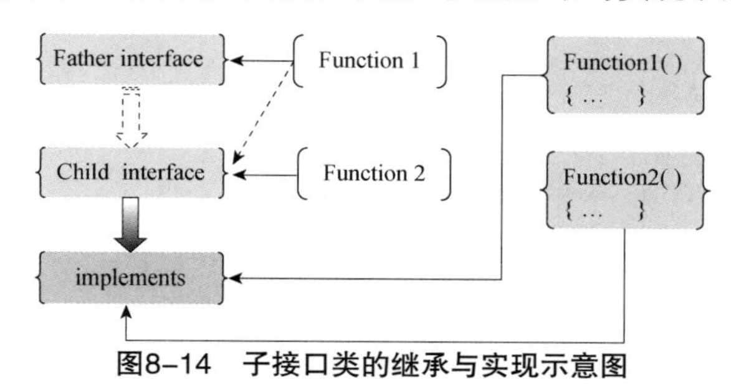

图8-14　子接口类的继承与实现示意图

子接口类的定义格式如下。

```
interface interfaceB extends interfaceA
{
    //子接口类B方法列表
}
```

在前面例8-12的Working接口的基础上，派生一个加班接口（WorkOvertime），用于规定加班补贴的计算方法（setSubsidy），然后在员工类（Staff）中实现。

【例8-13】接口的继承与实现。

```
<?php
    /** 定义工作接口 */
    interface Working
    {
        function setWorkTime($worktimes);
        function setWorkPlace($workplace);
    }
    /** 定义加班子接口 */
```

```
    interface WorkOvertime extends Working
    {
        function setSubsidy();
    }
    /** 定义员工类，实现加班子接口 */
    class Staff implements WorkOvertime
    {
        private $staffName;
        private $workTime;
        private $workPlace;
        private $subsidy;
        function __construct($name,$times,$places){
            $this->staffName=$name;
            $this->setWorkTime($times);
            $this->setWorkPlace($places);
            $this->setSubsidy();
        }
        //实现父接口与子接口的全部方法
        function setWorkTime($worktimes){
            $this->workTime=$worktimes;
        }
        function setWorkPlace($workplace){
            $this->workPlace=$workplace;
        }
        function setSubsidy(){
            $this->subsidy=80;
        }
        //定义类的普通方法
        public function getStaffInfo(){
          echo "<h4>".$this->staffName."</h4>";
          echo "[工作时间]".$this->workTime."小时/天<br>";
          echo "[工作地点]".$this->workPlace."<br>";
          echo "[加班津贴] ￥".$this->subsidy."/小时";
        }
    }
    //实例化员工类
    $staff=new Staff("张明",9,"研发部203组");
    $staff->getStaffInfo();
?>
```

例8-13中程序的WorkOvertime接口类是Working接口类的子类，因此，WorkOvertime接口类继承Working接口类中的setWorkTime ()与setWorkPlace()方法，同时扩展了自己的方法setSubsidy()。类Staff在实现WorkOvertime接口类时，必须把这三个方法全部实现。

例8-13中程序的运行结果如图8-15所示。

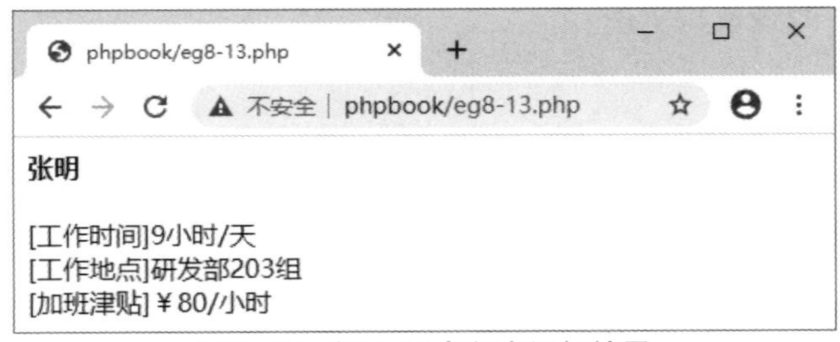

图8-15　例8-13中程序运行结果

8.5.3　用接口实现多继承

多继承是指一个子类同时继承多个父类的特性。多继承示意图如图8-16所示，“顶岗实习生”同时具备“学生”与“员工”的特性，就可以看作一种多继承。

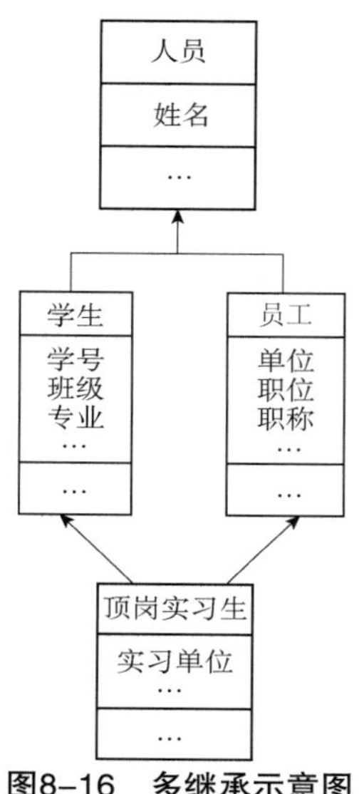

图8-16　多继承示意图

PHP的继承机制中，一个普通子类不能有多个父类，但接口类的继承允许一个子接口类有多个父接口类，因此，可以利用接口实现多继承。

多继承子接口类的定义格式如下。

```
interface interfaceC extends interfaceA,interfaceB[,…]
{
    //子接口类C方法列表
}
```

例如，在例8-12的基础上，定义一个“学习”接口类（Study），规定了每周的上课时长设定方法（setClassTime），并定义一个“实习生”接口类（Trainee），同时继承了Working接口及Study接口的全部方法，同时扩充自己设定学号的方法（setStuID）。然后在“实习生”类（Trainee）中实现。

【例8-14】用接口实现多继承。

```
<?php
    /** 定义工作接口 */
    interface Working
    {
        function setWorkTime($worktimes);
        function setWorkPlace($workplace);
    }
    /** 定义学习接口 */
    interface Study
    {
        function setClassTime();
    }
    /** 实习生子接口类同时继承了Study接口与Working接口的全部方法 */
    interface TraineeInterface extends Working,Study
```

学习笔记

```
    {
        function setStuID($id);
    }
    /** 实习生的实现类 */
    class Trainee implements TraineeInterface
    {
        private $stuID;
        private $traineeName;
        private $workTime;
        private $workPlace;
        private $classTime;
        function __construct($id,$name,$worktime,$workplaces,$classtime){
            $this->staffName=$name;
            $this->setStuID($id);
            $this->setWorkTime($times);
            $this->setWorkPlace($workplaces);
            $this->setClassTime();
            $this->getTraineeInfo();
        }
        //实现全部接口类的方法
        function setWorkTime($worktimes){
            $this->workTime=$worktimes;
        }
        function setWorkPlace($workplace){
            $this->workPlace=$workplace;
        }
        function setClassTime(){
            $this->classTime=2;
        }
        function setStuID($id){
            $this->stuID=$id;
        }
        //定义类的普通方法
        public function getTraineeInfo(){
            echo "<h5>学号：".$this->stuID." 姓名：".$this->staffName."</h5>";
            echo "[ 工作时间 ]".$this->workTime." 小时 / 天 <br>";
            echo "[ 工作地点 ]".$this->workPlace."<br>";
            echo "[ 上课时间 ]".$this->classTime." 小时 / 周 ";
        }
    }
    //实例化实习生类
    $staff=new Trainee("D21C5001"," 李英 ",8," 开发部 2 组 ",2);
?>
```

例 8-14 中程序的运行结果如图 8-17 所示。

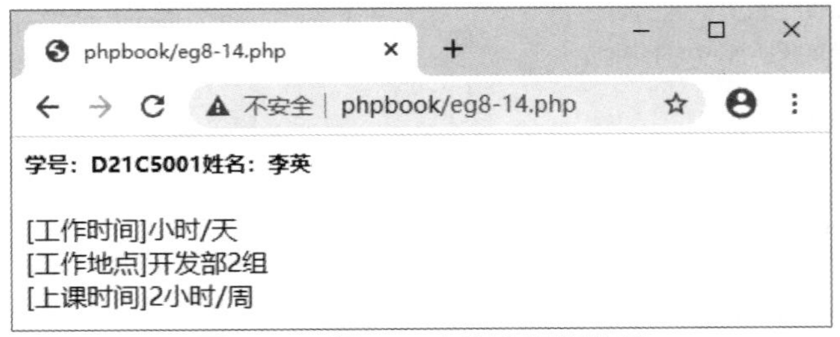

图8-17　例8-14中程序运行结果

8.6⑧ spl_autoload_register() 方法

为了提高代码的重用率，方便后期代码维护，通常会将一个独立、完整的类定义保存成一个独立的PHP文件，并将该文件与类名命名一致。当需要在其他文件中对该类实例化时，只需利用include()函数或require()函数包含类文件即可。

但是，当一个文件中需要包含多个类文件时，就需要使用大量的include()函数或require()函数才能完成包含工作，这样很不方便。

因此，我们可以考虑让PHP自动包含、加载类文件，spl_autoload_register()方法就是为此而准备的。

当程序需要用到多个类，而这些类所在的文件又未被当前文件包含时，我们可以自己定义一个自动加载函数，让这个函数自动在指定的路径下查找与类同名的文件，如果找到了，则包含加载到当前文件中，否则报告错误。然后再使用spl_autoload_register()方法注册这个自动加载函数即可。

【例8-15】Student.class.php是一个类文件，通过eg8-15.php对该类进行实例化。

【Student.class.php】

```
<?php
    /** 定义学生接口 */
    class Student
    {
        private $sid;
        private $sname;
        function __construct($id,$name){
            $this->sid=$id;
            $this->sname=$name;
            $this->printInfo();
        }
        function printInfo(){
            echo "[学号]".$this->sid;
            echo "[姓名]".$this->sname;
        }
    }
?>
```

【eg8-15.php】

```
<?php
    //定义类的自动加载函数
    function load($class){
        $class_path=$class.'.class.php';   //指定类文件路径
        if(file_exists($class_path)){
            include_once($class_path);
        }
        else
            echo "类文件不存在";
    }
    //注册加载函数
    spl_autoload_register('load');
    //实例化类对象
    $stu=new Student("D21C5120","刘清");
?>
```

例8-15中程序的运行结果如图8-18所示。

图8-18　例8-15中程序运行结果

8.7 应用实践

8.7.1 图书管理

1. 需求说明

某图书管理系统中的图书基本信息包括：书号、书名、作者、价格与出版社名称，要求能够根据书号进行以下处理：

（1）查找。根据书号查出相应的图书基本信息并输出显示，没有匹配的图书，输出“暂无相关图书信息”。

（2）借阅。根据书号，如果该图书为“在架”状态，则将图书状态设置为“已借”，并输出显示“图书《×××》借阅成功”，否则输出“图书《×××》当前无法借阅”。

（3）还借。根据书号，如果该图书为“已借”状态，将图书状态设置为“在架”，并输出显示“图书《×××》还借成功”，否则输出“图书《×××》当前已在架”。

2. 测试用例

查找图书98701，98702；借阅图书98701；还借图书98701。

3. 知识关联

类的封装，类的属性与方法，类的实例化。

4. 参考程序

```
<?php
    /** 图书类 */
    class Book
    {
        private $bookList=array("98701"=>array("isbn"=>"98701","name"=>"PHP 程序设计与应用实践教程",     "author"
=>"林世鑫","price"=>50,"publisher"=>"电子工业出版社","status"=>"在架"));
        private $bookIsbn;              //ISBN 号
        private $bookName;              //图书名
        private $bookStatus;            //图书状态
        function __construct($opt,$isbn){
            $this->bookIsbn=$isbn;
            switch ($opt) {
                case '查询':            //查找图书
                    $this->searchBook();
                    break;
                case '借阅':            //借阅图书
                    $this->borrowBook();
                    break;
                case '还借':            //还借图书
                    $this->returnBook();
                    break;
            }
```

```
}
/** 图书查找处理方法 */
public function searchBook(){
    if($this->search())
        $this->printResult(101);            //图书存在
    else
        $this->printResult(201);            //图书不存在
}
/** 图书借阅处理方法 */
public function borrowBook(){
    if($this->search() && $this->bookStatus=="在架"){
        $this->bookList[$this->bookIsbn]['status']="已借";
        $this->printResult(102);            //可借阅
    }else if($this->search() && $this->bookStatus=="已借"){
        $this->printResult(202);            //不可借阅
    }else if(false==$this->search()){
        $this->printResult(201);            //图书不存在
    }
}
/** 图书还借处理方法 */
public function returnBook(){
    if($this->search() && $this->bookStatus=="已借"){
        $this->bookList[$this->bookIsbn]['status']="在架";
        $this->printResult(103);            //可还借
    }else if($this->search() && $this->bookStatus=="在架"){
        $this->printResult(203);            //不可借阅
    }else if(false==$this->search()){
        $this->printResult(201);            //图书不存在
    }
}
/** 图书查询 */
private function search(){
    if(isset($this->bookList[$this->bookIsbn])){
        $this->bookName=$this->bookList[$this->bookIsbn]['name'];
        $this->bookStatus=$this->bookList[$this->bookIsbn]['status'];
        return true;
    }
    else
        return false;
}
/** 输出处理结果 */
private function printResult($flag){
    switch ($flag) {
        case 101:
            $bookInfo=$this->bookList[$this->bookIsbn];
            /** 图书信息输出代码略 **/
            break;
        case 102:
            echo "图书《{$this->bookName}》借阅成功";
            break;
        case 103:
            echo "图书《{$this->bookName}》还借成功";
            break;
        case 201:
            echo "暂无相关图书信息";
```

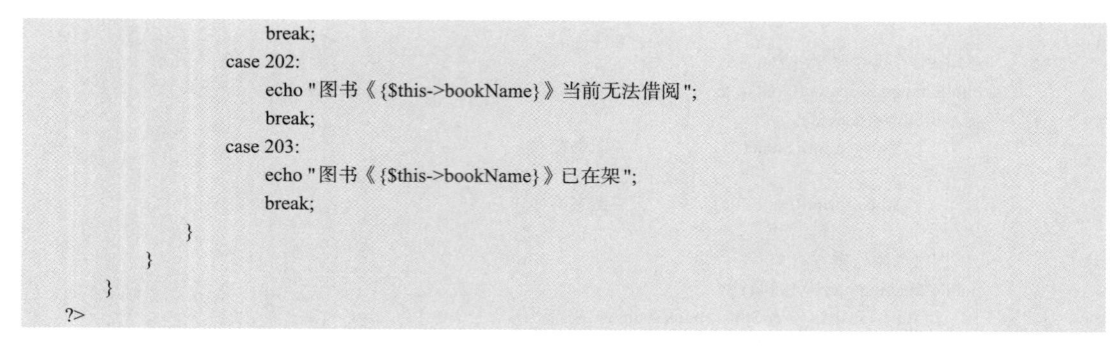

```
                break;
            case 202:
                echo "图书《{$this->bookName}》当前无法借阅";
                break;
            case 203:
                echo "图书《{$this->bookName}》已在架";
                break;
        }
    }
}
?>
```

5.运行结果

上述参考程序的运行结果如图8-19至图8-22所示。

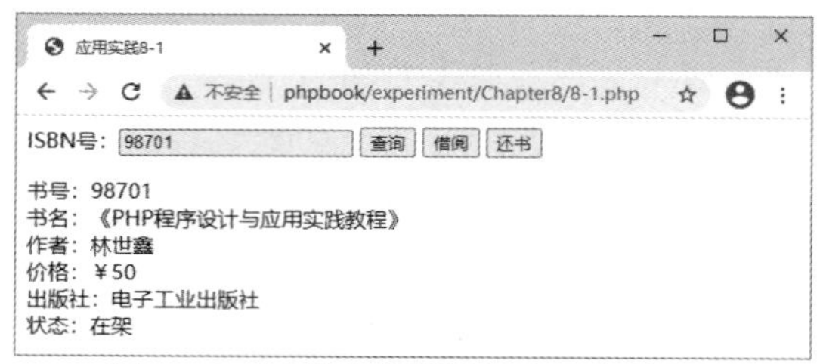

图8-19　图书查询结果输出参考效果1

图8-20　图书查询结果输出参考效果2

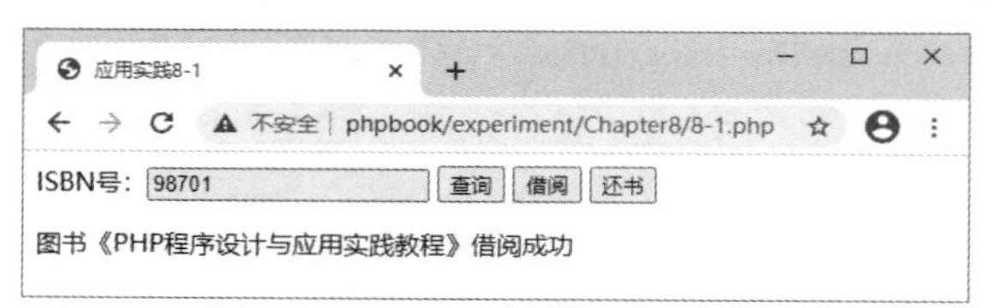

图8-21　图书借阅操作参考效果

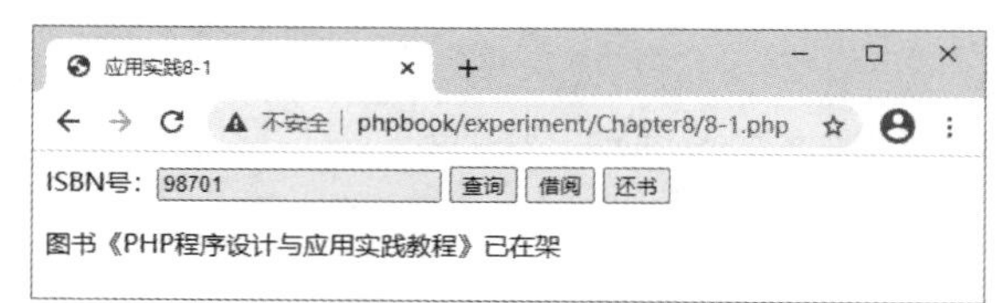

图8-22　图书还借操作参考效果

注 意

为方便示范，本范例将库存图书数据以数组的形式初始化在Book类中。在实际应用开发中，图书数据存储在数据库中，通过数据库查询操作获取。

限于版面篇幅，本范例程序仅为关键部分代码。完整程序请扫描二维码下载学习。

8.7.2⑥　用户角色处理

1.需求说明

某系统共有三种用户角色：职员、主管与总管。每种用户均有账号、部门、角色三个属性。用户登录系统时，系统自动根据其“角色”属性值识别其身份，并按下列需求初始化其相应的操作权限。

（1）职员权限。浏览本部门公告、填写个人工作数据、浏览个人历史数据。

（2）主管权限。发布+浏览本部门公告、浏览本部门全部职员工作数据、查看本部门工作指标。

（3）总管权限。浏览全体部门公告、浏览全体职员工作数据、查看+分派各部门工作指标。

2.测试用例

职员角色（clerk01），主管角色（directorA），总管角色（managerB）。

3.知识关联

类的封装与实例化，类的继承，类的多态性（重写）。

4.参考程序

```
<?php
    /** 职员类 */
    class Clerk
    {
        protected $account;                    //用户账号
        protected $department;                 //所属部门
        protected $role;                       //用户角色
        function __construct($user){
            $this->account=$user['account'];
            $this->department=$user['department'];
            $this->role=$user['role'];
            echo "<hr>";
            echo "<div>账号：<label>{$this->account}</label>";
            echo "部门：<label>{$this->department}</label>";
            echo "职位：<label>{$this->role}</label></div>";
            //调用执行全部成员方法，初始化用户权限
            $methods=get_class_methods($this);
            foreach ($methods as $m) {
                if($m!=="__construct"){
                    $str='$this->'.$m.'();';
                    eval($str);
                }
            }
        }
        /** 公告浏览方法 */
        protected function noticeShow(){
            echo "<a href='101'>浏览【{$this->department}】公告</a>";
        }
        /** 工作数据填写方法 */
        protected function dataFill(){
            echo "<a href='202'>填写我的工作数据</a>";
        }
        /** 工作数据浏览方法 */
```

```
        protected function dataShow(){
            echo "<a href='102'>浏览我的工作数据</a>";
        }
    }
    /** 主管类--继承Clerk类 */
    class Director extends Clerk
    {
        /** 公告发布方法 */
        protected function noticePublish(){
            echo "<a href='201'>发布【{$this->department}】公告</a>";
        }
        /** 重写工作数据浏览方法 */
        protected function dataShow(){
            echo "<a href='102'>浏览【{$this->department}】工作数据</a>";
        }
        /** 工作指标查看方法 */
        protected function taskShow(){
            echo "<a href='103'>查看【{$this->department}】工作指标</a>";
        }
        /** 重写工作数据填写方法 */
        protected function dataFill(){
            echo "";
        }
    }
    /** 总管类--继承Director类 */
    class Manager extends Director
    {
        /** 工作指标发布方法 */
        protected function taskPublish(){
            echo "<a href='203'>发布【{$this->department}】工作指标</a>";
        }
    }
?>
```

5.运行结果

上述参考程序的运行结果如图 8-23 至图 8-25 所示。

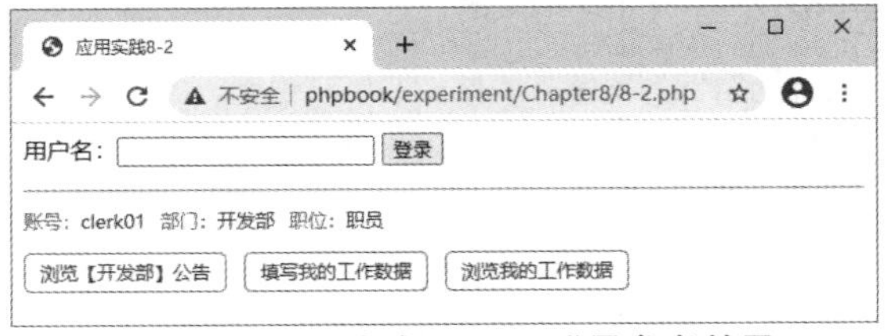

图8-23　职员角色clerk01登录参考效果

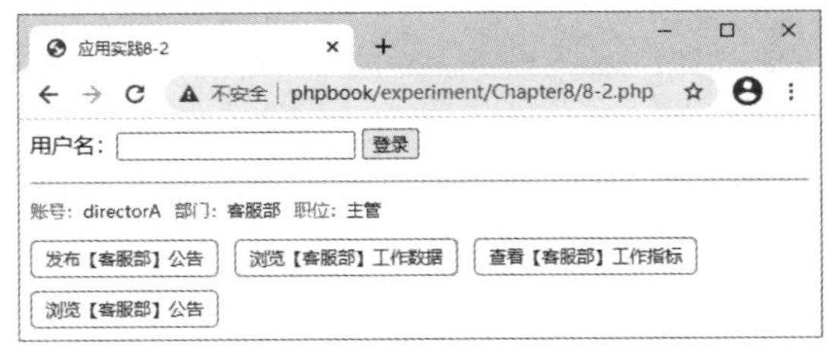

图8-24　主管角色directorA登录参考效果

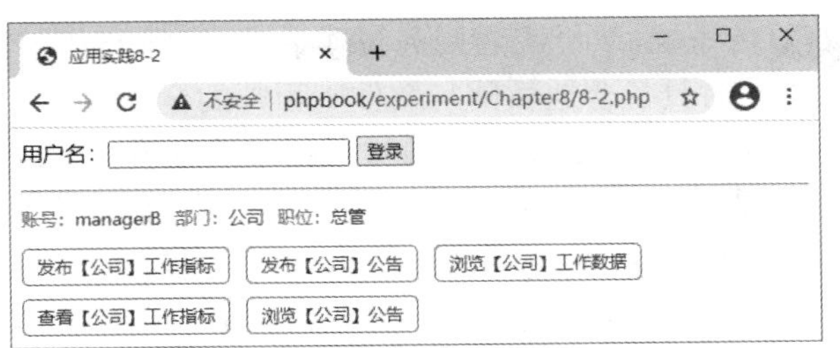

图8-25　总管角色managerB登录参考效果

学习笔记

注 意

为简化示范，本范例中用户的各类权限不再实现，只以相应的操作入口链接作为象征。限于版面篇幅，上述范例程序仅为关键部分代码。完整程序请扫描二维码下载学习。

8.8 技能训练

1. 请用面向对象的方法，实现圆的面积计算程序并实例化两个对象，求出圆的半径为10与5时的面积。参考效果如图8–26所示。

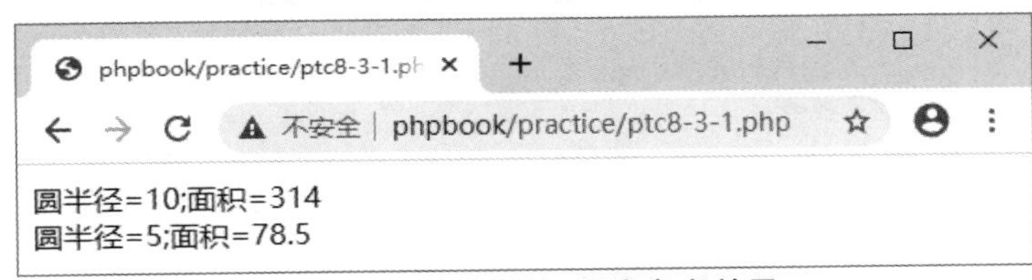

图8–26　技能训练1程序参考效果

2. 封装一个Person类，包含Name、Sex两项属性及一个公有printInfo方法，printInfo方法的功能是输出Name与Sex。再定义一个子类Student继承Person类，子类包含sID、sClass两个属性及一个公有printInfo方法，用来输出学生的全部信息（包括学号、姓名、性别与班级）。程序参考效果如图8–27所示。

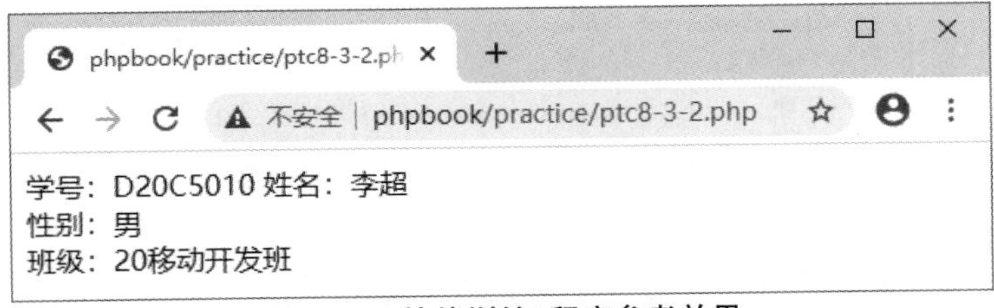

图8–27　技能训练2程序参考效果

3. 某信息管理系统，需要实现以下4种需求：

（1）普通教师的属性包括：工号、姓名、任教科目、周课时数（所有的属性信息可自行设定），而且需要打印显示在页面中。此外，程序能够打印普通教师的教案，假设教案内容为“×××老师第一单元教案”（×××为属性中的姓名）。

（2）软件工程师的属性包括：工号、姓名、专业特长（所有的属性信息均可自行设定），而且需要打印显示在页面中。同时，程序能够罗列打印出工程师参加过的所有工作项目，假

定项目包括“信华教育OA系统，西子慈善财务管理系统，安驰4S店销售管理系统”。

（3）软件培训老师同时具备普通教师与软件工程师的全部属性与需求，其中教案内容为“×××老师第一培训模块教案”，工作项目包括“鸿程教务管理系统，惠明高校后勤管理系统”。此外，程序能够列出该老师所培训过的学员数，假定为500人。

（4）当用户选择不同职业身份时，系统分别执行相应的操作，显示相应的内容。

请使用所学的接口、类、继承、重载、spl_autoload_register()等知识编写程序，实现以上需求。参考效果如图8-28至图8-30所示。

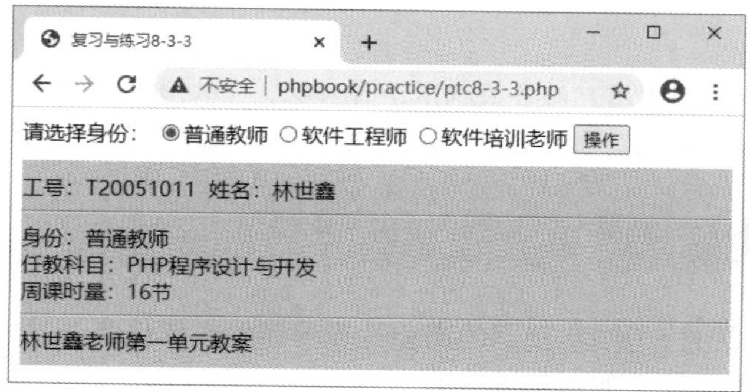

图8-28 “普通教师”操作参考效果

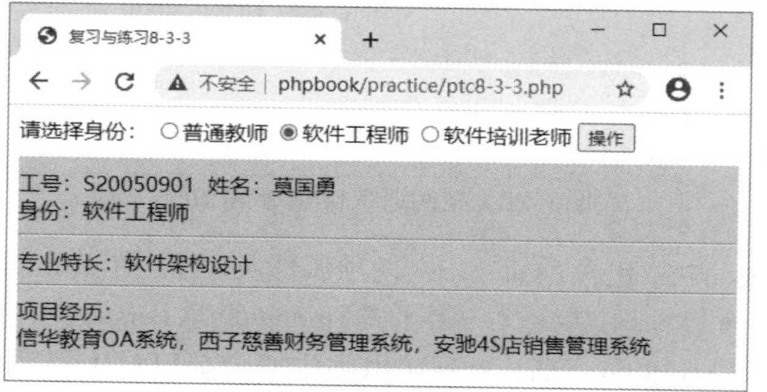

图8-29 “软件工程师”操作参考效果

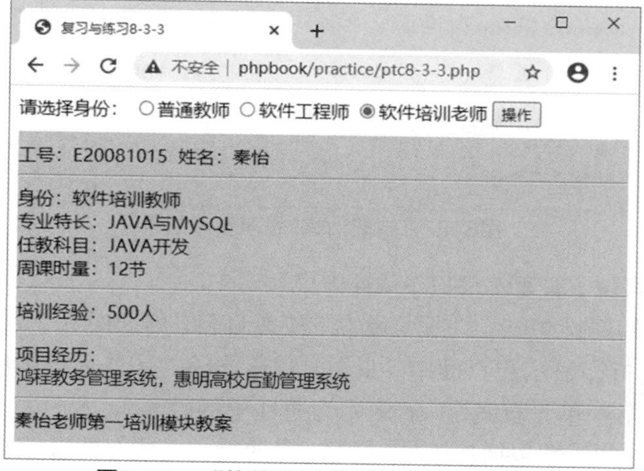

图8-30 “软件培训老师”操作参考效果

8.9 思考与练习

学习笔记

一、单项选择题

1. 关于对象，下列说法错误的是（　　）。

A. 每个对象都有自己独立的存储空间，属性值不会相互影响

B. 在实例化对象时，可以使用一个变量代替类名

C. 成员方法名对大小写敏感，调用时需要注意与定义时相一致

D. 只有在实例化时才会为属性开辟存储空间并保存在对象中

2. 下列关于$this的说法中，正确的是（　　）。

A. 对象被创建后，在对象的每个成员方法里都会有一个$this

B. $this专门用来完成类与对象之间的访问

C. 对于不同的对象，$this引用的是同一个对象

D. 成员方法属于哪个对象，$this引用就代表哪个类

3. 关于类与对象的描述，下列说法正确的是（　　）。

A. 对象是对某一事物的抽象描述

B. 类用于表示现实中事物的个体

C. 类用于描述多个对象的共同特征，它是对象的模板

D. 对象是根据类创建的，并且一个类只能创建一个对象

4. 如何声明一个PHP的用户自定义类？（　　）。

A. <?php class ClassName(){} ?>

B. <? class ClassName{} ?>

C. <? Function functionName{} ?>

D. <? Function functionName(){} ?>

5. 下列能让一个对象实例调用自身的方法函数myMethod()的是（　　）。

A. $self=>myMethod();　　　　B. $this->myMethod()

C. $this=>myMethod();　　　　D. $this::myMethod()

6. 下列说法中错误的是（　　）。

A. 父类的构造函数与析构函数不会自动被调用

B. 成员变量与方法都分为public、protected与private三个权限级别

C. 父类中定义的静态成员，不可以在子类中直接调用

D. 包含抽象方法的类必须为抽象类，抽象类不能被实例化

7. 如果成员方法没有声明权限字符属性，则默认值是（　　）。

A. private　　B. protected　　C. public　　D. final

8. 在PHP的面向对象程序设计中，类中定义的析构函数是在（　　）调用的。

A. 类创建时　　B. 创建对象时　　C. 删除对象时　　D. 不自动调用时

9. 以下关于接口与抽象类的对比分析，哪条是错误的？（　　）。

A. 接口和抽象类都可以只声明方法而不实现它

B. 抽象类可以定义常量，而接口不能

C. 抽象类可以包含具体实现方法，而接口不能

学习笔记

D. 抽象类可以声明变量，而接口不能

10. 以下是一个类的声明，其中有两个成员属性，对成员属性正确的赋值方式是（　　）。

```
<?php
Class Demo {
Private $one;
Static $two;
function setOne ( $value ) {
$this->one=$value;
}
}
$demo=new Demo();  ?>
```

A. $demo->one="abc";　　B. Demo::$two="abc";

C. Demo::setOne("abc");　　D. $demo->two="abc";

二、填空题

1. 面向对象的三大特性分别是__________、__________、__________。

2. 定义普通类的关键字是______________，类继承的关键字是______________。

3. 定义接口类的关键字是______________，实现接口类的关键字是______________。

4. 用关键字______________修饰的类不能再被继承。

第 9 章 PHP 与 Web 数据交互

扫一扫
获取微课

在Web开发中，浏览器与服务器之间的数据交互非常频繁，PHP与Web的数据交互是Web系统得以正常运行的重要基础。而浏览器与服务器之间的数据交互，主要有两种渠道：表单与URL参数。

表单是浏览器端的用户数据提交到服务器端PHP程序的重要容器。

URL参数是Web系统的不同文件之间进行数据传递的重要渠道之一，它实现了HTTP协议下不同文件之间的数据共享。

交互的方式也有两种：同步交互与异步交互。

同步交互是指浏览器端提交一个请求（或数据）到服务器端以后，必须接收到服务器端返回的结果才能提交下一个请求。

异步交互则不需要等待服务器的结果返回就可以继续提交下一个请求。

9.1 数据的同步交互

9.1.1 获取表单数据

表单是指HTML语言中，<form></form>标签及一系列用于数据交互的相关控件，如文本框、按钮、列表框等。Web系统用户通过这些控件将数据提交给服务器，PHP程序即通过获取这些控件的值，得到用户的数据，将处理的结果返回到客户端浏览器。这一过程，形成了B-S之间的数据交互。

PHP获取表单中各种控件的值时，主要通过外部变量$_POST、$_GET或$_REQUEST来实现，结合这些控件的name属性来完成。具体使用哪一个外部变量，取决于表单的method属性值。最后获取到表单控件的value属性值。

对不同类型的表单控件，PHP在获取其value属性值时，具体方法有所不同。

注 意

表单数据的提交方式有post与get两种，则<form>的method属性值可以是“post”，也

可以是“get”，默认采用post方式。本书中的所有表单数据处理操作，都按post方式进行。

以post方式提交表单数据时，表单数据不会显示在浏览器的地址栏中。使用get方式提交表单数据时，表单数据会以明文显示在浏览器的地址栏中，而且使用get方式提交的数据存在长度限制，以post方式提交则没有限制。

1. 文本框类控件

HTML 5中，文本框类的控件包括文本框（text、password、number、date、E-mail）与文本区域。对应的HTML标签代码如下。

```
<input type="text" name="uid" id="u_id" />
<input type="password" name="uping" id="u_pass" />
<textarea name="u_about" id="uabout" ></textarea>
```

PHP获取此类控件的值的语法格式如下。

```
$var=$_POST['elementname'];
```

$var表示服务器端要存储控件数据的变量名，elementname表示要获取的表单控件名。

【例9-1】用同步交互方式获取文本框中输入的数据，并输出获取的数据。

```
<form id="form1" name="form1" method="post" action="">
    姓名：<input type="text" name="uname" id="uname" /><br />
    简介：<textarea name="u_about" id="uabout" cols="45" rows="5"></textarea><br />
    <input type="submit" id="button" name="send" value="提交" />
</form>
<?php
    if(isset($_POST['send']))                //判断"提交"按钮是否被单击
    {
        $uname=$_POST['uname'];       //获取姓名
        $udes=$_POST['uabout'];        //获取描述
        //输出数据
        echo "姓名：".$uname."<br>";
        echo "简介：".$udes;
    }
?>
```

例9-1的程序中的if(isset($_POST ['send']))语句，是判断用户是否单击了“提交”按钮的常用方法。$_POST是一个数组，每个表单控件是这个数组的一个元素，如果某个控件名不存在，即$_POST中不存在对应的元素。按钮控件比较特殊，只有用户单击了该控件，PHP才能获取它的值。因此，可以通过判断某个按钮的值是否存在而得知该按钮是否被单击。

例9-1中程序的运行结果分别如图9-1和图9-2所示。

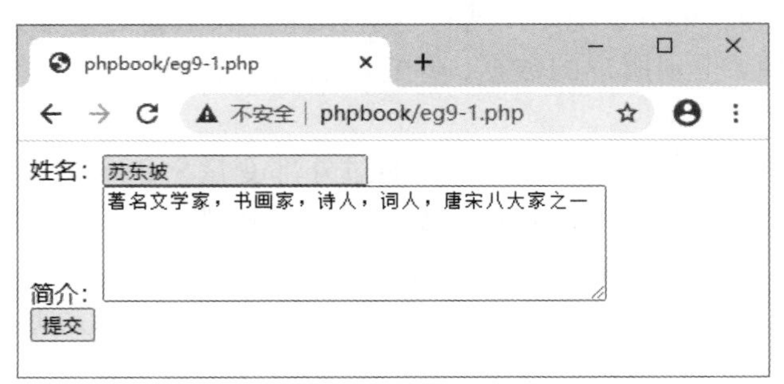

图9-1　单击“提交”按钮前的效果

学习笔记

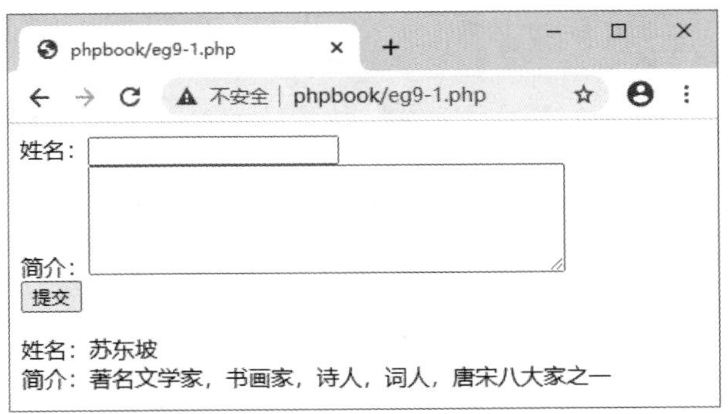

图9–2　单击“提交”按钮后的效果

注 意

还可以将表单的HTML代码与处理表单数据的PHP程序分别写到两个文件中，然后通过表单的action属性指定表单数据的处理文件。这样的文件结构，B–S架构特点更加清晰，HTML代码文件作为“前端”，PHP程序文件作为“后端”。

【例9–2】将例9–1中的HTML代码与PHP代码分别独立编写。

【eg 9–2.html】

```
<!DOCTYPE html>
<html>
<head>
    <meta charset="utf-8">
    <title>例9-2</title>
</head>
<body>
    <form id="form1" name="form1" method="post" action="eg9-2.php">
        姓名：<input type="text" name="uname" id="uname" /><br />
        简介：<textarea name="uabout" id="uabout" cols="45" rows="5"></textarea><br />
        <input type="submit" id="button" name="send" value="提交" />
    </form>
</body>
</html>
```

【eg 9–2.php】

```
<?php
    if(isset($_POST['send']))              //判断"提交"按钮是否被单击
    {
        $uname=$_POST['uname'];          //获取姓名
        $udes=$_POST['uabout'];          //获取描述
        //输出数据
        echo "姓名：".$uname."<br>";
        echo "简介：".$udes;
    }
?>
```

测试运行本例程序时，应当在浏览器中从eg9–2.html开始，因为这是用户端（前端），eg9–2.php是在服务器端，在表单提交后自动触发执行的。eg9–2.html的运行结果如图9–3所示，提交表单后，页面效果如图9–4所示。

学习笔记

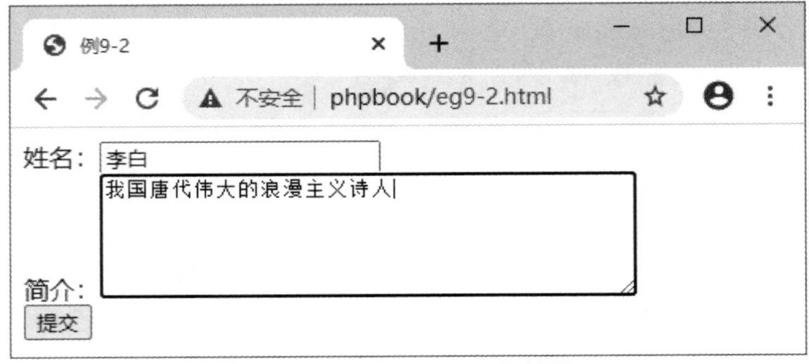

图9-3　eg9-2.html运行结果

图9-4　eg9-2.php运行结果

2. 列表类控件

HTML的列表控件标签是<select></select>，由若干个列表项<option>组成，每个<option>都有各自的值。获取此类控件值要通过<select>标签的name属性来实现，获取的值是被选择的<option>项的value属性值。

【例9-3】获取并输出用户的“学历”。

```
<form id="form1" name="form1" method="post" action="">
    学历：
        <label for="edu"></label>
        <select name="edu" id="edu">
          <option value="博士">博士研究生</option>
          <option value="硕士">硕士研究生</option>
          <option value="学士">本科</option>
          <option value="大专">大专</option>
        </select>
    <br />
    <input type="submit" id="button" name="send" value="提交" />
</form>
<?php
    if(isset($_POST['send']))          //判断是否单击了"提交"按钮
    {
        $edu=$_POST['edu'];            //获取学历
        //输出数据
        echo "你的学历是：".$edu;
    }
?>
```

例9-3中程序的运行结果如图9-5所示。

学习笔记

图9–5　例9–3中程序运行结果

3. 数组类控件

HTML中的数组类控件有单选按钮组与复选框组两类。这两类控件的相同之处是将多个选项作为一个共同体存在，使用同样的name值，用不同的ID值区分。不同之处在于，单选按钮组中无论有几个选项都只能选择一个，因此提交至服务器的数据是单一的；而复选框组可以选择一个或多个选项，提交至服务器的数据是不确定的。因此，PHP在获取这两类按钮的值时，处理方法有所不同。

在获取单选按钮组的值时，PHP依然将单选按钮组看作一个按钮。而在获取复选框组的值时，PHP将其看作一个数组，每个选项是数组的一个元素，如果选项被选择，就相当于数组中增加了一个元素，如果所有选项都没有被选择，则是一个空数组。

在输出数据时，单选按钮组的值按普通变量输出即可，而复选框组的值需要使用数组遍历输出。

【例9–4】获取用户的性别与爱好。

【eg 9–4.html】

```
<body>
    <form id="form1" name="form1" method="post" action="eg9-4.php">
    性别：
        <input type="radio" name="sex" value="男" id="sex_0" />
        <label for="sex_0">男</label>
        <input type="radio" name="sex" value="女" id="sex_1" />
        <label for="sex_1">女</label><br />
    兴趣：
        <input type="checkbox" name="inte[]" value="读书" id="inte_0" />
        <label for=inte_0>读书</label>
        <input type="checkbox" name="inte[]" value="跑步" id="inte_1" />
        <label for=inte_1>跑步</label>
        <input type="checkbox" name="inte[]" value="音乐" id="inte_2" />
        <label for=inte_2>音乐</label>
        <input type="checkbox" name="inte[]" value="书法" id="inte_3" />
        <label for=inte_3>书法</label><br />
        <input type="submit" id="button" name="send" value="提交" />
    </form>
</body>
```

【eg 9–4.php】

```
<?php
    if(isset($_POST['send']))    //判断"提交"按钮是否被单击
    {
        $sex=$_POST['sex'];        //获取性别
        $interest=$_POST['inte'];  //获取兴趣爱好
        //输出数据
```

```
        echo "性别：".$sex."<br>";
        echo "爱好：";
        foreach($interest as $i)   //遍历输出爱好
            echo $i."  ";
    }
?>
```

eg 9-4.html 中程序的运行结果如图 9-6 所示。提交数据后，得到 eg9-4.php 的结果如图 9-7 所示。

图9-6 eg9-4.html运行结果

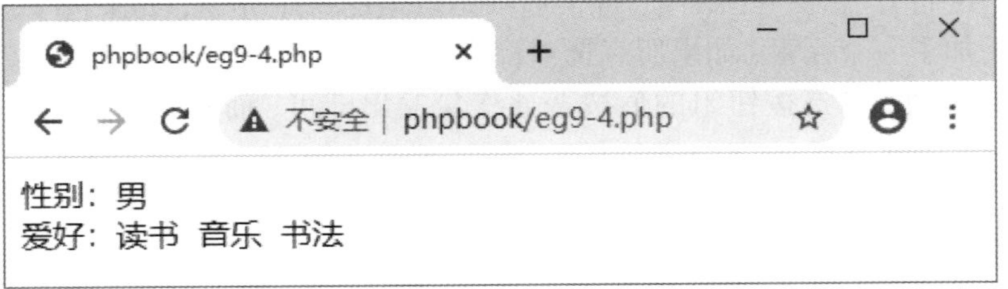

图9-7 eg9-4.php运行结果

注 意

在 HTML 中给复选框组命名时必须使用数组形式 inte[ ]，但在 PHP 程序的 $_POST[ ] 中，该复选框组名只使用 inte 形式。

HTML 表单的其他控件，如隐藏域（hidden）、日期时间（datatime）、图像域（image）等，都具有 name 属性与 value 属性，要获取这些控件的 value 属性值，都可以通过 $_POST['name'] 的格式实现。此处不再赘述。

9.1.2 处理表单数据

1. 数据的存在检查

检查某个表单数据的存在情况是判断数据是否提交到服务器端的唯一方法。其主要通过 PHP 的两个系统函数：empty() 函数与 isset() 函数来实现。利用它们检查表单数据是否存在的语法格式如下。

```
empty($_POST['elementName']
isset($_POST[' element Name'])
```

其中，elementName 表示要判断的控件的 name 属性。两者略有区别。

isset() 函数用于判断 elementName 控件是否存在，如果该控件的 name 属性不为空，

isset($_POST['control'])就返回true，表示该名称的控件存在。但如果控件是按钮，必须单击按钮，isset($_POST ['control'])才返回true，否则依然返回false。

empty()函数用于判断控件的值是否为空，为空即返回true，但如果控件不存在，也返回true。

【例9–5】提交表单后检查文本框中内容是否为空。

```
<form action="" method="post" name="form1">
    <input type="text" name="s" id="s">
    <input type="submit" name="button" id="button" value="提交" >
</form>
<?php
  if(isset($_POST['button'])) {
        echo "单击了按钮<br>";
        if(isset($_POST['s']))
        {
              echo "文本框s存在<br>";
              if(empty($_POST['s']))
                    echo "文本框s的值为空";
              else
                    echo "文本框s的值为".$_POST['s'];
        }
  }
?>
```

例9–5中程序的运行结果如图9–8所示。虽然例9–5中按钮是存在的，但程序运行时如果未执行“提交”按钮的单击操作，isset($_POST ['button'])的返回值依然是false。

图9–8　例9–5中程序运行结果

保持文本框为空，直接单击“提交”按钮以后，isset($_POST ['button'])的返回值是true。程序运行结果如图9–9所示。

图9–9　单击按钮后的程序运行结果

将例9–5中PHP部分的程序修改如下。

```
<?php
  if(isset($_POST['button'])){
      echo "你单击了按钮<br>";
        if(empty($_POST['k']))
            echo "控件k的值为空或k不存在";
        else
            echo "控件k的值为".$_POST['k'];
    }
?>
```

由于HTML中不存在name属性为k的控件，因此，在文本框中即使输入了内容再单击“提交”按钮，empty($_POST ['k'])的返回值也是true。

例9-5中部分程序的运行结果如图9-10所示。

图9-10　例9-5中部分程序的运行结果

2. 过滤表单数据

用户通过表单所提交的数据内容是无法预计的，如果不对这些用户数据进行检查就直接使用，就有可能对Web系统的安全造成威胁，或者造成其他危害。

例如，一个原本用于提交文字内容的文本框中，如果输入的是一段HTML代码，那么程序在输出这个文本框的内容时，就会显示HTML代码所解释的内容，从而破坏页面美观。

【例9-6】在文本框中输入HTML代码。

```
<form action="" method="post" name="form1">
    用户名：<input type="text" name="uname" id="uname">
    <input type="submit" name="button" value="提交" >
</form>
<?php
  if(isset($_POST['button'])){
        if(!empty($_POST['uname']))
            echo "用户名为：".$_POST['uname'];
  }
?>
```

正常填写用户名并提交时程序的运行结果如图9-11所示。

图9-11　正常填写并提交用户名时程序的运行结果

学习笔记

但如果用户填写在文本框中的是<input type="text" name="uname" id="uname">这样一段HTML代码，程序的运行结果如图9-12所示。

图9-12　填入HTML代码时程序运行结果

如果用户输入的内容是一些危险指令或带有安全威胁的脚本程序，如JavaScript、PHP，那就更加危险了。因此，对用户提交的数据，系统必须事先进行过滤处理，去除系统敏感字符，以确保数据不会对系统造成负面影响。

对表单提交服务器的数据进行过滤，主要针对HTML标签及可能导致安全威胁的字符，可以利用以下3个函数实现：

（1）nl2br()函数。nl2br()函数的作用是将字符串中的\n（换行符）换成HTML中的
，以达到在网页中实现换行的效果。

【例9-7】nl2br()函数的使用。

```
<?php
  $str="宝剑锋从磨砺出\n 梅花香自苦寒来";
  echo $str;
  echo "<br>";
  echo nl2br($str);  //转换换行符
?>
```

例9-7中程序的运行结果如图9-13所示。

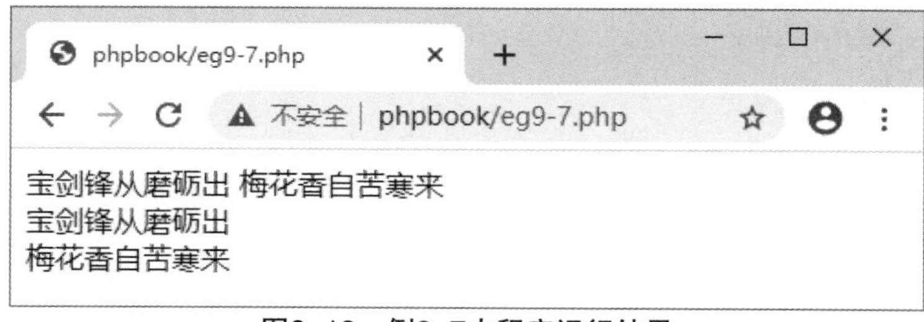

图9-13　例9-7中程序运行结果

（2）strip_tags()函数。strip_tags()函数的作用是去掉“<>”标签，由于HTML标签都写在“<>”中，因此，利用这些函数，可以使表单数据中的HTML标签失效。

【例9-8】利用strip_tags()函数去掉HTML标签。

```
<?php
  $str="<table border=1 width=200><tr><td>单元格</td><td>单元格</td></tr></table>";
  echo $str;                                  //直接输出数据
  echo "<br>";
  echo strip_tags($str);        //过滤后输出
?>
```

例9-8中程序的运行结果如图9-14所示。

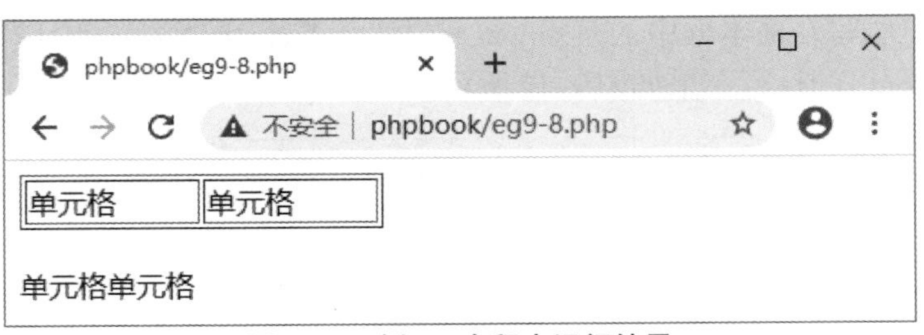

图9–14　例9–8中程序运行结果

（3）自定义过滤函数。除上述两个函数以外，使用字符串中的一些函数也可实现对表单数据的过滤处理。例如，使用trim()函数可过滤数据中的空格，使用str_replace()函数可替换一些敏感字符等。可根据程序开发的实际需要，综合应用这些函数，自定义一个过滤函数，既要保证数据格式的正确性，又要保证数据的安全性。

【例9–9】定义一个函数，用于处理表单中可能存在的非法因素。

```
<?php
    //自定义过滤函数
    function dataFilter($str)
    {
        $str=strip_tags($str);                    //过滤HTML标签
        $str=str_replace("'","",$str);            //单引号
        $str=str_replace(";","",$str);            //分号
        $str=str_replace("|","",$str);            //分隔符|
        $str=str_replace(" ","",$str);            //过滤全部空格
        $str=str_replace("exe","",$str);          //过滤可执行程序
        $str=str_replace("where","",$str);  //破坏SQL语句结构
        $str=str_replace("count","",$str);   //过滤统计
        $str=str_replace("select","",$str);  //破坏查询指令
        $str=str_replace("insert","",$str);  //破坏插入指令
        $str=str_replace("update","",$str); //破坏更新指令
        $str=str_replace("(","",$str);
        $str=str_replace(")","",$str);
        if($str==""){
            echo "数据输入非法!";
            return;
        }else
            return $str;
    }
?>
```

9.2⑥ 数据的异步交互

数据的异步交互主要是通过JavaScript创建的Ajax对象来完成的。它可以使浏览器端向服务器端提交一个请求以后，不必等待服务器端的响应数据返回，就继续提交下一个请求。在用户的使用体验上，最直接的效果之一就是：一项数据提交至服务器之后，不必刷新整个当前页面，可以继续在当前页面进行操作。

以文本框内容的填写提交为例，同步交互中，用户必须在文本框中输入完整的内容之后，单击“提交”按钮，才能把数据提交给PHP，PHP接收到数据后进行响应操作，如将收到

的用户名再输出到浏览器页面中。当数据被输出到浏览器页面时，整个页面已经刷新了一遍——如果因某种原因，PHP无法把数据输出到浏览器页面，浏览器页面中则是一片空白。

在这种交互状态下，程序无法实现对用户输入的即时响应，即无法在用户进行输入操作的同时，将用户名数据提交给PHP，并且一边等待PHP的响应，一边继续处理用户的输入。

但使用Ajax异步交互，就可以实现响应输出与用户输入并行。

【例9-10】用Ajax异步交互实现数据的输入与输出。

【eg 9-10.html】

```
<!DOCTYPE html>
<html>
<head>
  <meta charset="utf-8">
  <title>例9-10异步交互</title>
  <!-- 引入Jquery -->
  <script src="https://cdn.staticfile.org/jquery/1.10.2/jquery.min.js"></script>
  <!-- 定义Ajax提交的JS函数 -->
  <script type="text/javascript">
      //监听文本框的变化
      $(document).ready(function() {
          $("#uname").on("input",function(){
          var userName=$("#uname").val();
          //Ajax提交内容并接收响应
          $.ajax({
            url: 'eg9-10.php',
            type: 'POST',
            data: {uname: userName},
            success:function(data){
              $("#showUserName").text(data);
            }
          })
        });
      });
  </script>
</head>
<body>
  <form action="eg9-10.php" method="post" name="form1">
      内容：<input type="text" name="uname" id="uname">
  </form>
  <div id="showUserName"></div>
</body>
</html>
```

【eg 9-10.php】

```
<?php
  if(isset($_POST['uname'])){
      $uname=$_POST['uname'];
      echo $uname;
  }
?>
```

在浏览器中运行eg 9-10.html可以看出，在文本框中输入内容的同时，文本框下面就已经响应并显示所输入的内容了，页面不需要跳转到eg 9-10.php，也无须刷新。程序运行结果如图9-15所示。

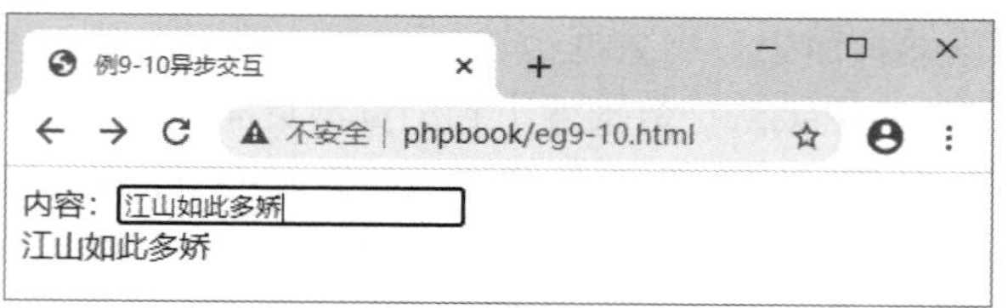

图9-15　Ajax异步交互程序运行结果

9.3 URL 参数的处理

HTTP是一种无状态协议，因此，不同Web页面之间的数据无法直接共用，必须采取一些间接的方法。URL参数就是其中一种方法。从A页面跳转到B页面时，附带在B页面的URL后面进行传递的数据，称为URL参数。利用URL参数可以方便地将数据从A页面传递到B页面。

9.3.1 URL参数的设置

ULR附带参数时，URL与参数之间以？连接，可以附带一个参数，也可以附带多个参数，多个参数之间以&分隔。

【例9-11】URL参数的设置。

```
<a href="B.php?i=123">页面B</a>
<a href="C.php?u=student&t=17&k=20">页面C</a>
```

例9-11的程序中，跳往页面B的链接中，设置了一个URL参数i，其值是123。跳往页面C的链接中，设置了三个URL参数：u、t与k，其值分别是student、17与20。

注 意

由于URL参数的值是以明文显示的，因此，重要的数据通常不采用URL参数传递，如果确实需要，应当加密以后再进行传递。

9.3.2 获取URL参数值

在目标页面中，使用PHP的外部变量$_GET获取URL参数值。其语法格式如下。

```
$_GET['tagName']
```

其中，tagName是目标参数的参数名。

【例9-12】在例9-11的C页面中获取URL参数值。

```
<?php
    //获取各个URL参数的值
    $iden=$_GET['u'];
    $grade=$_GET['t'];
    $age=$_GET['k'];
    //输出
    echo "身份：".$iden;
    echo ",年级:".$grade;
    echo ",年龄：".$age;
?>
```

例9-12中程序的运行结果如图9-16所示。

学习笔记

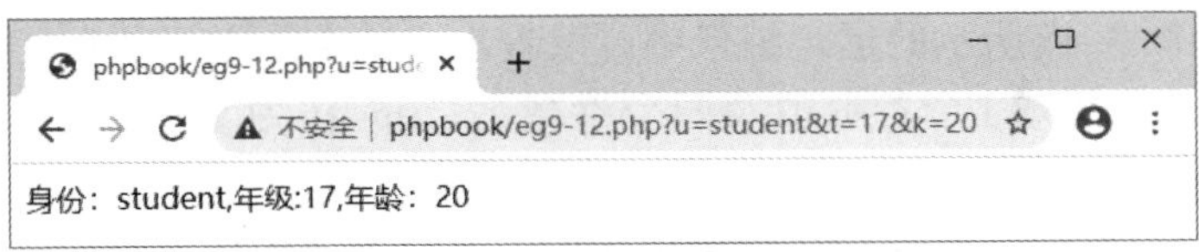

图9-16　例9-12中程序运行结果

注 意

URL参数的内容是直接提交至服务器的。因此，用户完全可以通过浏览器的地址栏，直接修改URL参数的值，然后提交。这与表单数据一样，也是一个安全隐患。因此，程序在获取这些参数的内容后，也应当做严谨的过滤检查。

9.3.3　urlencode()函数

多个URL参数之间使用&进行分隔，如果参数的值也出现&等特殊字符，浏览器依然会将其视为参数分隔符。因此，在设置URL参数时，最好使用urlencode()函数对参数值进行编码以后再设置传递，这样就可以避免造成转义错误。

【例9-13】使用urlencode()函数处理URL参数。

```
<?php
    $str1="this&is&url_tags";                          //设置URL参数的值
    $str2=urlencode($str1);
    echo "<a href='eg9-14.php?A=".$str1."'>9-14</a>";  //未编码的URL
    echo "<br>";
    echo "<a href='eg9-14.php?A=".$str2."'>9-14</a>";  //编码的URL
?>
```

【例9-14】获取URL参数中A的值。

```
<?php
    $s=$_GET['A'];          //获取URL参数中A的值
    echo $s;                //输出
?>
```

运行例9-13中的程序以后，分别单击两个链接进入例9-14中的程序，这时可以看到未经编码的URL地址栏内容为：eg9-14.php?A=this&is&url_tags，程序运行结果如图9-17所示。

经过编码的URL地址栏内容为：eg9-14.php?A=this%26is%26url_tags，程序运行结果如图9-18所示。

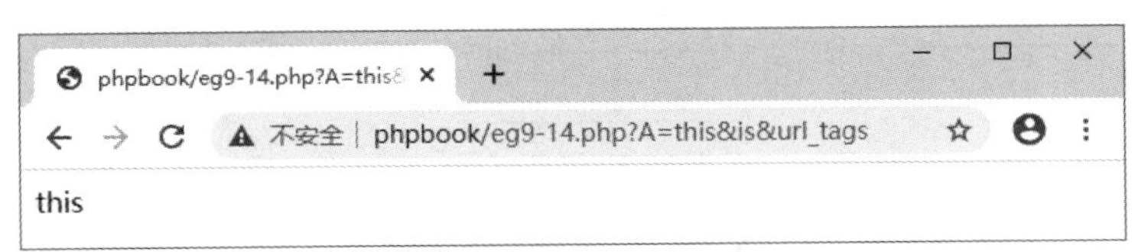

图9-17　获取未经编码的URL参数效果

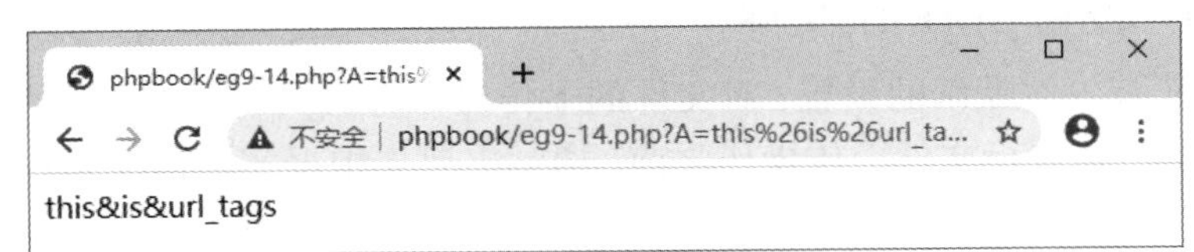

图9-18　获取经过编码的URL参数效果

从图9-17和图9-18所示的运行结果中可以看出，未经编码的URL参数A=this&is&url_tags在浏览器中被解析成1个参数值及两个参数名，this作为参数A的值，而is与url_tags则成为两个无值的参数名。

经过urlencode()编码以后的URL参数值中的&符号被替换成%26。

%在浏览器的URL中作为转义符存在，用于对一些特殊的字符进行转义处理。表9-1中列举了浏览器的URL参数中需要做转义处理的特殊字符，以及其对应的转义符。

表9-1　URL转义字符表

原字符	转义符
+	%2B
空格	%20
/	%2F
?	%3F
%	%25
#	%23
&	%26
=	%3D

9.4 文件上传操作

通过浏览器将文件发送到服务器并保存，称为文件上传，这是Web程序中比较常见的操作之一。PHP为用户提供了非常方便的文件上传操作支持。

使用PHP的文件上传功能时，可以根据上传业务的需要，在配置文件php.ini中先对上传操作做一些必需的设置，然后通过PHP的预定义变量$_FILES获取文件的一些属性信息，并对其进行合法性判断，最后利用PHP的文件上传函数move_uploaded_file()将上传的文件移到服务器指定的目录中，即可实现文件的上传操作。文件上传流程如图9-19所示。

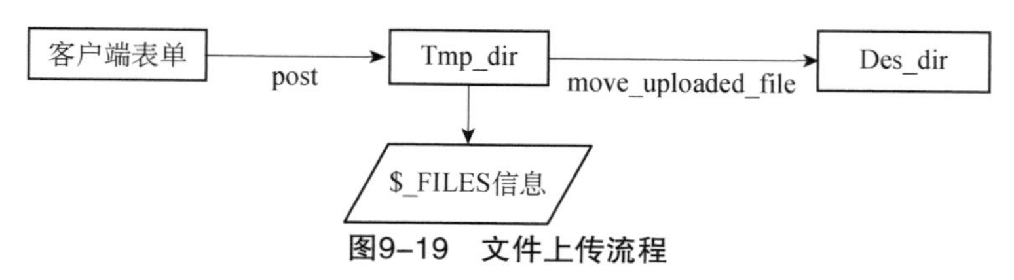

图9-19　文件上传流程

9.4.1❖　配置php.ini文件

php.ini文件有一些默认的设置，对文件的上传操作有很大的影响，为了保证文件上传操作的顺利进行，在进行文件上传操作之前，通常需要先根据实际情况对这些设置做一定的修改。

在phpStudy窗口中，选择“设置”面板，然后选择“php.ini”选项卡，如图9-20所示。

图9-20　php.ini配置文件位置

双击图9-20中的“php7.3.4nts”，即可打开配置文件php.ini，按需要找到以下选项并修改：

（1）file_uploads。该项的值如果为on，表示服务器支持上传，如果为off，则不支持。

（2）upload_tmp_dir。该项用于指定文件上传的临时目录，在文件上传成功之前，文件首先存放在该临时目录中，用户可以另外指定一个目录，如果未指定，则使用系统默认目录。配置语句如下。

```
; Temporary directory for HTTP uploaded files (will use system default if not
; specified).
; http://php.net/upload-tmp-dir
;upload_tmp_dir =
```

（3）upload_max_filesize。允许上传的最大文件值，单位是MB。系统默认是100MB，用户可以自定义该值的大小。配置语句如下。

```
; Maximum allowed size for uploaded files.
; http://php.net/upload-max-filesize
upload_max_filesize=100M
```

（4）max_file_uploads。一次最多能上传的文件数。默认值是20个，用户可以自定义。配置语句如下。

```
; Maximum number of files that can be uploaded via a single request
max_file_uploads=20
```

以上配置选项在phpStudy中通常采用默认配置。

注 意

上述php.ini配置语句中，只有带“=”号的语句才是有效的配置语句，其余的只是配置说明。

如果配置语句前面有“;”号，要先去掉该符号。

配置完成后，必须保存并退出配置文件，然后重启Apache才能使配置生效。

9.4.2 外部变量$_FILES

$_FILES变量是一个二维数组，在它的元素中，保存了文件上传时的一系列属性信息，并且使用不同的属性名作为数组元素的键名。通过这些键名对不同的元素进行访问，可以得到上传文件的各种属性值。它的主要元素列表及内容如下（假设HTML中文件选择控件的name属性为myFile）。

（1）$_FILES['myFile']['name']。客户端上传文件的原名。

（2）$_FILES['myFile']['type']。文件的类型，该项内容与浏览器环境紧密关联。例如，jpg格式的文件，在IE浏览器中，类型值是image/jpeg，而在火狐浏览器中是image/pjpeg。具体可通过查阅相关的技术文档了解。

（3）$_FILES['myFile']['size']。已上传文件的大小，单位为字节。

（4）$_FILES['myFile']['tmp_name']。因为PHP默认先将文件上传到服务器的临时文件夹中（php.ini文件的upload_tmp_dir设置），因此它也有一个临时的文件名，该名称则保存在tmp_name元素中。

（5）$_FILES['myFile']['error']。文件上传相关的错误代码。在文件上传的过程中如果发生错误，会返回一个错误码，它保存在error元素中，通过该错误码的值，可以判断发生了何种错误。表9-2所示为不同错误码所代表的错误内容。

表9-2　不同错误码所代表的错误内容

错误名	码值	内容含义
UPLOAD_ERR_OK	0	没有错误发生，文件上传成功
UPLOAD_ERR_INI_SIZE	1	上传的文件超过了php.ini中upload_max_filesize选项限制的值
UPLOAD_ERR_FORM_SIZE	2	上传文件的大小超过了max_file_size选项指定的值
UPLOAD_ERR_PARTIAL	3	文件只有部分被上传
UPLOAD_ERR_NO_FILE	4	没有文件被上传
	5	上传文件大小为0

【例9-15】在表单中上传文件，并返回文件上传的结果。

```
<form action="" method="post" enctype="multipart/form-data" name="form1" id="form1">
  请选择上传的文件:
  <label for="myfile"></label>
  <input type="file" name="myfile" id="myfile" />
  <input type="submit" name="button" id="button" value="提交" />
</form>
<?php
    if(!empty($_FILES)){
        echo "您所上传的文件: ".$_FILES['myfile']['name']."<br>";
        echo "文件大小: ".$_FILES['myfile']['size']."<br>";
        echo "文件类型: ".$_FILES['myfile']['type']."<br>";
        echo "临时文件名: ".$_FILES['myfile']['tmp_name']."<br>";
        echo "上传错误号: ".$_FILES['myfile']['error'];
    }
?>
```

例 9-15 中程序的运行结果如图 9-21 和图 9-22 所示。

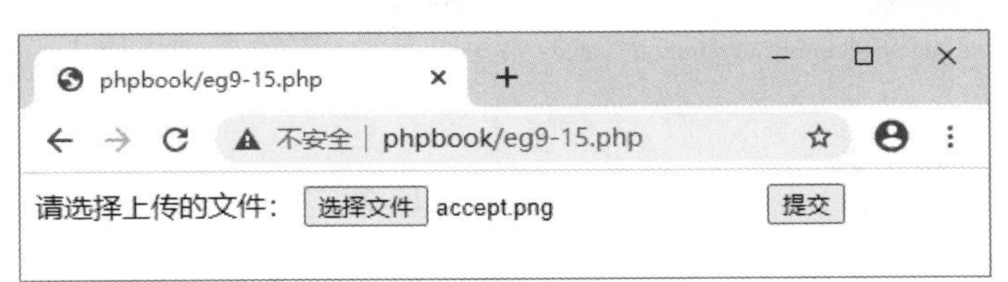

图9-21　例9-15中程序运行结果（文件选择效果）

图9-22　例9-15中程序运行结果（文件上传效果）

注 意

用 PHP 进行文件上传操作时，有以下几点需要注意。

（1）文件上传结束后，只是暂时存储在临时目录中，必须将它从临时目录中移动到服务器的其他文件夹，才能完成真正的上传操作，否则脚本执行后临时目录中的文件会被删除。不同操作系统的服务器环境，默认的临时目录不一样。

（2）用表单上传文件时，一定要设置属性“编码类型”的内容为="multipart/form-data"，否则用 $_FILES[filename] 获取文件信息时会出现异常。

（3）使用 post 方法上传表单数据，以保证文件安全上传。

9.4.3 move_uploaded_file() 函数

PHP 中的 move_uploaded_file() 函数用于将临时目录中的文件移动到其他目录下，从而完成文件上传操作的最后一步。其语法格式如下。

```
move_uploaded_file($fileName, $uploadPath)
```

其中，$fileName 是保存在临时目录中的临时文件名，通过 $_FILES 数组中的 [tmp_name] 获得。

$uploadPath 用于指定文件移动的新路径，通常指定新的文件名。

文件移动成功后，函数返回 true，否则返回 false。

例如，将例 9-15 中上传的文件保存到根目录下的 uploadfiles 文件夹中，文件名不变。程序如下。

【例 9-16】用 move_uploaded_file() 函数保存上传的文件。

```
<form action="" method="post" enctype="multipart/form-data" name="form1" id="form1">
  请选择上传的文件：
```

```
    <label for="myfile"></label>
    <input type="file" name="myfile" id="myfile" />
    <input type="submit" name="button" id="button" value=" 提交 " />
</form>
<?php
    if(!empty($_FILES)){
        $saveName=$_FILES['myfile']['name'];
        $fileName=$_FILES['myfile']['tmp_name'];
        $res=move_uploaded_file($fileName, "uploadfiles/".$saveName);
        if($res){
            echo " 文件上传成功 ";
        }else{
            echo " 文件上传失败 ";
        }
    }
?>
```

在浏览器中运行以上程序，随机选择一个文件（为了节约测试时间，文件大小尽量小于1M），并单击“提交”按钮，效果如图9-23所示。

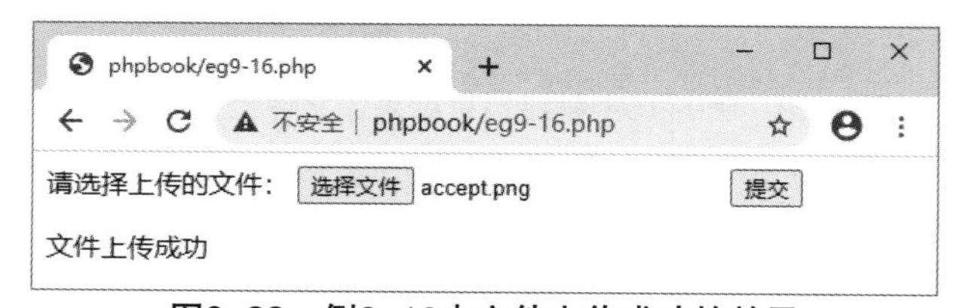

图9-23　例9-16中文件上传成功的效果

打开根目录下的uploadfiles目录，可以看到accept.png文件已存在，如图9-24所示。

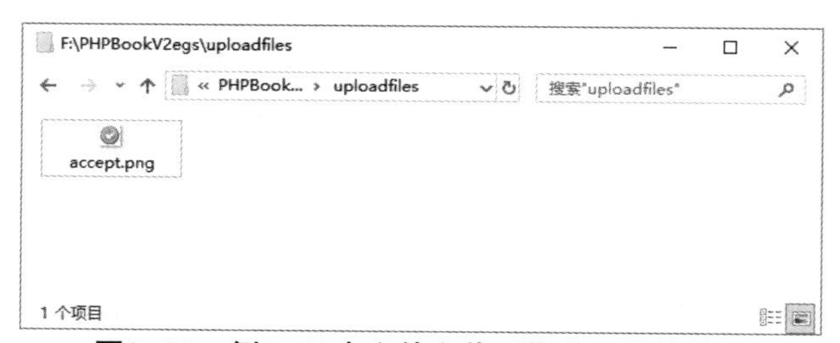

图9-24　例9-16中文件上传到指定目录的效果

9.5 应用实践

9.5.1　密码合法性检测

1.需求说明

系统注册程序要求用户设置的密码强度规则为：不少于8个字符，不大于20个字符，由英文字母、数字与“_”“#”“@”字符组成（为方便测试，密码框可先使用text控件）。

要求在用户输入密码的过程中，即时根据以下条件显示检测结果：

（1）如果长度符合且包含了3种字符，显示绿色“合格”。

（2）如果长度符合且包含了2种字符，显示黄色“合格”。

学习笔记

（3）其他情况，显示红色“不合格”。

2. 测试用例

admin123_test。

3. 知识关联

异步交互，字符串处理。

4. 参考程序

【HTML端】

```
<html>
    <head>
    <meta charset="utf-8">
    <title>应用实践9-1</title>
    <script src="https://cdn.staticfile.org/jquery/1.10.2/jquery.min.js"></script>
    <script type="text/javascript">
        $(document).ready(function() {
            $("#upw").on("input",function(){
              var uPing=$("#upw").val();
              $.post('9-1.php',
                  {uping: uPing},
                  function(data){
                  switch (data){
                      case "-1":
                            $("#msg").css("color","red");
                            $("#msg").text("不合格");
                          break;
                      case "0":
                            $("#msg").css("color","#FF9933")
                            $("#msg").text("合格");
                          break;
                      case "1":
                            $("#msg").css("color","green");
                            $("#msg").text("合格");
                  }
                }
            );
        });
    });
</script>
    </head>
    <body>
        <form id="form1" name="form1" method="post" action="">
          密码：<input type="text" id="upw"/><span id="msg" style="color:black;"></span>
        </form>
    </body>
</html>
```

【PHP端】

```
<?php
    $ping=$_POST['uping'];
    $len=strlen($ping);                         //长度
    $counter=array(0,0,0,0);                    //数字，字母，字符，其他
    //合法性检查
    if($len>20 ||$len<8){
        echo "-1";                              //不合格
```

```
            return;
        }
        for($i=0;$i<$len;$i++){
            $c=substr($ping,$i,1);
            $asc=ord($c);
            //数字判断
            if($asc>=48 && $asc<=57){
                $counter[0]+=1;
                continue;
            }
            //英文字母判断
            if(($asc>=65 && $asc<=90) ||($asc>=97 && $asc<=122)){
                $counter[1]+=1;
                continue;
            }
            //特殊字符判断
            if($asc==35 || $asc==64 ||$asc==95){
                $counter[2]+=1;
                continue;
            }
            //其他字符判断
            $counter[3]+=1;
        }
        if($counter[3]>0){
            echo "-1";              //不合格
            return;
        }
        $style=0;                   //统计字符类型
        for($i=0;$i<3;$i++){
            if($counter[$i]>0)
                $style+=1;
        }
        if($style==1){
            echo "-1";              //不合格
            return;
        }
        if($style==2){
            echo "0";               //绿色"合格"
            return;
        }
        if($style==3){
            echo "1";               //黄色"合格"
            return;
        }
?>
```

5. 运行结果

上述参考程序的运行结果如图 9-25 至图 9-27 所示。

图9-25　密码不合格参考效果

学习笔记

图9-26　密码合格参考效果（黄色“合格”）

图9-27　密码合格参考效果（绿色“合格”）

9.5.2　附件上传格式控制

1. 需求说明

某系统允许用户上传图片，要求图片文件大小在1MB以内，类型只能为.jpg或.gif格式。若不符合要求，则显示相应的错误提示（红色）。若符合要求，图片被保存到系统根目录下的uploadpics文件夹中，并显示上传成功提示（绿色）。

2. 测试用例

.png格式图片，大于1M的.gif图片，小于1M的.jpg图片。

3. 知识关联

$_FILES变量，move_uploaded_file()函数。

4. 参考程序

```
<!DOCTYPE html>
<html>
<head>
    <meta charset="utf-8">
    <title>应用实践 9-2</title>
</head>
<body>
    <form action="" method="post" enctype="multipart/form-data" name="form1" id="form1">
        <div>
            图片选择：<input type="file" name="mypic" id="mypic" />
            <input type="submit" name="button" id="button" value=" 上传 " />
              </div>
    </form>
    <?php
        if(!empty($_FILES['mypic']['name'])){
            $fType=$_FILES['mypic']['type'];
            $fSize=$_FILES['mypic']['size'];
            $temp_name=$_FILES['mypic']['tmp_name'];
            $c_dir=getcwd();// 获取当前文件夹作为上传目录
            // 判断文件类型
            if($fType!='image/gif' && $fType!='image/jpeg' && $fType!='image/pjpeg'){
               echo "<span style='color:red;'> 文件类型错误 </span><br>";
                   return;
            }
            // 判断文件大小
```

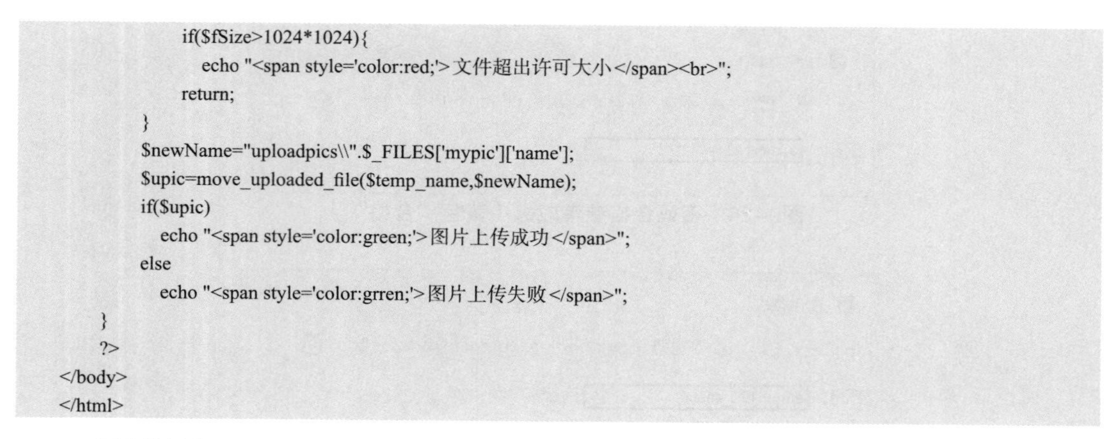

```
            if($fSize>1024*1024){
                echo "<span style='color:red;'>文件超出许可大小</span><br>";
                return;
            }
            $newName="uploadpics\\".$_FILES['mypic']['name'];
            $upic=move_uploaded_file($temp_name,$newName);
            if($upic)
                echo "<span style='color:green;'>图片上传成功</span>";
            else
                echo "<span style='color:grren;'>图片上传失败</span>";
        }
        ?>
</body>
</html>
```

5. 运行结果

上述参考程序的运行结果如图9–28至图9–30所示。

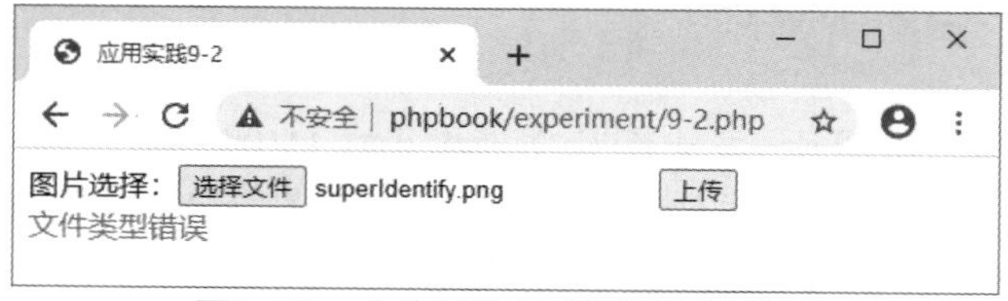

图9–28　上传图片类型错误提示效果

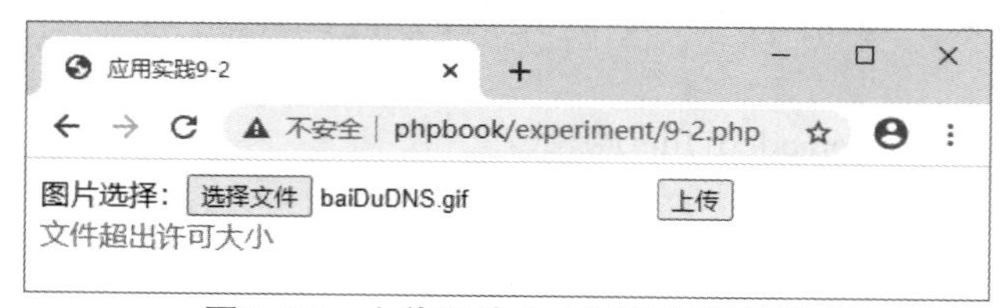

图9–29　上传图片大小错误提示效果

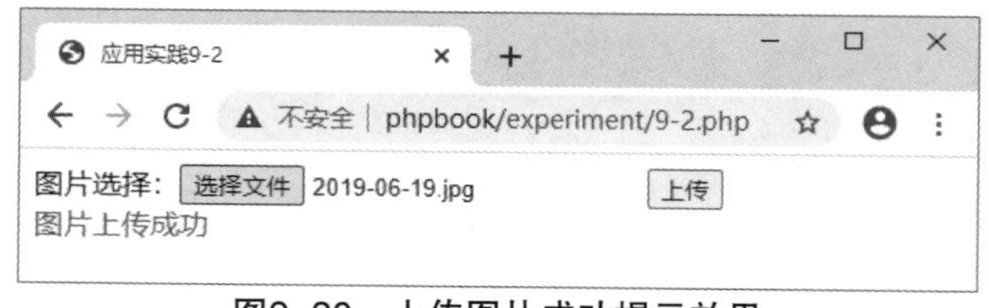

图9–30　上传图片成功提示效果

9.5.3　数据页码列表

（1）需求说明。

某系统的数据浏览模块需要分10页显示。用户通过单击列表中的页码，选择浏览对应页的数据。如果没有指定页码，默认浏览第1页的数据，当前正在浏览的页面的页码，与其他页面的页码外观上需有所区分。

（2）测试用例：第1页，第4页。

（3）知识关联：URL参数的设置，URL参数值的获取。

（4）参考程序。

```
<!DOCTYPE html>
<html>
<head>
    <meta charset="utf-8">
    <title>应用实践 9-3</title>
    <style type="text/css">
        .page_num,.current_page{
            display: inline-block;
            width: 23px;
            height: 23px;
            font-size: 15px;
            font-weight: bold;
            text-align: center;
            line-height: 23px;
            color: white;
            text-decoration: none;
            margin: 10px;
        }
        .page_num{
            background-color:#0066CC;
        }
        .page_num:hover{
            background-color:#0066FF;
        }
        .current_page{
            background-color:#9966CC;
        }
    </style>
</head>
<body>
    <?php
        $currentPage=isset($_GET['p'])?$_GET['p']:1;          //默认为第 1 页，否则获取当前页
        $link=$_SERVER['PHP_SELF'];                           //将当前页面作为链接目标
        echo "<h3>第 {$currentPage} 页数据列表</h3>";          //输出当前页
        for($i=1;$i<=10;$i++){
            if($i==$currentPage)
                echo "<a href='{$link}?p={$i}' class='current_page'>{$i}</a>";
            else
                echo "<a href='{$link}?p={$i}' class='page_num'>{$i}</a>";
    }
    ?>
</body>
</html>
```

（5）运行结果。

上述参考程序的运行结果如图 9–31 和图 9–32 所示。

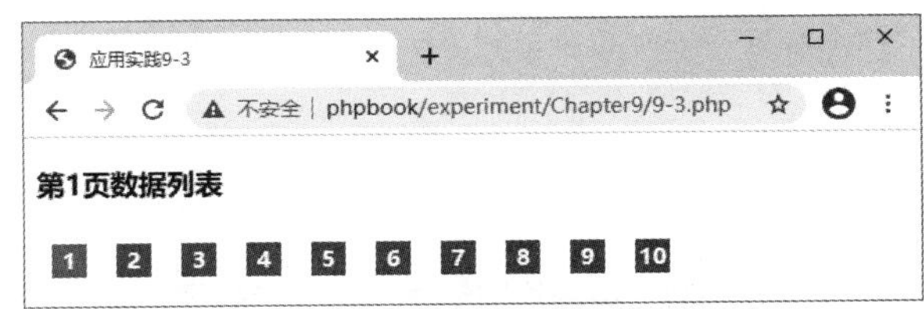

图9–31　第1页数据列表参考效果

学习笔记

图9–32 第4页数据列表参考效果

9.6 技能训练

1. 请设计一个“大学生基本情况问卷调查”页面。需求说明如下。

（1）调查内容包括：性别（单选按钮组），年龄（下拉列表框：17岁、18岁、19岁、20岁），学历（下拉列表框：大专、本科、研究生），专业（文本框），兴趣爱好（复选框组），阅读频率（单选按钮组），参考效果如图9–33所示。

（2）未填写完整的问卷，在错误提示栏给出相应的提示，参考效果如图9–34所示。

（3）必须对用户所提交的数据进行HTML过滤处理。

（4）完整有效填写的问卷，最后显示效果如图9–35所示。

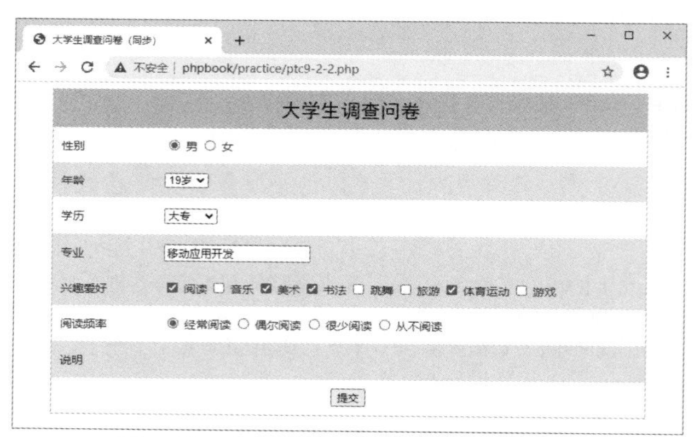

图9–33 大学生调查问卷数据填写页面

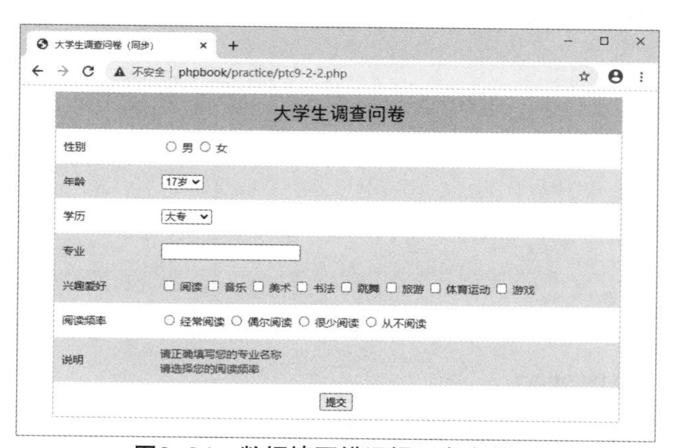

图9–34 数据填写错误提示参考效果

学习笔记

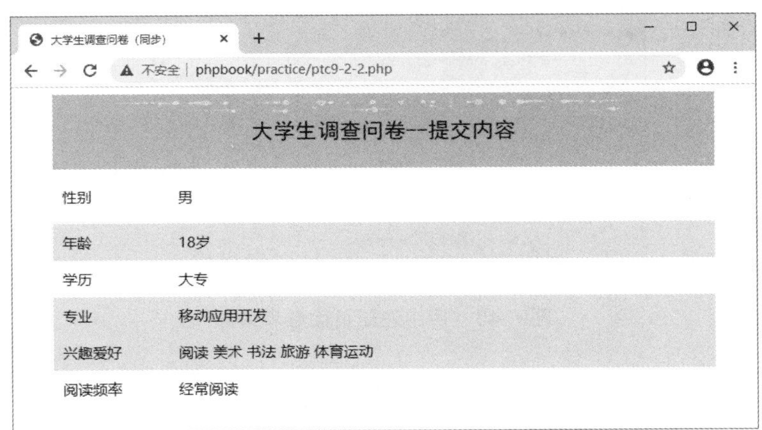

图9-35　问卷数据完整提交后显示页面的参考效果

2. 请使用异步交互方式实现一个用户登录验证程序。假定已存在的用户名为“phpstudy”，密码为“php123”，需求说明如下。

（1）当用户名输入框失去焦点后，立即检测并提示该用户名是否存在，若存在，显示绿色勾，否则显示红色叉，参考效果分别如图9–36和图9–37所示。

（2）用户单击“登录”按钮时，验证密码是否正确，若正确，弹出“用户登录成功”提示框，否则弹出“用户密码错误”提示框，参考效果分别如图9–38和图9–39所示。

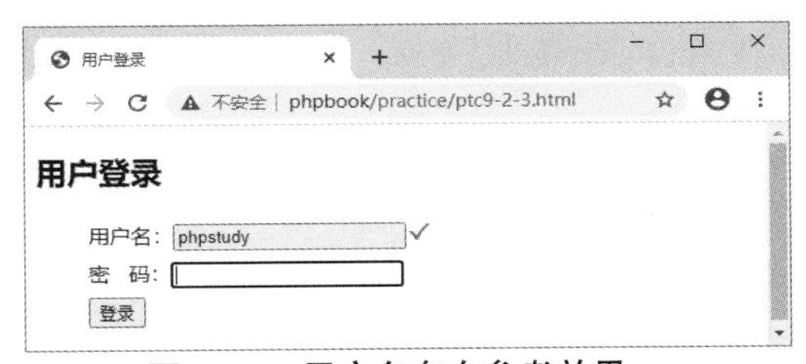

图9–36　用户名存在参考效果

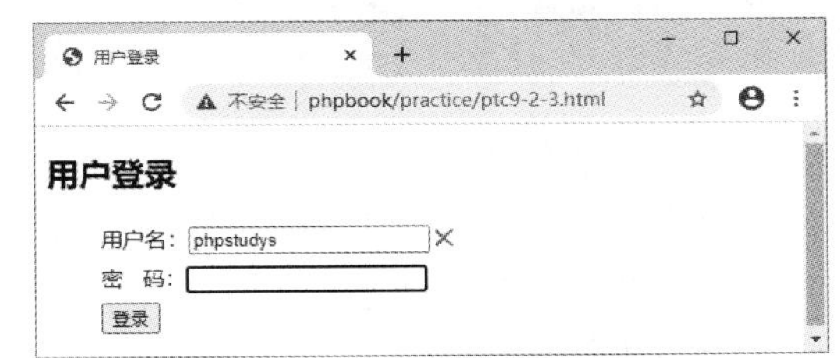

图9–37　用户名不存在参考效果

图9–38　用户登录成功参考效果

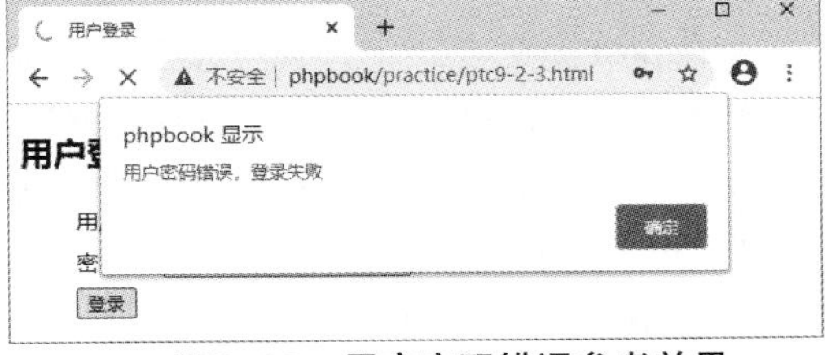

图9–39　用户密码错误参考效果

3. 编写程序，实现一个用户注册模块，要求在register.html页面中填写个人的姓名、密码、性别、电话等信息，并可选择上传个人头像（仅限.jpg格式，文件不大于200KB），参考效果如图9–40所示，信息提交至userinfo.php页面后，在该页面中显示用户的注册信息，userinfo.php页面参考效果如图9–41所示。

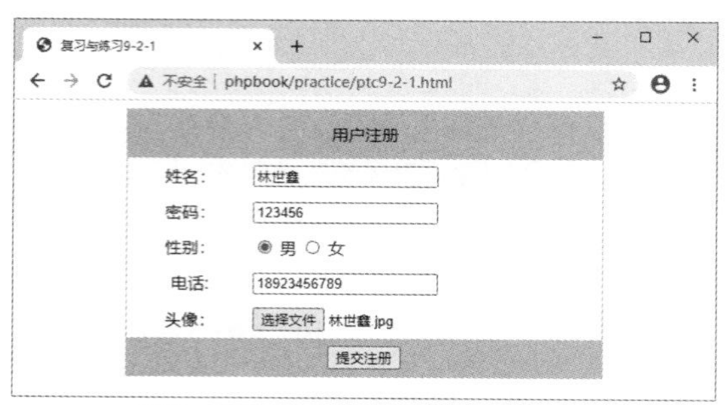

图9–40　用户注册页面参考效果

图9–41　用户注册信息显示页面参考效果

9.7 思考与练习

一、单项选择题

1. 用户提交下列表单控件的值时，可能存在意外隐患的是（　　）。

A. <input type="radio">　　B. <input type="checkbox">
C. <input type="text">　　D. <input type="button">

2. $str="<div>mylabel</div>";strip_tags($str) 的结果是（　　）。

A. mylabel　　B. div mylabel /div　　C. 空　　D. divmylabel/div

3. 在 post 提交方式中，下列选项能正确获取复选框组数据的是（　　）。

A. $_POST['read']　　B. $_GET['read']　　C. $_POST['read[]']　　D. $_GET['read[]']

4. 下列表单控件中，必须以数组形式命名的是（　　）。

A. <input type="radio">　　B. <input type="checkbox">
C. <input type="text">　　D. <input type="button">

5. 要在一个 URL 中附带两个参数值，必须使用以下哪些符号？（　　）。

A. ? %　　B. & %　　C. ? &　　D. ? +

二、填空题

1. 表单的提交方式有两种：__________与__________。

2. 获取 URL 中的参数 A 的值的正确语句是____________________。

3. 若要将表单数据以字符串形式附在 URL 后提交至服务器，表单的提交方式是____________________。

4. 获取表单文件域控件 pics 中的文件名，正确的语句是____________________。

第 10 章　Session 与 Cookie

扫一扫
获取微课

Web应用是通过HTTP协议在Internet上进行数据传输的，而HTTP协议是一种无连接、无状态的传输协议。

HTTP协议的这种特点，意味着服务器与客户端之间是一种“一次性、非持续性”的关系。这就导致另一个问题，即Web应用程序中，如果一个问题的解决，需要在一段时间内保留一个数据或保持一种交互状态，就必须打破这种协议特点所带来的制约。

Session与Cookie就是为解决此问题而引入的技术机制。

10.1 ❖ HTTP协议的特点

HTTP协议是一种无连接、无状态的传输协议。

所谓“无连接”是指在HTTP协议下，服务器每次连接只接收并处理客户端的一个请求，处理完成后即断开与该客户端之间的连接。

“无状态”是指HTTP协议对于事务处理没有记忆能力，即客户端给服务器发送请求之后，服务器根据请求，将响应数据发送到客户端，发送完毕后不再记录任何信息。

例如，在一个系统登录验证程序模块中，用户在浏览器的login.html中填写用户信息，然后提交到login.php进行登录验证，验证通过以后，跳转到manager.php页面。系统登录验证模块业务流程如图10-1所示。

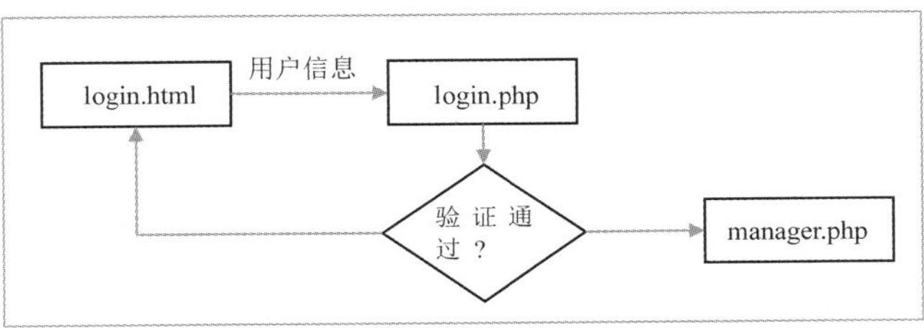

图10-1　系统登录验证模块业务流程

学习笔记

服务器与浏览器完成上述业务有以下几个过程：

（1）服务器接收到浏览器访问login.html的请求，将该页面发送至浏览器，断开与浏览器的联系。

（2）浏览器提交用户信息到login.php时，相当于重新向服务器发起访问login.php的请求，同时将用户信息发送至服务器，服务器接收到请求与数据，调用login.php进行数据验证处理。处理完毕以后，根据验证结果（假设验证通过），将新页面（manager.php）发送至浏览器。

（3）服务器清空login.php中的数据，断掉与浏览器的连接。

由此可见，当程序从login.php跳转到manager.php时，login.php中所有的数据已不存在，即manager.php完全无法弄清楚login.php中的数据情况，因此在manager.php中也就无法再获取login.php中的数据信息。

HTTP的这种“无状态，无连接”特点，对Web系统的业务是有影响的。

假设系统安全要求manager.php页面必须是登录验证通过的用户才具备操作权限，在没有其他技术机制保障的情况下，上述业务流程是无法实现，也无法保证系统安全要求的。具体表现在以下几个方面：

（1）用户完全可以绕过login.html与login.php页面的访问操作，通过猜测manager.php的URL直接访问，此时manager.php页面依然会正常响应并允许操作，因为它无法判断用户在此之前进行了哪些操作。

（2）用户通过login.html与login.php页面正常完成登录验证步骤，来到manager.php页面，manager.php页面也并不清楚用户是否为合法登录，因为login.php中的登录数据对它是不可见的，而且已经消失。

由此可见，在Web开发中，让一些数据保留一段时间，使之不随HTTP连接的断开而消失，为系统的不同页面共享使用，是很有必要的。

PHP的Session与Cookie即是解决上述问题与需要的有效机制。

10.2 Session

Session也叫会话，是指浏览器与服务器之间的通信。

当浏览器向服务器第一次发起会话请求时，服务器将随机生成一个唯一的会话标志——session_id，并以此为文件名，将浏览器提交的信息保存下来，这样即使浏览器与服务器的会话暂时中断，在一定时间内（默认是24分钟），浏览器中的一些信息也可以继续保留在服务器上的Session_id文件中，会话恢复之后，这些数据即可继续使用。

由于通过Session技术保存的数据是在文件中的，因此Session也可实现数据在不同页面之间的共享。

10.2.1 Session的注册与使用

在PHP中，Session相当于一个数组，可以保存多个不同的数据。利用Session保存数据的语法格式如下。

```
$_SESSION['varName']=value ;
```

此处的varName表示Session变量名，可理解为数组元素的键名，无须加$。

需要注意的是，每次使用Session变量时，必须先启动Session会话。

```
session_start();
```

【例 10-1】在eg10-1A.php程序中设置一个普通变量$A、一个Session变量B，都保存一个用户信息"mySession"，然后在eg10-1B.php程序中输出这两个变量的信息。

【eg10-1A.php】

```
<?php
    session_start();  //开启会话状态
    $A="mySession";
    $_SESSION['B']="mySession";
    echo "<a href='eg10-1B.php'>跳转</a>";
?>
```

【eg10-1B.php】

```
<?php
    session_start();  //开启会话状态
    echo '变量A='.$A."<br>";
    echo "session['B']=".$_SESSION['B'];
?>
```

在浏览器中访问eg10-1A.php以后，服务器将"mySession"分别保存到普通变量$A与Session变量B中，并输出一个指向eg10-1B.php的链接，至此，eg10-1A.php程序运行完毕，服务器与浏览器之间的会话也随之结束，$A内存被服务器回收，但Session变量信息会在24分钟内被保留。eg10-1A.php程序运行结果如图10-2所示。

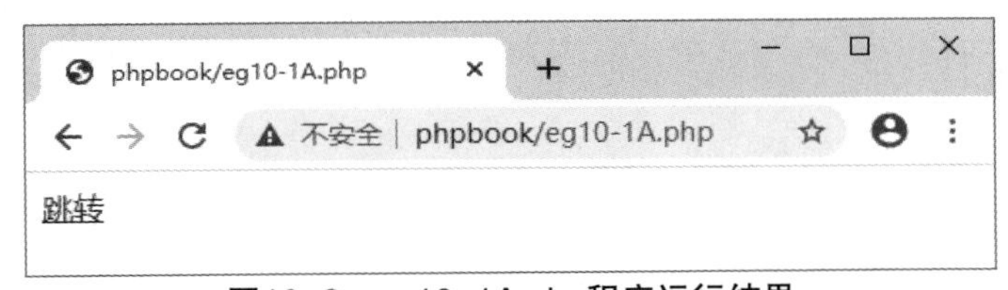

图10-2　eg10-1A.php程序运行结果

单击浏览器中的链接，向服务器发出访问eg10-1B.php的请求时，一次新的会话开始。但eg10 -1B.php中并不存在普通变量$A，而服务器检测到的是同一个浏览器发送的访问请求，即调出该浏览器之前的Session文件，获取$_SESSION['B']中的信息并正常输出。eg10-1B.php程序运行结果如图10-3所示。

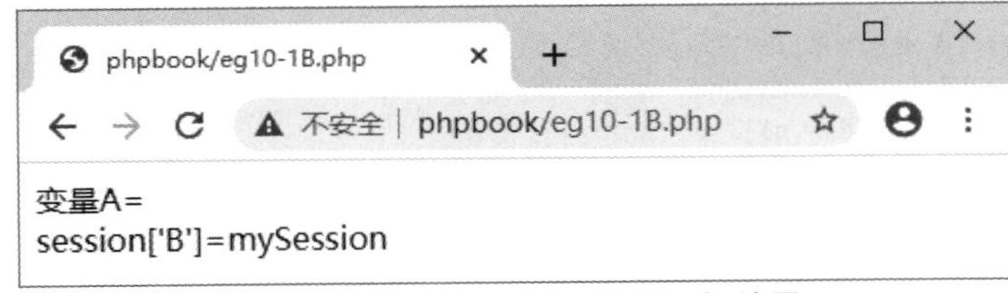

图10-3　eg10-1B.php程序运行结果

注 意

Session变量信息，默认24分钟内都保留在服务器上。在24分钟内，如果浏览器刷新或继续访问服务器，该Session变量信息继续有效。但如果客户端关闭浏览器，该信息将失效。因为客户端再次打开浏览器发起访问请求时，服务器又为该浏览器重新生成了新的session_id。

学习笔记

10.2.2 Session的释放

如果对Session信息的保留时间有特殊要求，并非默认的24分钟，也可随时释放Session信息或更改Session信息的保留时间。

释放Session信息的方法有以下两种。

（1）释放部分Session信息，使用变量释放函数。

```
unset($_SESSION['变量名'])
```

（2）销毁所有的Session信息，使用Session销毁函数。

```
session_destroy();
```

使用（1）中的方法时，浏览器在服务器端的session_id依然存在，只是指定的Session数据被删除。使用（2）中的方法时，浏览器在服务器端的session_id将被清除，所有的Session数据都会丢失。

【例10–2】释放Session数据。

【eg10–2A.php】

```
<?php
    session_start();   //开启会话状态
    $_SESSION['A']="宋朝";
    $_SESSION['B']="元朝";
    $_SESSION['C']="明朝";
    $_SESSION['D']="清朝";
    echo "<a href='eg10-1B.php'>页面B</a>";
?>
```

【eg10–2B.php】

```
<?php
    session_start();              //开启会话状态
    unset($_SESSION['c3']); //释放Session变量C3
    echo "session_c1=".$_SESSION['c1']."<br>";
    echo "session_c2=".$_SESSION['c2']."<br>";
    echo "session_c3=".$_SESSION['c3']."<br>";
    session_destroy();                          //销毁全部Session
    echo "<a href='eg10-2C.php'>页面C</a>";
?>
```

【eg10–2C.php】

```
<?php
    session_start();              //开启会话状态
    echo "session_c1=".$_SESSION['c1']."<br>";
    echo "session_c2=".$_SESSION['c2']."<br>";
    echo "session_c3=".$_SESSION['c3']."<br>";
?>
```

从eg10–2A.php开始测试程序，运行结果如图10–4所示。

图10–4　eg10–2A.php程序运行结果

学习笔记

单击页面中的链接"页面B"，跳转到eg10-2B.php，程序运行结果如图10-5所示。

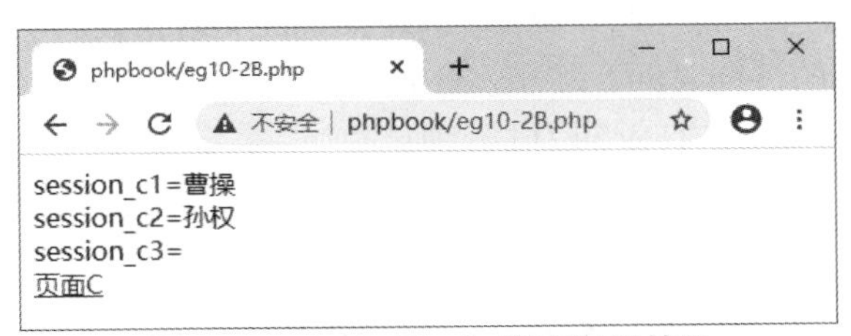

图10-5　eg10-2B.php程序运行结果

继续单击页面中的链接"页面C"，跳转到eg10-2C.php，程序运行结果如图10-6所示。

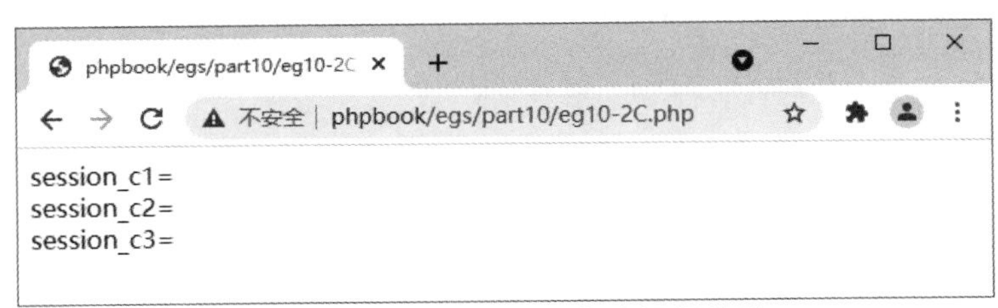

图10-6　eg10-2C.php程序运行结果

注 意

（1）session_destroy()函数执行后，必须刷新浏览器或者浏览器的页面跳转以后，Session的销毁效果才能体现。

（2）如果客户端浏览器禁用Cookie，那么Session功能就会失效，也就意味着使用Session无法在页面之间传递数据。这是因为客户端向服务器发出请求时，Session会为浏览器生成一个session_id，该ID在整个Session有效期内都是唯一的，同时保存在服务器与浏览器的Cookie中，服务器根据该ID判断另一个页面请求是同一浏览器还是新的浏览器，从而决定Session变量值是否需要传递到其他页面。如果禁用了Cookie，浏览器的每个页面请求都是一次新的会话，都会生成一个新的ID，对于服务器而言，这意味着一次新的会话。因此，Session的其他变量值也就不会再传递。

禁用Cookie前后的示意图分别如图10-7和图10-8所示。

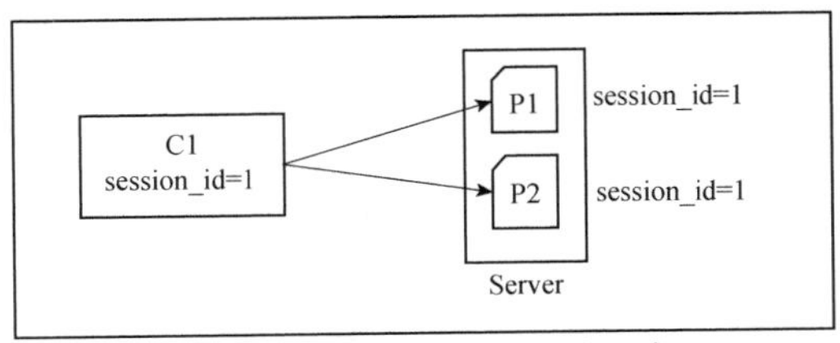

图10-7　禁用Cookie前的示意

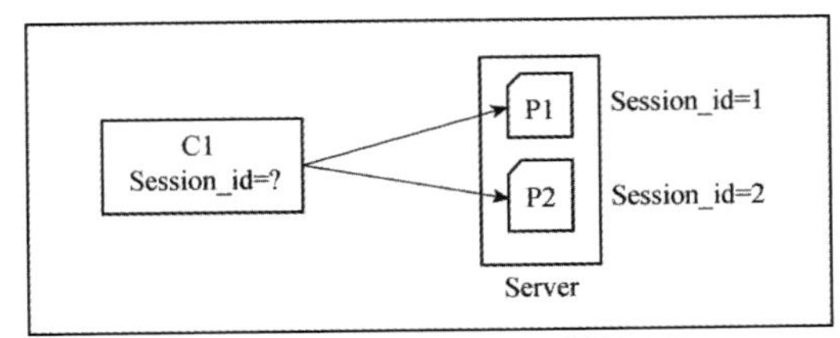

图10-8　禁用Cookie后的示意

10.2.3　设置Session的生命期

PHP中Session的有效时间默认是24分钟。用户可以根据需要，重新设置Session的生命期。可以使用setcookie()函数改变Session的有效时间，其语法格式如下。

```
setcookie(name,value, expire)
```

学习笔记

其中，name表示Cookie的名称，为必选参数，一般使用函数session_name()获取。

value是指Cookie的值，为可选参数，可以用session_id()获取。

expire是指Cookie的过期时间，为可选参数，单位为秒。

【例10-3】设置Session的有效期为1分钟。

【eg10-3A.php】

```
<?php
    session_start();
    setcookie(session_name(),session_id(),time()+60);          //60秒后失效
    $_SESSION['username']="linshixin";
    if(isset($_SESSION['username'])){
        echo "欢迎您".$_SESSION['username'];
        echo "<a href='eg10-3B.php'>页面B</a>";
    }
?>
```

【eg10-3B.php】

```
<?php
    session_start();
    if(isset($_SESSION['username'])){
        echo "页面B欢迎您".$_SESSION['username'];
    }else{
        echo "您尚未登录";
        echo "<a href='eg10-3A.php'>登录</a>";
    }
?>
```

测试程序，eg10-3A.php的效果如图10-9所示。在1分钟内单击链接“页面B”，可以看到Session失效前的eg10-3B.php的效果，如图10-10所示。1分钟以后刷新页面B，可以看到Session失效后的eg10-3B.php的效果，如图10-11所示。

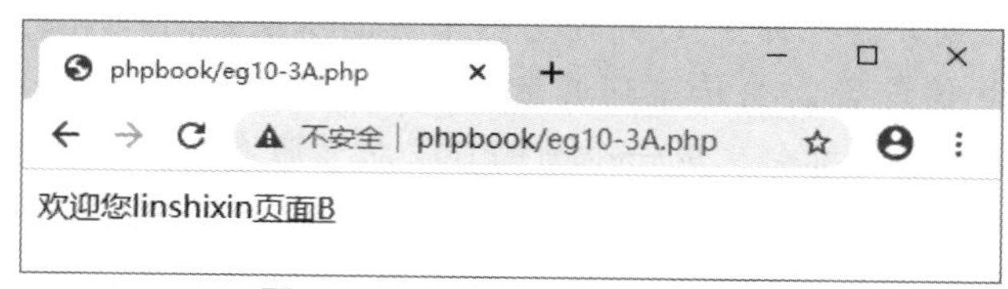

图10-9　eg10-3A.php的效果

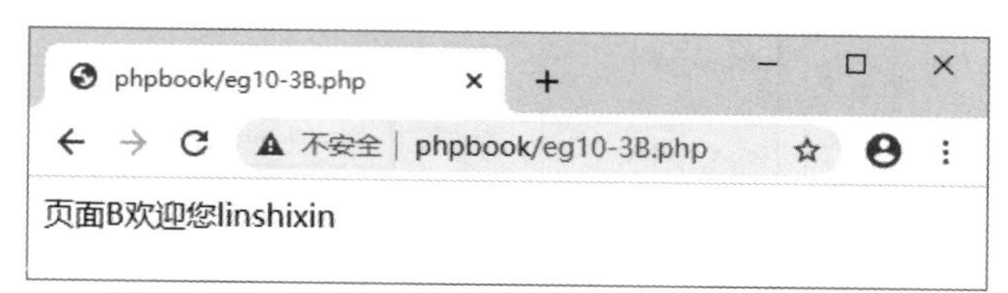

图10-10　Session失效前的eg10-3B.php的效果

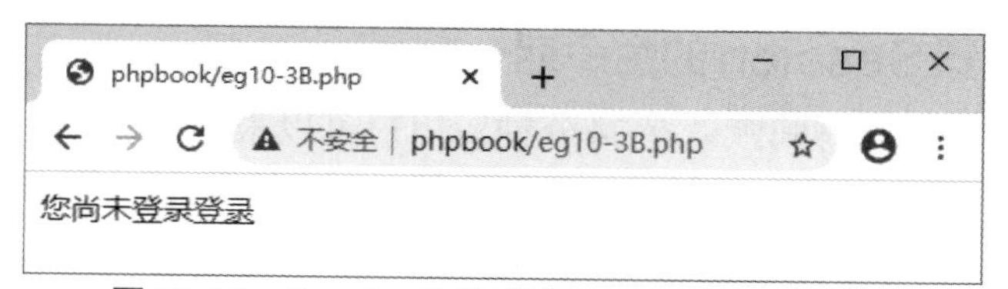

图10-11　Session失效后的eg10-3B.php的效果

注 意

如果具备服务器的php.ini配置权限，可以通过php.ini文件中的session.gc_maxlifetime来统一配置Session的默认有效期。

10.2.4 设置Session的保存位置

Session信息以文件的形式保存在服务器的某个目录下。可以在php.ini文件中查看当前默认的Session保存路径。

【例10-4】显示当前客户端的session_id，然后在tmp目录下找出相应的文件。

```
<?php
    session_start();
    $_SESSION['url']="www.hzc.edu.cn";
    echo "session_id:".session_id()."<br>";
?>
```

例10-4中程序的运行结果如图10-12所示。

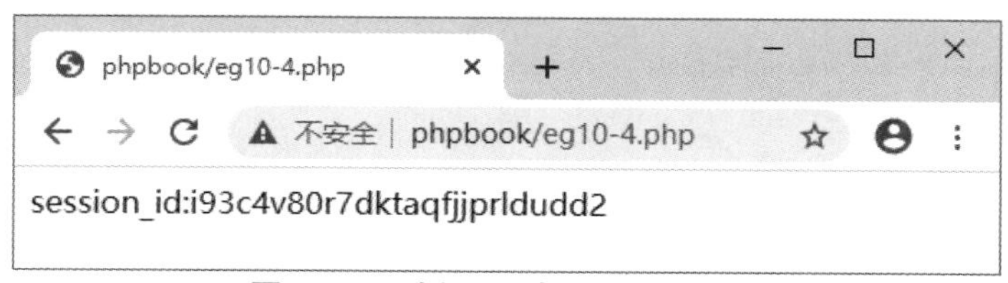

图10-12　例10-4中程序运行结果

通过计算机的资源管理器，打开PHP安装目录下的tmp目录（在Phpstudy8.1中默认为D:\phpstudy_pro\Extensions\tmp\tmp），可以看到一个以不同客户端的session_id命名的文件列表，如图10-13所示。

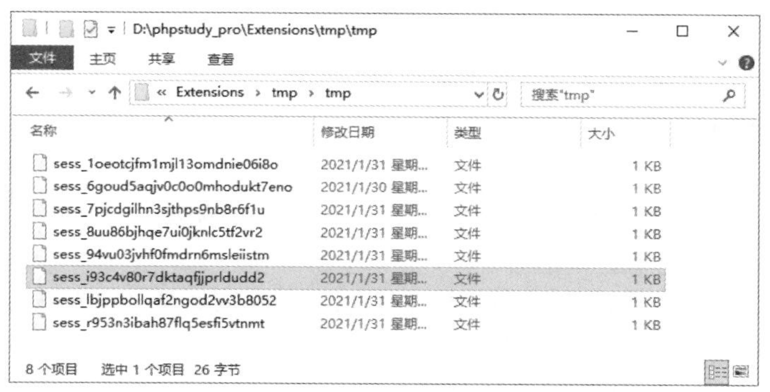

图10-13　以session_id命名的文件列表

用记事本打开图10-13中选择的文件，Session文件中的内容如图10-14所示。

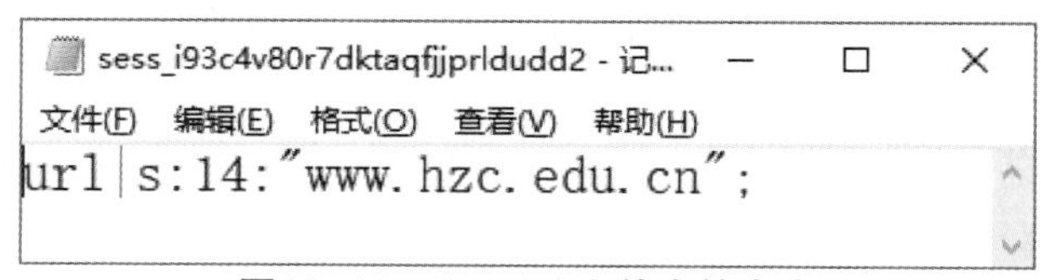

图10-14　Session文件中的内容

如果要改变Session文件在服务器上的保存位置，可以使用session_save_path()函数实现，其语法格式如下。

```
session_save_path("pathStr")
```

pathStr是指保存Session的位置路径。

【例10-5】把Session文件保存到根目录下的temp文件夹中。

```
<?php
    session_save_path('E:\23\session');
    session_start();
    $_SESSION['url']="www.hzc.edu.cn";
    echo "session_id是:".session_id()."<br>";
    echo "session保存路径：".session_save_path();
?>
```

测试程序，然后打开程序根目录下的temp文件夹，可以看到内容如图10-15所示。

图10-15　程序保存的Session文件

注 意

用session_save_path()函数改变Session文件的存储路径，只在当前文件中有效，离开当前文件以后，如果没有另外的路径，服务器依然将Session文件保存在php.ini配置文件的默认路径下。

10.3 Cookie

Session的缺点是无论设置其生命期为多少，当用户关闭浏览器以后，会话信息都会丢失，新的会话无法继续使用这些信息。

Cookie则改变了这一模式，它将用户的会话信息保存在客户端的计算机硬盘上，并允许用户给这些信息设置一个有效期限，只要还在有效期限内，在同一台计算机上，用户可以任意关闭、启动浏览器，还可以重复向服务器发起会话请求，这些信息继续有效。

10.3.1 Cookie的创建

创建一个Cookie就是将一个会话信息保存到客户端的硬盘上（具体路径在php.ini文件中可以配置），其语法格式如下。

```
setcookie(name, value[, expire, path, domain]);
```

其中，name参数可以理解为Cookie变量名，为必选参数。

value参数是name的值，即要保存在客户端的会话信息内容，为必选参数。

学习笔记

expire是可选参数，指该Cookie信息的有效期，如果不设置，会话信息只是暂时保存在客户端的内存中，关闭浏览器，信息也随之消失，单位是秒。

path是指Cookie的有效路径，如果没有，则在整个网站根目录下有效。

domain是指Cookie的有效域名，为可选参数。

【例10-6】将用户名与密码保存在Cookie中，有效期是1分钟。

```
<?php
    setcookie("uname","admin",time()+24*60*60*7);
    setcookie("upass","admin888",time()+24*60*60*3);
    print_r($_COOKIE); //输出Cookie信息
?>
```

测试例10-6中的程序，可以看到在1分钟内，任意关闭、打开浏览器都会输出admin，但1分钟以后再刷新该页面，就会输出"Cookie已失效"。如图10-16所示。

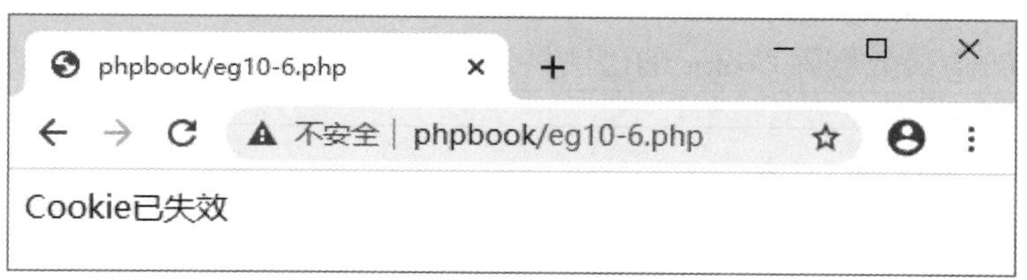

图10-16　例10-6中程序运行结果

注 意

初次创建Cookie时，Cookie值在当前页面是无法生效的，必须在当前页面结束以后，才能生效。因此，图10-16中显示的内容是浏览器刷新一次的结果。

如果浏览器禁止了Cookie，那么Cookie的创建也会失败。

10.3.2　Cookie的读取

保存用户会话信息是为了再次会话时能够继续使用，因此在需要的时候，要将Cookie中的信息读取出来，提交给服务器。

要读取客户端中的某项Cookie信息，可以使用$_COOKIE[ ]变量，其语法格式如下。

```
$_COOKIE['var']
```

其中，var是必选参数，指明需要提取的Cookie变量名。

【例10-7】将例10-6中的用户名与密码提取出来，并输出。

```
<?php
    if(isset($_COOKIE['userName']))
        $userName=$_COOKIE['userName'];        //提取用户名
    if(isset($_COOKIE['userPing']))
        $userPass=$_COOKIE['userPing'];        //提取密码
    echo "用户名: ".$userName."<br>";
    echo "用户密码: ".$userPass;
?>
```

例10-7中程序的运行结果如图10-17所示。

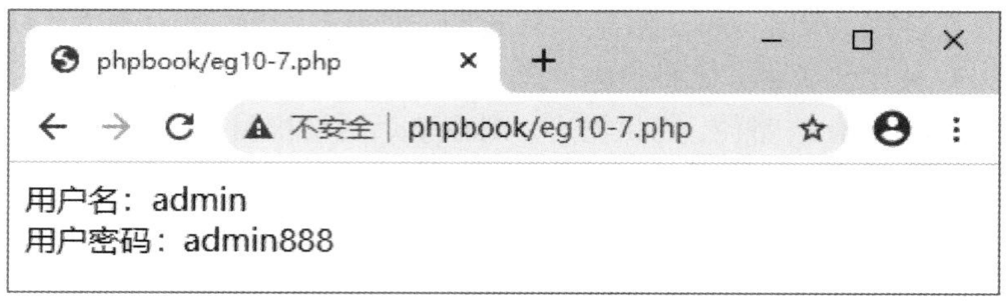

图10-17　例10-7中程序运行结果

10.3.3　Cookie的删除

Cookie中所保存的信息，到达指定的有效时间以后会自动失效，也可以根据需要随时删除。删除Cookie信息依然是使用setcookie()函数。只要将Cookie的有效时间设置成一个过去的时间即可（让Cookie失效）。

使用setcookie()函数删除Cookie的语法格式如下。

```
setcookie(name,"",time()-val)
```

【例10-8】设置Cookie失效。

```
<?php
    setcookie('uname',"",time()-3600);                    //让Cookie在一小时前失效
    if(isset($_COOKIE['uname']))
        echo "用户名：".$_COOKIE['uname']."<br>";          //输出用户名
    else
        echo "cookie已失效";
?>
```

例10-8中程序的运行结果如图10-18所示。

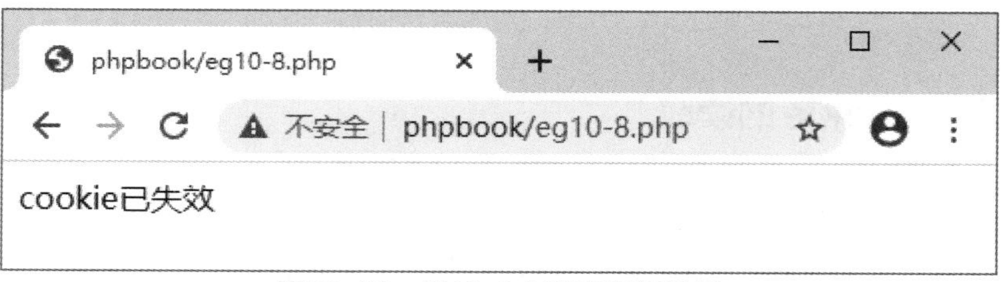

图10-18　例10-8中程序运行结果

注 意

图10-18是刷新一次页面以后才能显示的结果。

10.4　应用实践

10.4.1　用户登录与注销

（1）需求说明。

系统要求用户登录后方可访问。若用户尚未登录，则系统自动跳转到登录页面，若用户已经登录，则显示用户名及“注销退出”的链接，单击“注销退出”链接，用户将退出

登录状态。

（2）测试用例：用户名为admin，密码为admin888。

（3）知识关联：Session的注册，Session的读取，Session的释放。

（4）参考程序。

【10–1–index.php】

```
<?php
    session_start();
    if(isset($_SESSION['userName'])){
        echo $_SESSION['userName'];
        echo "<a href='10-1-loginOut.php'>注销退出</a>";
    }else{
        header("location:10-1-login.html");
    }
?>
```

【10–1–login.html】

```
<!DOCTYPE html>
<html>
<head>
    <meta charset="utf-8">
    <title>用户登录与注销</title>
</head>
<body>
    <form id="form1" action="10-1-login.php" method="post">
        用户名：<input type="text" name="username">
        密码：<input type="password" name="userping">
        <input type="submit" name="login" value="登录">
    </form>
</body>
</html>
```

【10–1–login.php】

```
<?php
    session_start();
    $userName=$_POST['username'];
    $userPing=$_POST['userping'];
    if($userName=='admin' && $userPing=='admin888'){
        $_SESSION['userName']=$userName;
        header("location:10-1-index.php");
    }else{
        echo "<script>
            alert('用户名或密码错误，请重新登录');
            location.href='10-1-login.html';
        </script>";
    }
?>
```

【10–1–loginOut.php】

```
<?php
    session_start();
    session_destroy();                    //销毁Session
    header("location:10-1-index.php");
?>
```

学习笔记

（5）运行结果。

上述参考程序的运行结果如图 10–19 和图 10–20 所示。

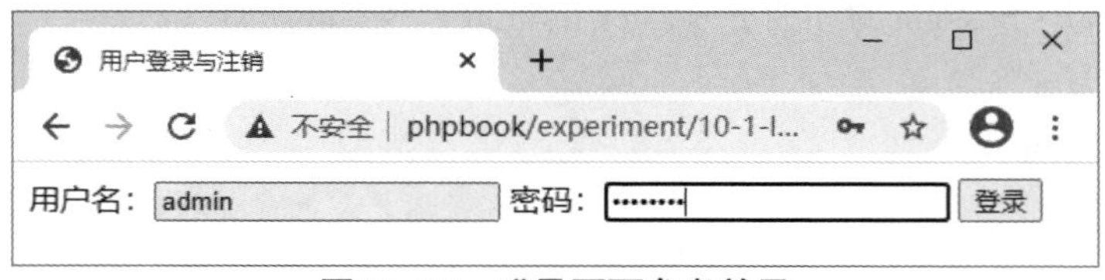

图10–19　登录页面参考效果

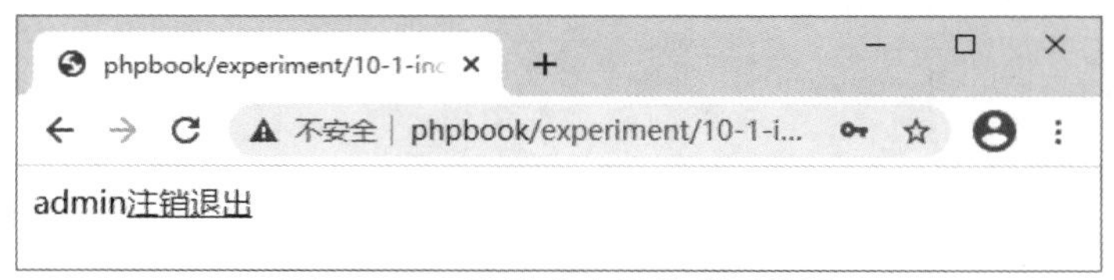

图10–20　登录成功后的首页效果

10.4.2　系统自动登录

（1）需求说明。

某系统允许用户在进行登录操作时选择“保存密码”，下次再打开浏览器进入系统时，系统能够自动读取所保存的用户信息进行登录，并显示用户名；在读取不到用户信息的情况下，再要求用户进行新的登录操作。

（2）测试用例：用户名为 linshixin，密码为 linshixin888，用户信息保存 7 天。

（3）知识关联：Cookie 的创建与读取。

（4）参考程序。

【10–2–index.php】

```
<!DOCTYPE html>
<html>
<head>
    <meta charset="utf-8">
    <title>系统自动登录</title>
</head>
<body>
    <?php
    //先读取Cookie信息
        session_start();
        if(!isset($_SESSION['userName'])){
            if(isset($_COOKIE['userName'])){
                $userName=$_COOKIE['userName'];
                $userPing=$_COOKIE['userPing'];
                if($userName=='linshixin' && $userPing=='linshixin888'){
                    $_SESSION['userName']=$userName;
                    echo "欢迎您".$userName;
                }
                return;
            }
        }else{
            echo "欢迎您".$_SESSION['userName'];
```

学习笔记

```
                return;
            }
        ?>
        <form id="form1" action="10-2-login.php" method="post">
            用户名：<input type="text" name="username">
            密码：<input type="password" name="userping"><br>
            <input type="radio" name="expire" id="expire" value="1">
            <label for="expire">保存密码</label>
            <input type="submit" name="login" value="登录">
        </form>
    </body>
</html>
```

【10-2-login.php】

```
<?php
    session_start();
    $userName=$_POST['username'];
    $userPing=$_POST['userping'];
    if($userName=='linshixin' && $userPing=='linshixin888'){
        //保存用户信息在本地7天
        if(isset($_POST['epxire'])){
            $expireTime=time()+3600*24*7;
            setcookie("userName",$userName,$expireTime);
            setcookie("userPing",$userPing,$expireTime);
        }
        $_SESSION['userName']=$userName;
        header("location:10-2-index.php");
    }else{
        echo "<script>
            alert('用户名或密码错误，请重新登录');
            location.href='10-2-index.php';
        </script>";
    }
?>
```

（5）运行结果。

上述参考程序的运行结果如图10-21和图10-22所示。

图10-21　系统初始登录参考效果

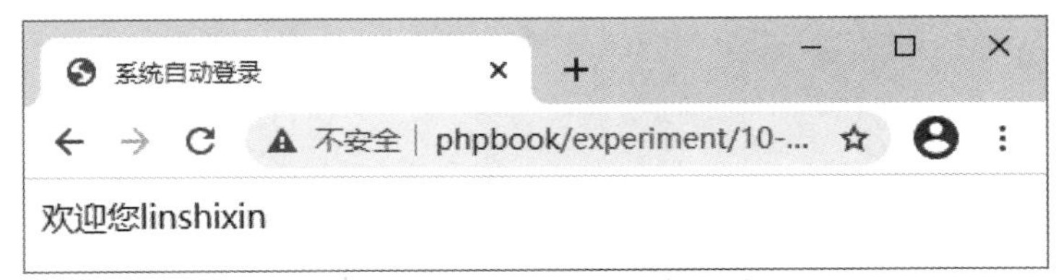

图10-22　系统自动登录参考效果

学习笔记

10.5 技能训练

1. 请编写一个验证码程序，实现以下3个需求：

（1）每个验证码由4个随机字符组成，由大写英文字母与阿拉伯数字1 ～ 9构成。

（2）每个验证码的有效时间是30秒。

（3）每次输入错误以后，重新产生新的验证码。

2. 请编写一段程序，为某系统实现下面的功能：当用户登录成功时，显示该用户是第几次登录本系统及上一次登录系统的时间。

10.6 思考与练习

1. 下列关于Session的说法中，正确的是（　　）。

A. Session中的信息，只要未到失效时间，就可以随时读取

B. Session中的信息保存在服务器上

C. 同一台客户机，打开多个浏览器窗口时，每个窗口的Session ID是一样的

D. Session中的信息保存在客户机上

2. Cookie中的信息保存在客户机上（　　）。

A. 正确　　　　　　B. 错误

3. 如果浏览器禁用了Cookie，那么Cookie中的信息将保存失败（　　）。

A. 正确　　　　　　B. 错误

4. Cookie可以直接删除（　　）。

A. 正确　　　　　　B. 错误

5. Session可以直接删除（　　）。

A. 正确　　　　　　B. 错误

第 11 章 图形图像处理

扫一扫
获取微课

PHP 自身提供的GD2扩展库，为用户提供了强大的图形图像处理功能。使用这个库中的相关方法，可以很方便地实现生成缩略图、给图片加水印、生成图片验证码、对数据生成报表等一系列图形相关操作。

要使用GD2库中的函数，必须先激活GD2库。phpStudy集成环境中默认已激活GD2库。

11.1 header() 函数

使用PHP进行图形图像操作时，由于图片并非现成图片，而是由程序动态生成的，因此，必须先使用header() 函数来声明文档的输出类型。header() 函数用于向浏览器输出HTTP协议的头信息（请参阅HTTP协议的详细内容）。

使用GD2库进行图像处理时，header() 函数的作用是声明输出的内容类型为一张图片。其语法格式如下。

```
header("Content-type:image/imageType")
```

目前，GD2库支持的图像格式有GIF、PNG、JPEG、WBMP与XBM等，因此，参数中的“imageType”可以根据输出的图像类型赋予相应的值。例如，输出的如果是JPEG格式的图像，即使用如下语句。

```
header("content-type:image/jpeg")
```

注 意

具体每种图像格式类型的写法，请自行参阅相关技术文档《PHP文件上传后缀名与文件类型对照表》。

11.2 创建图像

使用PHP程序创建图像的算法流程如图11–1所示。

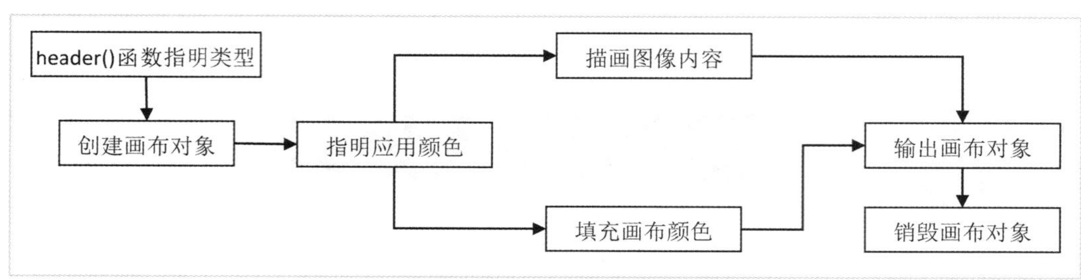

图11-1　PHP创建图像的算法流程

创建画布对象使用imagecreatetruecolor()函数或者imagecreate()函数实现。使用这两个函数都能创建一个指定大小的画布对象。

11.2.1　imagecreatetruecolor()函数

imagecreatetruecolor()函数的语法格式如下。

```
$imgObj=imagecreatetruecolor(int x,int y);
```

参数表中的x与y分别指定了画布对象$imgObj的宽与高，单位为px（像素）。画布创建完成后，同时在画布上建立了一个以左上角为原点（0，0），以右下角坐标为（x，y）的坐标系。

imagecreate()函数的用法同上。PHP的坐标系示意图如图11-2所示。

图11-2　Web页面坐标系

imagecreatetruecolor()函数与imagcreate()函数的主要区别在于前者创建的是真彩图像画布，对各种类型的图形描绘支持效果更好。

11.2.2　imagefill()函数

画布创建完成后，可使用填充函数imagefill()改变画布的默认背景颜色。其语法格式如下。

```
imagefill($imgObj,x,y,$color)
```

其中，$imgObj是画布对象的名字，x、y是填充点的坐标，$color是指定了填充颜色值的变量名，通常使用imagecolorallocate()函数指定。

函数执行的结果是，画布中与x、y坐标处颜色相同的点，全部用$color变量中的颜色值对应的颜色填充。由于画布每个点默认的颜色值都是相同的，因此，整个画布都被填充为$color值的颜色。

【例11-1】填充画布背景为绿色。

```
<?php
    header("Content-type:image/jpeg");
    $img=imagecreatetruecolor(400,100);          //创建画布 $img
    $color=imagecolorallocate($img,0,255,0);     //设定 RGB 颜色值
    imagefill($img,0,0,$color);                  //填充画布背景为绿色
    imagejpeg($img);                             //输出画布对象
?>
```

例 11–1 中程序的运行结果如图 11–3 所示。

图11–3　例11–1中程序运行结果

注 意

imagecolorallocate() 函数用于指定要在画布对象中使用的颜色，它采用 RGB 颜色模式，一个画布对象可以多次通过该函数设定多个不同的颜色值。

header() 函数之前不能再有任何输出内容。

11.2.3　输出图像对象

完成图像内容的描绘以后，即可根据 header() 函数中的图像类型，使用相应的函数进行图像输出。

图像输出函数包括：imagegif() 函数、imagepng() 函数、imagejpeg() 函数及 imagewbmp() 函数等。这些函数都能将相应格式的图像输出到浏览器或指定的路径中。下面以 imagegif() 函数的语法格式为例进行介绍。

```
imagegif($imgObj,[$fileName]);
```

其中，$imgObj 表示要输出的画布对象；$fileName 表示输出图像的文件路径，如果省略，则直接将图像显示在浏览器中。

例 11–2 中的程序，将例 11–1 中的画布对象输出到浏览器并保存到当前工作目录下，将其命名为 11–2.gif。

【例 11–2】输出并保存图像。

```
<?php
    header("Content-type:image/jpeg");
    $img=imagecreatetruecolor(400,100);          //创建画布 $img
    $color=imagecolorallocate($img,0,255,0);     //设定 RGB 颜色值
    imagefill($img,0,0,$color);                  //填充画布背景为绿色
    imagejpeg($img);                             //输出画布对象
    imagegif($img,'11-2.gif');                   //输出图像到文件
?>
```

11.3 描绘图形

PHP能够在画布中描绘的图形包括点、直线、弧线、椭圆、矩形及文字。在同一画布中描绘不同的图形时，可以给图形指定不同的颜色。

11.3.1 描绘点

描点函数 imagesetpixel() 的语法格式如下。

```
imagesetpixel($imgObj,x,y,$color);
```

其中，$imgObj 表示画布对象，x 与 y 分别表示描绘点的坐标值，$color 表示点的颜色值。

【例 11-3】在画布中，随机描绘出 1000 个点。

```
<?php
    header("Content-type:image/jpeg");
    $img=imagecreatetruecolor(400,100);                        //创建画布 $img
    $color=imagecolorallocate($img,0,0,0);                     //设定 RGB 颜色值
    imagefill($img,0,0,$color);                                //填充画布背景
    $pix_color=imagecolorallocate($img,255,200,220); //指定点的颜色
    for($i=0;$i<1000;$i++){
        $x=rand(0,400);
        $y=rand(0,100);
        imagesetpixel($img,$x,$y,$pix_color);
    }
    imagejpeg($img);        //输出画布对象
    imagedestroy($img);     //销毁画布对象
?>
```

例 11-3 中程序的运行结果如图 11-4 所示。

图11-4　例11-3中程序运行结果

11.3.2 描绘直线

描绘直线的函数 imageline() 的语法格式如下。

```
imageline($imgObj,start_x,start_y,end_x,end_y,$color);
```

其中，$imgObj 表示画布对象。

start_x 与 start_y 表示直线起始点的坐标值。

end_x 与 end_y 表示直线终点的坐标值。

$color 表示线条的颜色值。

学习笔记

【例 11-4】在画布中描绘三条直线。

```
<?php
  header("Content-type:image/jpeg");
    $img=imagecreatetruecolor(400,100);                //创建画布 $img
    $color=imagecolorallocate($img,255,255,255);       //设定 RGB 颜色值
    imagefill($img,0,0,$color);                        //填充画布背景
    $lineColor=imagecolorallocate($img,0,0,0);         //指定线条的颜色
    imageline($img,15,15,400,80,$lineColor);           //线条一
    imageline($img,55,52,350,10,$lineColor);           //线条二
    imageline($img,5,75,250,50,$lineColor);            //线条三
    imagejpeg($img);                          //输出画布对象
    imagedestroy($img);                       //销毁画布对象
?>
```

例 11-4 中的程序在画布中画了三条直线，其运行结果如图 11-5 所示。

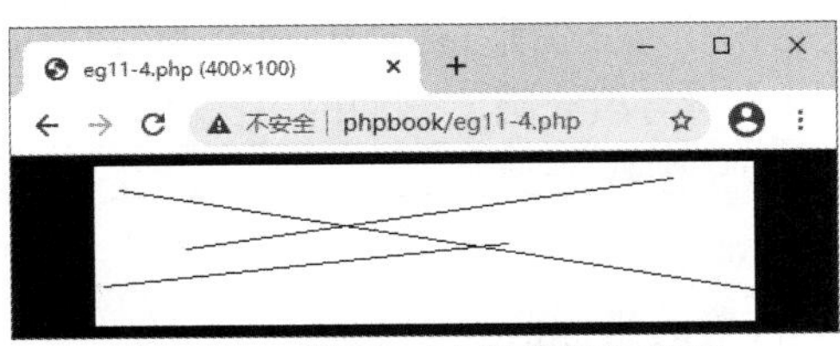

图11-5　例11-4中程序运行结果

11.3.3 描绘矩形

PHP 中描绘矩形的函数有两个：imagerectangle() 函数与 imagefilledrectangle() 函数，其中，imagerectangle() 函数只描绘出矩形的四条边框线，imagefilledrectangle() 函数描绘出矩形的四条边框并为其填充颜色。它们的语法格式分别如下。

```
imagerectangle($imgObj, start_x, start_y, end_x, end_y, $color);
```

其中，$imgObj 表示画布对象。

start_x 与 start_y 表示矩形左上角的坐标值。

end_x 与 end_y 表示矩形右下角的坐标值。

$color 表示矩形四条边框的颜色值。

```
imagefilledrectangle($imgObj, start_x, start_y, end_x, end_y, $color);
```

其中，$color 参数表示矩形的四条边框与其填充的颜色值。

其余参数的含义与 imagerectangle() 函数的参数含义相同。

【例 11-5】在画布中描绘两个不同的矩形。

```
<?php
    header("Content-type:image/jpeg");
    $img=imagecreatetruecolor(400,100);                      //创建画布 $img
    $color=imagecolorallocate($img,255,255,255);             //设定 RGB 颜色值
    imagefill($img,0,0,$color);                              //指定填充画布背景
    $tColor_1=imagecolorallocate($img,250,0,0);              //指定矩形 1 的颜色
    $tColor_2=imagecolorallocate($img,0,250,250);            //指定矩形 2 的颜色
    imagerectangle($img,50,20,120,80,$tColor_1);             //设置矩形边框
    imagefilledrectangle($img,150,20,350,80,$tColor_2);      //填充矩形
    imagejpeg($img);                                 //输出画布对象
    imagedestroy($img);                              //销毁画布对象
?>
```

例 11-5 中程序的运行结果如图 11-6 所示。

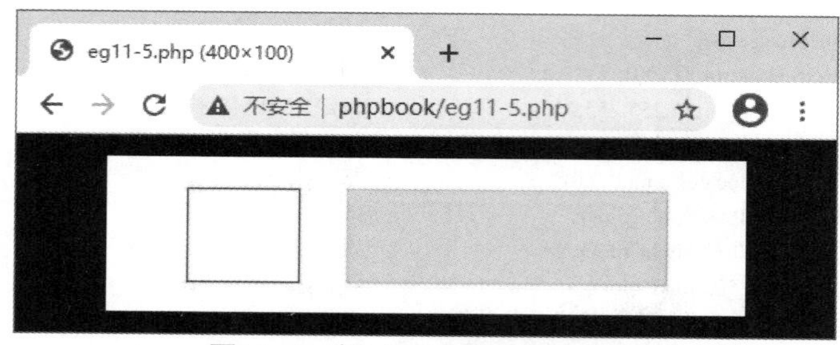

图11-6　例11-5中程序运行结果

11.3.4❽　描绘圆形

PHP 中的画圆函数也有两个，分别是 imageellipse() 函数与 imagefilledellipse() 函数。这两个函数分别用于描绘不填充圆与填充圆。它们的语法格式分别如下。

```
imageellipse($imgObj, ini_x, ini_y, width, height, $color);
```

其中，$imgObj 表示画布对象。

$ini_x 与 ini_y 表示圆心位置的坐标值。

width 与 height 分别表示椭圆的宽与高。

$color 表示圆周的颜色。

```
imagefilledellipse($img_obj, ini_x, ini_y, width, height, $color);
```

该函数参数中，除了 $color 表示圆周及填充颜色外，其他的参数含义与 imageellipse() 函数的参数含义相同。

【例 11-6】描绘空心椭圆并填充正圆。

```
<?php
    header("Content-type:image/jpeg");
    $img=imagecreatetruecolor(400,100);                    //创建画布 $img
    $color=imagecolorallocate($img,20,120,120);            //设定 RGB 颜色值
    imagefill($img,0,0,$color);                            //填充画布背景
    $ellipse_1=imagecolorallocate($img,230,230,0);         //指定椭圆 1 的颜色
    $ellipse_2=imagecolorallocate($img,250,0,0);           //指定椭圆 2 的颜色
    imageellipse($img,100,50,120,50,$ellipse_1);           //空心椭圆
    imagefilledellipse($img,250,50,70,70,$ellipse_2);      //填充正圆
    imagejpeg($img);          //输出画布对象
    imagedestroy($img);       //销毁画布对象
?>
```

例 11-6 中程序的运行结果如图 11-7 所示。

图11-7　例11-6中程序运行结果

学习笔记

11.3.5❽　描绘弧线

PHP中的画弧函数也有两个，分别是imagearc()函数与imagefilledarc()函数，前者描绘单纯的一段弧线，后者在画弧的同时，对弧内的扇形部分进行颜色填充。

imagearc()函数的语法格式如下。

```
imagearc ($imgObj , $cx , $cy , $w , $h , $s , $e , $color );
```

其中，$imgObj表示画布对象。

$cx与$cy表示弧线中心点的坐标值。

$w与$h分别表示弧线所在椭圆的宽与高。

$s与$e分别表示弧线起点与终点的角度，以三点钟方向为0度，沿顺时针方向描绘。PHP的弧度坐标系如图11-8所示。

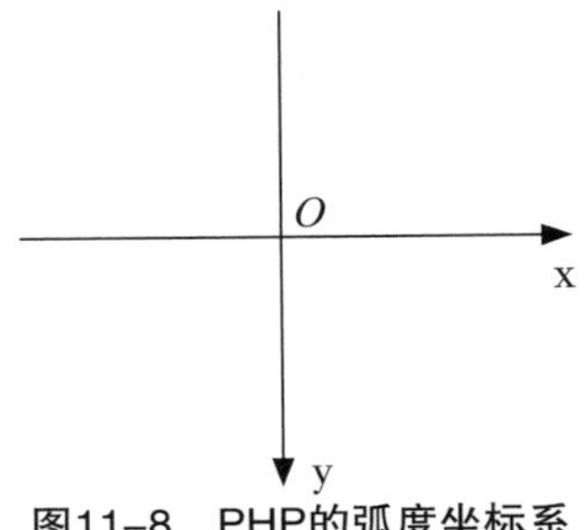

图11-8　PHP的弧度坐标系

$color表示弧线的颜色。

imagefilledarc()函数的语法格式如下。

```
imagefilledarc ($img_obj, $cx, $cy, $w, $h, $s,$e, $color, $style)
```

参数列表中的$imgObj、$cx、$cy、$w、$h、$s、$e、$color与imagearc()函数中的参数含义相同。$style表示弧形的轮廓样式，其值有以下几种。

- IMG_ARC_PIE：扇形填充。
- IMG_ARC_CHORD：以圆心、起点、终点为顶点的三角形填充。
- IMG_ARC_NOFILL：不填充的弧线。
- IMG_ARC_EDGED：用直线将起始点、结束点与中心点相连并填充。

具体用法，可参考例11-7。

【例11-7】描绘不同的弧线与扇形。

```
<?php
    header("content-type:image/jpeg");
    $cnv=imagecreatetruecolor(500,120);
    $color=imagecolorallocate($cnv,0,200,10);
    $c=imagecolorallocate($cnv,250,0,0);
    imagearc($cnv,50,60,80,80,0,90,$color);                    //描绘单弧线
    //描绘扇形
    imagefilledarc($cnv,150,60,80,80,0,290,$color,IMG_ARC_PIE);
    imagefilledarc($cnv,250,60,80,80,0,90,$color,IMG_ARC_CHORD);
    imagefilledarc($cnv,350,60,80,80,0,170,$color,IMG_ARC_NOFILL);
    imagefilledarc($cnv,450,60,80,80,0,290,$color,IMG_ARC_EDGED);
    imagejpeg($cnv);                    //输出图像
    imagedestroy($cnv);                 //销毁图像
?>
```

学习笔记

例 11-7 中程序的运行结果如图 11-9 所示。

图11-9　例11-7中程序运行结果

11.3.6　描绘文字

将字符内容以图像的形式输出的函数是 imagestring()，其语法格式如下。

```
imagestring($imgObj,$size,start_x,start_y,$string, $color);
```

其中，$imgObj 表示画布对象。

$size 表示输出字符的字号大小，取值范围是 1 ～ 5。

start_x 与 start_y 表示输出起始点的坐标值。

$string 表示要输出的字符串内容。

$color 表示字符串的颜色。

【例 11-8】使用 imagestring() 函数输出字符图像。

```
<?php
    header("Content-type:image/jpeg");
    $img=imagecreatetruecolor(400,100);                          //创建画布 $img
    $color=imagecolorallocate($img,0,0,0);                       //设定 RGB 颜色值
    imagefill($img,0,0,$color);                                  //填充画布背景
    $textColor_1=imagecolorallocate($img,230,230,0);             //文字颜色 1
    $str_1="imageString";
    $str_2="罗浮山下四时春";
    imagestring($img,5,10,20,$str_1,$textColor_1);               //5 号字
    imagestring($img,15,200,20,$str_1,$textColor_1);             //15 号字
    imagestring($img,5,10,50,$str_2,$textColor_1);               //中文字符串
    imagejpeg($img);         //输出画布对象
    imagedestroy($img);      //销毁画布对象
?>
```

从图 11-10 所示的运行结果中可以看到，15 号字没有实际效果，中文内容的字符串输出成了乱码。

图11-10　例11-8中程序运行结果

使用imagestring()函数的不足之处是字号的大小范围有限，只支持默认的系统字体，无法使用用户自定义字体，并且不支持中文字符的输出，也无法支持更多的显示效果。

使用另一个字符串图像函数imagettftext()可以解决上述问题。其语法格式如下。

```
imagettftext ($imgObj, $size ,$angle ,start_x , start_y ,$color , $fontfile , $string);
```

其中，$imgObj表示画布对象。

$size表示字号大小，取值支持小数。

$angle表示字体倾斜（旋转）的角度，单位为“度”。

start_x与start_y表示字符输出起始点坐标值。

$color表示字符的颜色。

$fontfile表示使用的字体文件的名称。

$string表示要输出的字符串内容。

【例11-9】使用imagettftext()函数进行字符串内容的图像输出。

```
<?php
    header("Content-type:image/jpeg");
    $img=imagecreatetruecolor(400,100);                          //创建画布$img
    $color=imagecolorallocate($img,0,0,0);                       //设定RGB颜色值
    imagefill($img,0,0,$color);                                  //填充画布背景
    $textColor=imagecolorallocate($img,230,230,0);               //文字颜色1
    $str_1="sunking";
    $str_2="不辞长作岭南人";
    $fontFile=realpath("fangzheng.ttf");   //使用自定义的字体文件
    //15号字,旋转0度
    imagettftext($img,15,0,10,20,$textColor,$fontFile,$str_1);
    //25号字,倾斜10度
    imagettftext($img,25,10,10,80,$textColor,$fontFile,$str_1);
    //25号中文字符,0度倾斜
    imagettftext($img,25,0,160,55,$textColor,$fontFile,$str_2);
    imagejpeg($img);   //输出画布对象
    imagedestroy($img); //销毁画布对象
?>
```

例11-9中程序的运行结果如图11-11所示。

图11-11　例11-9中程序运行结果

注 意

imagettftext()函数支持更丰富的文字图形效果，但在使用时，字体文件的路径必须是绝对路径，实际应用中通常使用相对路径，因此需要用realpath()函数将相对路径转换为绝对路径。

11.4 修改图像

11.4.1⑥ 以图片为画布

PHP支持以已有的图片作为画布，然后在画布上进行图像描绘。

使用图片作为背景的函数，根据图像的类型不同而不同，常用的有 imagecreatefromgif()、imagecreatefromjpeg()、imagecreatefrompng() 等函数。

上述三个函数的语法格式相同，参数都是所要打开的图片的存储路径。

【例 11-10】在已有的图片 winbg.png 上描绘图形。

```
<?php
    $im=imagecreatefrompng("winbg.png");
    $penColor=imagecolorallocate($im,250,120,0);                    //画笔颜色
    imagefilledellipse($im,230,150,80,80,$penColor);                //绘圆
    //描绘文字
    $fontFile=realpath("fangzheng.ttf");
    imagettftext($im,25,0,150,80,$penColor,$fontFile,"PHP 程序设计 ");
    header('Content-type:image/png');
    imagepng($im);
    imagedestroy($im);
?>
```

Winbg.png 原始图片的效果如图 11-12 所示。

图11-12　winbg.png原始图片的效果

例 11-10 中程序的运行结果如图 11-13 所示。

图11-13　例11-10中程序的运行结果

11.4.2❸　获取图像属性

利用getimagesize()函数可以获取指定图片的属性信息，包括图片尺寸、类型、颜色模式等信息，以帮助处理图像。函数的返回值是一个数组，数组中的各个元素值中保存了图片的各项属性信息。

其语法格式如下。

```
getimagesize ($filename)
```

其中，$filename为图片文件名。

函数返回的数组中包含了7个元素，这7个元素对应的值含义见表11-1。

表格 11-1 getimagesize()参数返回值含义表

数组元素索引	值含义
0	图像宽度的像素值
1	图像高度的像素值
2	图像的类型，其值为数字，其中1 = GIF，2 = JPG，3 = PNG，4 = SWF，5 = PSD，6 = BMP，7 = TIFF(intel byte order)，8 = TIFF(motorola byte order)，9 = JPC，10 = JP2，11 = JPX，12 = JB2，13 = SWC，14 = IFF，15 = WBMP，16 = XBM
3	图像宽度和高度的字符串，可以直接用于 HTML 的 <image> 标签
bits	图像的每种颜色的位数，二进制格式
channels	图像的通道值，RGB 图像默认是 3
mime	图像类型的 MIME 信息，可用于header()函数的输出

【例11-11】获取图片winbg.jpg的属性。

```
<?php
    $img=getimagesize("winbg.jpg");
    //输出相关信息
    echo "图片winbg的相关信息如下：<br>";
    echo "宽：".$img[0]."px，高：".$img[1]."px<br>";
    echo "文件类型：";
    switch($img[2])
    {
        case 1:
                echo "GIF<br>";
                break;
        case 2:
                echo "JPG<br>";
                break;
        case 3:
                echo "PNG<br>";
                break;
        case 4:
                echo "SWF<br>";
                break;
        default:
                echo "其他<br>";
```

```
    }
    echo "颜色通道：".$img['channels'];
?>
```

在Windows 10环境下查看，winbg.jpg的详细属性如图11–14所示。

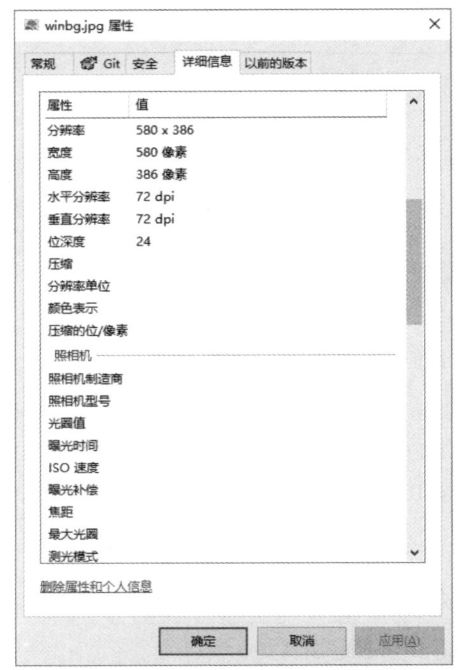

图11–14　Windows 10环境下winbg.jpg图片文件属性窗口

例11–11中的程序运行结束后，在浏览器中输出的文件信息如图11–15所示。

图11–15　例11–11中程序运行结果

11.4.3 合并图像

利用imagecopymerge()函数，可以将图片A作为蒙版，复制到图片B中，并将其合并成一张图片输出，被复制的图片A作为蒙版图片。

imagecopymerge()函数的语法格式如下。

```
imagecopymerge($dstImg,$srcImg, $dst_x, $dst_y, $src_x, $src_y, $src_w, $src_h, $alpha );
```

其中，$dstImg与$srcImg分别表示目标图片与蒙版图片的存储路径。

$dst_x与$dst_y表示目标图片中粘贴点的坐标值。

$src_x与$src_y表示蒙版图片的起始复制点的坐标值。

$src_w与$src_h分别表示复制的宽度与高度，单位是像素。

$alpha表示合并度，相当于蒙版图片的透明度，其值为0时，蒙版图片在目标图片中完全透明，其值为100时，蒙版图片完全可见。

例11-12是将logo.png作为蒙版图片复制到winbg.jpg中的程序示范。

【例11-12】将logo.png作为蒙版图片合并到winbg.jpg中。

```
<?php
    header("Content-type:image/jpeg");
    $dstImg=imagecreatefromjpeg("winbg.jpg");                    //背景图片
    $srcImg=imagecreatefrompng("logo.png");                      //蒙版图片
    $imgInfo=getimagesize("logo.png");                           //获取蒙版的尺寸
    $alpha_1=30;            //蒙版透明度1
    $alpha_2=100;           //蒙版透明度2
    imagecopymerge($dstImg,$srcImg,100,80,0,0,$imgInfo[0],$imgInfo[1],$alpha_1);
    imagecopymerge($dstImg,$srcImg,270,80,0,0,$imgInfo[0],$imgInfo[1],$alpha_2);
    imagejpeg($dstImg);                 //输出合并后的图片
    imagedestroy($dstImg);              //销毁目标图片
    imagedestroy($srcImg);              //销毁源图片
?>
```

例11-12中程序的运行结果如图11-16所示。

图11-16　例11-12中程序运行结果

11.5 应用实践

11.5.1❽ 绘制数据统计图

（1）需求说明。

某系统的“数据统计”模块需要根据数据绘制相应的统计图，为了使图形生动形像，要求绘制的统计图应用3D外观样式。

（2）测试用例：3D饼状统计图，统计数据：15%，30%，20%，35%。

（3）知识关联：header()函数，创建图像，描绘弧线。

学习笔记

（4）参考程序。

```
<?php
    header("content-type:image/png");
    $image = imagecreatetruecolor(300, 200);
    //颜色值
    $gray     =imagecolorallocate($image,0x00, 0xC0, 0xC0);       //灰
    $darkgray =imagecolorallocate($image,0x00, 0x90, 0x90);       //深灰
    $green    =imagecolorallocate($image,0x00, 0xFF, 0x00);       //绿
    $darkgreen=imagecolorallocate($image,0x00, 0x90, 0x10);       //深绿
    $red      =imagecolorallocate($image,0xFF, 0x00, 0x00);       //红
    $darkred  =imagecolorallocate($image,0x90, 0x00, 0x00);       //暗红
    $yellow   =imagecolorallocate($image,0xFF, 0xDD, 0x00);       //黄
    $darkyellow=imagecolorallocate($image,0x90, 0xCC, 0x00);      //暗黄
    //描绘3D饼图柱边
    for($i=110;$i>100;$i--){
        imagefilledarc($image,150,$i,150,100,0,54,$darkgreen,IMG_ARC_PIE);          //15%
        imagefilledarc($image,150,$i,150,100,54,162,$darkgray,IMG_ARC_PIE);         //30%
        imagefilledarc($image,150,$i,150,100,162,234,$darkred,IMG_ARC_PIE);         //20%
        imagefilledarc($image,150,$i,150,100,234,360,$darkyellow,IMG_ARC_PIE);      //35%
    }
    //描绘3D饼图柱面
    imagefilledarc($image,150,$i,150,100,0,54,$green,IMG_ARC_PIE);                  //15%
    imagefilledarc($image,150,$i,150,100,54,162,$gray,IMG_ARC_PIE);                 //30%
    imagefilledarc($image,150,$i,150,100,162,234,$red,IMG_ARC_PIE);                 //20%
    imagefilledarc($image,150,$i,150,100,234,360,$yellow,IMG_ARC_PIE);//35%
    //输出图片
    imagepng($image);
    imagedestroy($image);
?>
```

（5）运行结果。

上述参考程序的运行结果如图 11–17 所示。

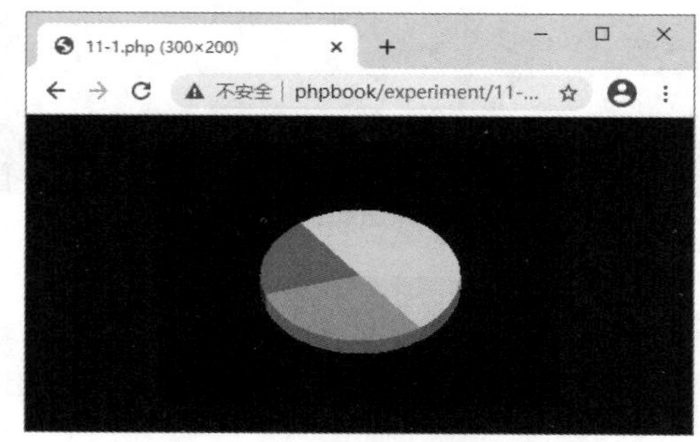

图11–17 3D饼状统计图参考效果

注 意

3D 效果图形实现的原理是先用较深的颜色值，沿着垂直方向依次向上移 1 像素，描绘 10 个相同的饼图（柱边），然后再用浅的颜色值，描绘一个最顶层的饼图（柱面）。

11.5.2❻ 文字版权水印

（1）需求说明。

某系统为了保护版权，需要在所上传图片的右下角添加文字水印“云惠信研”，透明

度为30%。支持的图像类型为JPG、PNG两种。

（2）测试用例：上传hzc.png图片，白色文字水印。

（3）知识关联：文件上传，header()函数，创建图像，描绘文字，合并图像。

（4）参考程序。

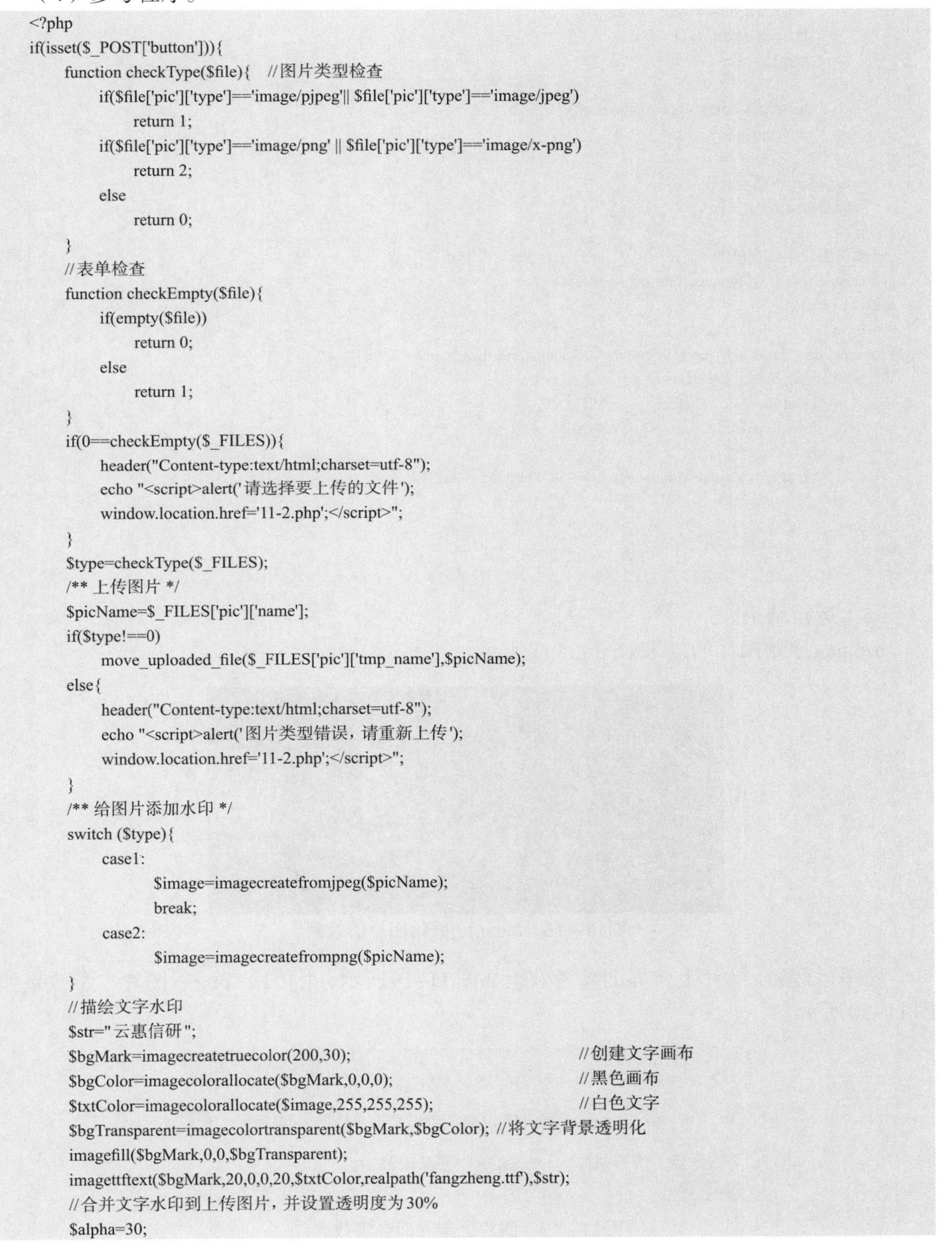

```
<?php
if(isset($_POST['button'])){
    function checkType($file){   //图片类型检查
        if($file['pic']['type']=='image/pjpeg'|| $file['pic']['type']=='image/jpeg')
            return 1;
        if($file['pic']['type']=='image/png' || $file['pic']['type']=='image/x-png')
            return 2;
        else
            return 0;
    }
    //表单检查
    function checkEmpty($file){
        if(empty($file))
            return 0;
        else
            return 1;
    }
    if(0==checkEmpty($_FILES)){
        header("Content-type:text/html;charset=utf-8");
        echo "<script>alert('请选择要上传的文件');
        window.location.href='11-2.php';</script>";
    }
    $type=checkType($_FILES);
    /** 上传图片 */
    $picName=$_FILES['pic']['name'];
    if($type!==0)
        move_uploaded_file($_FILES['pic']['tmp_name'],$picName);
    else{
        header("Content-type:text/html;charset=utf-8");
        echo "<script>alert('图片类型错误，请重新上传');
        window.location.href='11-2.php';</script>";
    }
    /** 给图片添加水印 */
    switch ($type){
        case1:
                $image=imagecreatefromjpeg($picName);
                break;
        case2:
                $image=imagecreatefrompng($picName);
    }
    //描绘文字水印
    $str="云惠信研";
    $bgMark=imagecreatetruecolor(200,30);                              //创建文字画布
    $bgColor=imagecolorallocate($bgMark,0,0,0);                        //黑色画布
    $txtColor=imagecolorallocate($image,255,255,255);                  //白色文字
    $bgTransparent=imagecolortransparent($bgMark,$bgColor); //将文字背景透明化
    imagefill($bgMark,0,0,$bgTransparent);
    imagettftext($bgMark,20,0,0,20,$txtColor,realpath('fangzheng.ttf'),$str);
    //合并文字水印到上传图片，并设置透明度为30%
    $alpha=30;
```

```
        $info=getimagesize($picName);
        imagecopymerge($image,$bgMark,$info[0]-150,$info[1]-60,0,0,200,30,$alpha);
        //输出图片
        switch ($type) {
        case1:
                header("Content-type:image/jpeg");
                imagejpeg($image);
                break;
        case2:
                header("Content-type:image/png");
                imagepng($image);
        }
        imagedestroy($image);
        imagedestroy($bgMark);
}
/** 输出图片上传表单 */
echo header("content-type:text/html;charset=utf-8");
echo
<<<form
<form action="" method="post" enctype="multipart/form-data" name="form1">
    <div>请选择要上传的图片：
        <label for="pic"></label>
        <input type="file" name="pic" id="pic">
        <br />
        <input type="submit" name="button" id="button" value="上传图片" />
    </div>
</form>
form;
?>
```

（5）运行结果。

hzc.png原始图片的效果如图11–18所示。

图11– 18　hzc.png原始图片的效果

程序运行后，图片上传界面参考效果如图11–19所示，上传hzc.png后图片参考效果如图11–20所示。

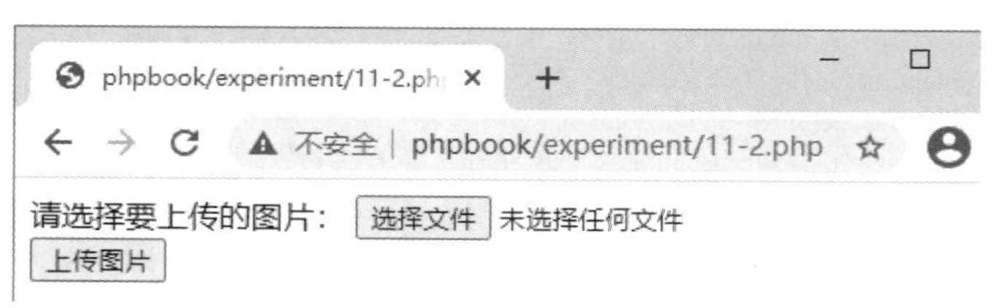

图11– 19　图片上传界面参考效果

图11– 20 hzc.png上传添加水印后的参考效果

注 意

（1）透明文字水印的实现思路如下：

① 先创建一个水印专用画布 $bgMark。

② 使用 imagecolortransparent() 函数，将该画布的背景色变为透明。

③ 描绘水印文字的内容。

④ 使用 imagecopymerge() 函数将 $bgMark 作为蒙版复制合并到所上传的图片 $image 中，并设置其透明度为 30%。

⑤ 输出 $image。

（2）imagecolortransparent() 函数的语法格式如下。

```
imagecolortransparent($imgObj,$color);
```

参数中的 $imgObj 表示图像对象，$color 表示 $imgObj 中要透明化处理的颜色值，只能通过 imagecolorallocate() 函数指定。函数运行的结果是 $imgObj 中颜色值为 $color 的部分完全透明化。

11.6 技能训练

1. 设计一个图片上传程序，并给所上传的图片添加文字水印。要求：图片只支持JPG格式，在程序中自定义上传目录；水印文字的内容通过文本框动态设定，水印位置在图片的右下角，颜色、字号可以在程序中自定义。程序运行的参考效果如图11–21和图11–22所示。

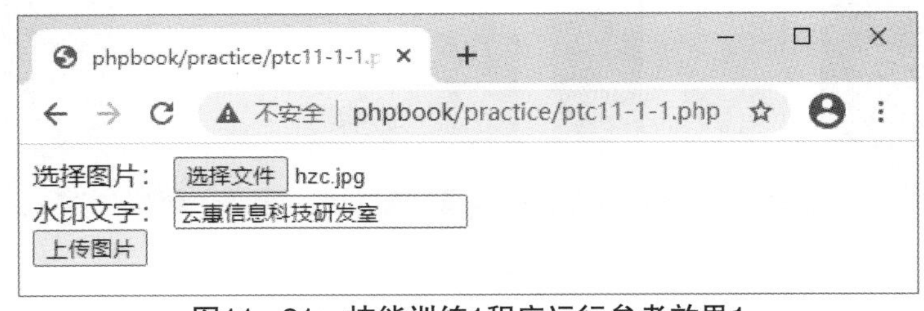

图11– 21　技能训练1程序运行参考效果1

图11-22　技能训练1程序运行参考效果2

2.设计一个学生成绩柱状统计图绘制程序。要求：学生的各段成绩数据，通过文本动态输入，参考效果如图11-23所示。各柱状图形的高度反映文本框中的数据比例，并标明各项数据值，参考效果图如11-24所示。

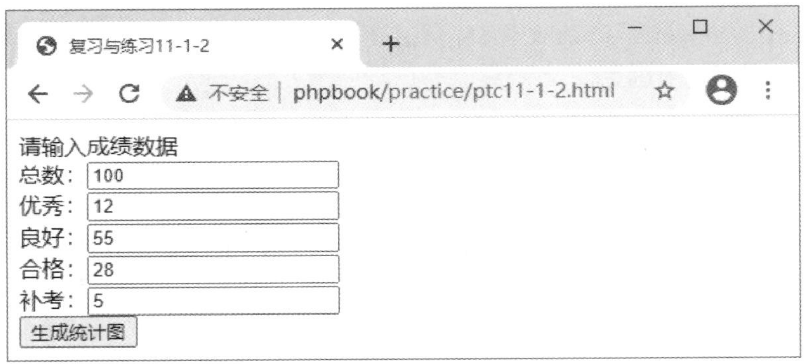

图11-23　成绩数据输入界面参考效果

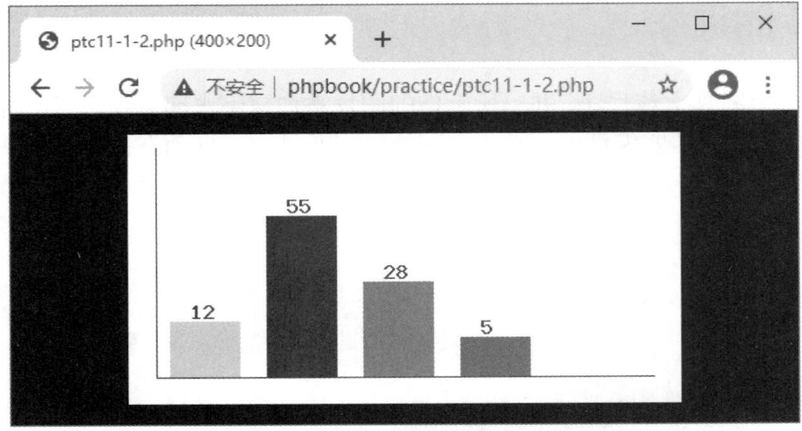

图11-24　柱状统计图参考效果

11.7 思考与练习

学习笔记

选择题

1. PHP 中的主要图像处理库是（　　）。

A. ImageMgick　　B. Exif　　C. GD　　D. Gairo

2. 能够获取图像大小的函数是（　　）。

A. getimagesize()　　B. header()　　C. imagcreate()　　D. imagecopymerge()

3. 执行语句 imageline($imgObj,10,10,250,10,$color) 后，得到的是（　　）。

A. 一条水平的直线　　B. 一条垂直的直线

C. 一条弧线　　D. 一个矩形

4. 如果需要在图片 mypic.jpg 上打上文字水印，不需要用到的图像函数是（　　）。

A. header()　　B. imagecreatefromjpeg()

C. imagecopymerge()　　D. imagestring()

5. 下列关于 imagestring() 函数与 imagettftext() 函数的说法中正确的是（　　）。

A. 两个函数对字号的支持都只能是 1 ~ 5

B. imagettftext() 函数可以支持用户自定义字体

C. 在 UTF8 编码的情况下，两者都支持中、英文字符的输出

D. 只有 imagestring() 函数支持倾斜的字体显示效果

第 12 章 文件系统

扫一扫
获取微课

文件是信息系统存取数据的重要方式之一。与数据库相比，使用文件进行数据存取更加方便，但不适用于大规模的数据管理。PHP提供了丰富的文件管理操作函数及与目录操作有关的函数，利用这些函数，用户可以方便地实现文件的管理与操作。

12.1 文件夹操作

12.1.1 打开文件夹

1. opendir() 函数

打开一个文件夹，可以通过opendir()函数实现，其语法格式如下。

```
opendir($path)
```

其中，$path是必选参数，用于指定要打开的文件夹的合法路径。如果成功打开该路径指定的文件夹，函数返回一个指向该目录的指针，指针是一个文件号，也称“句柄”；如果路径不合法或因其他原因导致该文件夹打开失败，函数返回false，并产生错误信息。用户可以根据需要在opendir()函数前加@屏蔽错误信息的输出。

【例12-1】打开E盘中的“sourcecode”文件夹。

```
<?php
    $d=opendir("E:\\sourcecode");   //注意路径的正确写法
    echo $d;
?>
```

例12-1中程序的运行结果如图12-1所示。

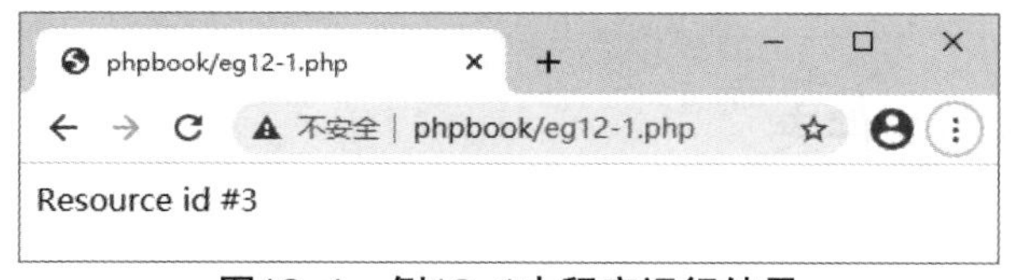

图12-1 例12-1中程序运行结果

“#3”即opendir()函数返回的指针，在上述程序段中，代表E盘下面的sourcecode文件夹，如果有多个指针，可以通过该指针指定要操作的文件夹。

如果路径不合法（路径不存在、写法错误或没有权限操作），程序运行时则会出错。

【例12-2】打开一个错误的目录路径。

```
<?php
    opendir("E:\\php_site\15"); //路径的写法错误，需要用转义符\
?>
```

例12-2中程序的运行结果如图12-2所示。

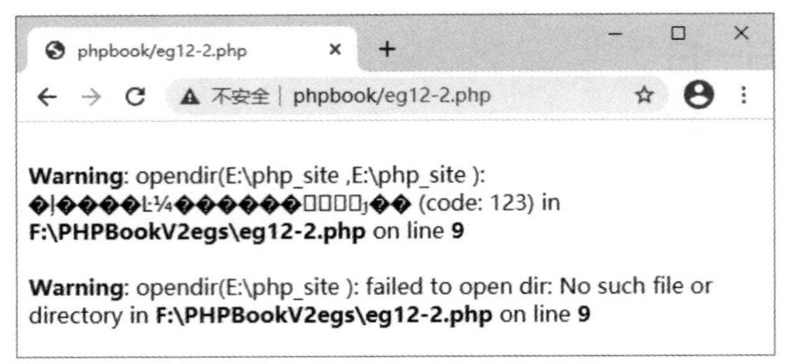

图12-2　例12-2中程序运行结果

注 意

路径中包含转义符\，使用双引号注明路径时，需要进行转义处理。

另外，需要注意在程序中打开文件夹或文件与在GUI环境下（如Windows操作系统）打开目录或文件的区别，在程序中的打开是指操作指针指向某个文件夹或获得某个文件夹的操作权限，而不是在GUI环境下显示一个窗口。

2. is_dir()函数

路径的正确性，直接影响文件夹的打开操作是否能够成功执行，为了确保文件夹的打开操作能够顺利进行，可以在打开一个文件夹之前，先判断一下该文件夹的路径是否正确。

is_dir()函数的作用就是判断一个路径字符串是否为合法的目录路径，其语法格式如下。

```
is_dir($path)
```

如果$path是一个合法的目录路径，函数返回true，否则返回false。

【例12-3】打开目录之前，先检查该目录是否合法。

```
<?php
    $path='E:\php_site\15';
    if(is_dir($path)){
        if(opendir($path))
            echo "目录打开成功";
        }else{
        echo "路径非法";
        }
?>
```

12.1.2❸　浏览文件夹

文件夹打开以后，便可以读取其中的文件了。PHP中读取一个文件夹中所有的内容列

表，可以通过readdir()函数或scandir()函数来实现。

1. readdir()函数

readdir()函数是读目录函数，其功能是读取已打开的文件夹中的一个文件夹名称或文件名称，其语法格式如下。

```
readdir($dir_hand)
```

其中，$dir_hand是已打开的文件夹的指针。如果读取成功，函数返回读取到的文件名，如果读取失败，则返回false。

【例12–4】读取并输出E:\website\目录中的所有内容列表。

```
<?php
    $path='E:\website';
    if(is_dir($path)){
        $dirID=opendir($path);                    //打开目录
        echo $path ."目录列表<br>";
        while ($fList=readdir($dirID)){ //逐条读取内容
            echo $fList."<br>";                   //输出当前列表
        }
        closedir($dirID);                         //操作完毕，关闭目录
    }else{
        echo "路径非法";
    }
?>
```

例12–4中程序的运行结果如图12–3所示。

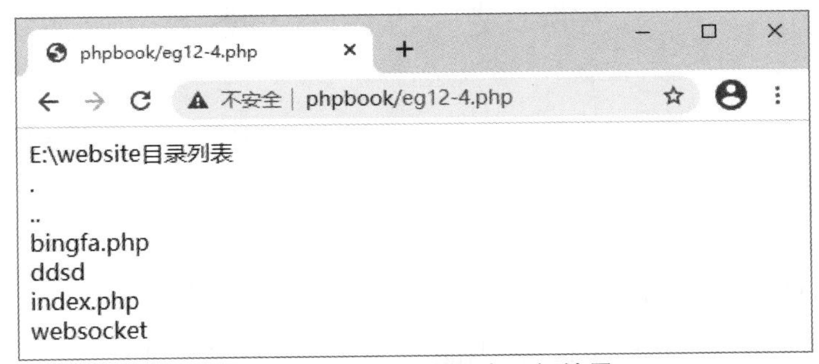

图12–3　例12–4中程序运行结果

注 意

readdir()函数返回的前两个字符是"."和".."，即使是空文件夹也返回这两个字符串，其中"."表示当前目录，".."表示上一级目录。

2. scandir()函数

使用scandir()函数可以在不打开某个目录的情况下，一次性将该目录下的所有文件名、文件夹名扫描到一个数组中，并返回该数组。若扫描失败，则返回false。

scandir()函数的语法格式如下。

```
scandir($path，[sort])
```

其中，$path是必选参数，用于指定要扫描的目录路径，如果该路径不是一个合法的目

录路径，函数将返回false，并输出一条错误信息。

sort是可选参数，用于指定目录中条目的排序方式，0为升序，1为降序，默认值为0。

【例12-5】扫描E:\website\的所有条目，并输出。

```
<?php
    $path='E:\website';
    if(is_dir($path)){
        echo $path ." 目录列表:<br>";
        $fList=scandir($path,1);            //扫描目录，降序排列
        foreach($fList as $f)               //遍历输出条目
            echo $f."<br>";
    }else
        echo " 路径非法 ";
?>
```

例12-5中程序的运行结果如图12-4所示。

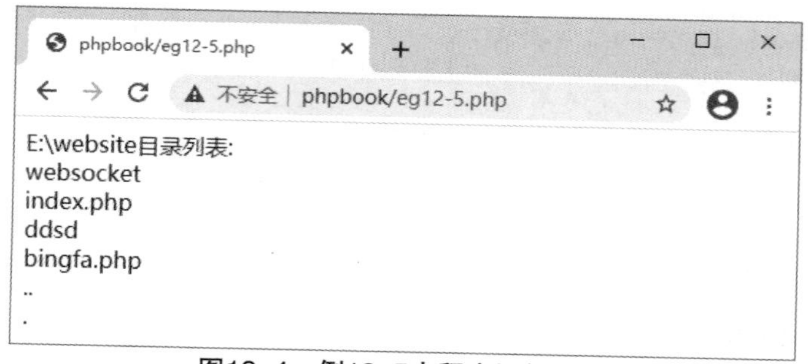

图12-4　例12-5中程序运行结果

注 意

需要注意区别的是，使用scandir()函数之前，不需要事先打开要扫描的文件夹，而使用readdir()函数则需要。

12.1.3　操作文件夹

对文件夹的操作包括新建文件夹、删除文件夹、重命名文件夹、获取当前文件夹、改变当前操作的文件夹等。

1❻. 新建文件夹

新建文件夹操作通过mkdir()函数来实现，其语法格式如下。

```
mkdir($path, [mode][, multistep])
```

其中，$path是必选参数，指要新建的文件夹路径与名称，用.\表示当前文件夹，用..\表示上一级文件夹。

mode是可选参数，用于声明所新建的文件夹的权限，是一个八进制的数字（以0开头），默认值是0777，表示最高权限。

multistep是可选参数，用于声明是否进行多级文件夹创建。默认值是false，如果需要支持多级创建，则将该值设为true。

新建目录成功，函数的返回值是true，否则返回false。

学习笔记

【例 12-6】在 E:\website\ 下新建文件夹 mynewfolder。

```
<?php
    $path='E:\website\mynewfolder';
    if(is_dir($path))
        echo "文件夹已经存在";
    else{
        mkdir($path);          //新建文件夹
        echo "文件夹创建成功";
    }
?>
```

例 12-6 中的程序不进行多级文件夹新建，因此前提条件是 E:\website\ 已经存在，否则就会新建失败。如果在一个并不存在的目录路径中采用非多级创建文件夹的方式新建目录，新建操作将失败。

【例 12-7】E:\ 中的 myphp 与 newfolder 都不存在，采用非多级创建文件夹的方式创建这两个目录。

```
<?php
    $path="E:\\myphp\\newfolder";        //服务器中不存在 E:\myphp
    if(is_dir($path))
        echo "文件夹已经存在";
    else{
        if (mkdir($path))                //创建文件夹
            echo "文件夹创建成功";
        else
            echo "文件夹创建失败";
    }
?>
```

例 12-7 中程序的运行结果如图 12-5 所示。

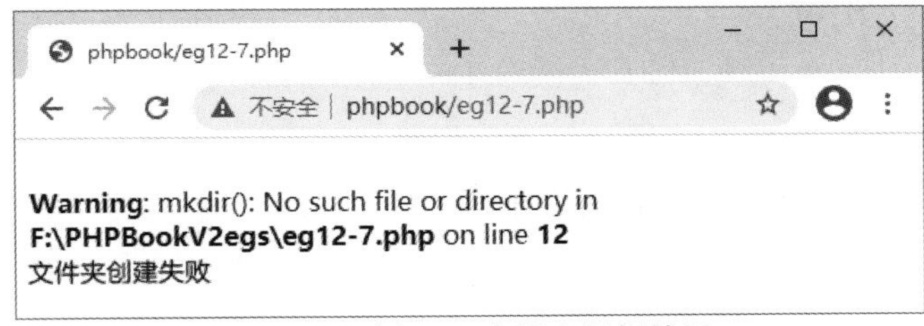

图12-5　例12-7中程序运行结果

【例 12-8】将例 12-7 中的程序修改为采用多级创建文件夹的方式新建目录。

```
<?php
    $path="E:\\myphp\\newfolder";        //不存在 E:\myphp 这个路径
    if(is_dir($path))
        echo "文件夹已经存在";
    else{
        if (mkdir($path,0777,true))      //创建多级目录
            echo "文件夹创建成功";
        else
            echo "文件夹创建失败";
    }
?>
```

例 12-8 中的程序运行结束后，程序会先在 E 盘上创建一个 myphp 文件夹，再在 myphp

文件夹中创建一个 newfolder 文件夹。

例 12-8 中程序的运行结果如图 12-6 所示。

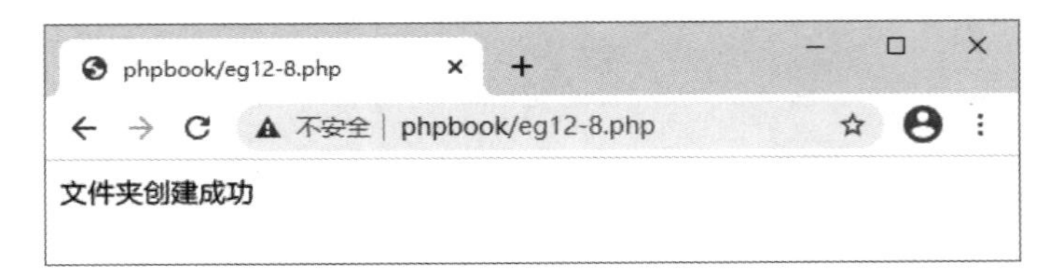

图12-6　例12-8中程序运行结果

2❸. 删除文件夹

删除文件夹使用的是 rmdir() 函数，rm 是单词“remove”的缩写，该函数的语法格式如下。

```
rmdir($path)
```

其中，$path 是必选参数，用于指定要删除的文件夹，如果是多级目录组成的路径，删除最后一级目录。

如果文件夹删除成功，函数返回 true，否则返回 false。

【例 12-9】删除 E:\website 中的 mynewfolder 文件夹。

```
<?php
    $path="E:\\website\\mynewfolder";
    if(is_dir($path)){
        $rm=rmdir($path);                //删除文件夹
        if($rm==true)
            echo "文件夹删除成功";
        else
            echo "文件夹删除失败";
    }else
        echo "文件夹不存在";
?>
```

例 12-9 中程序的运行结果如图 12-7 所示。

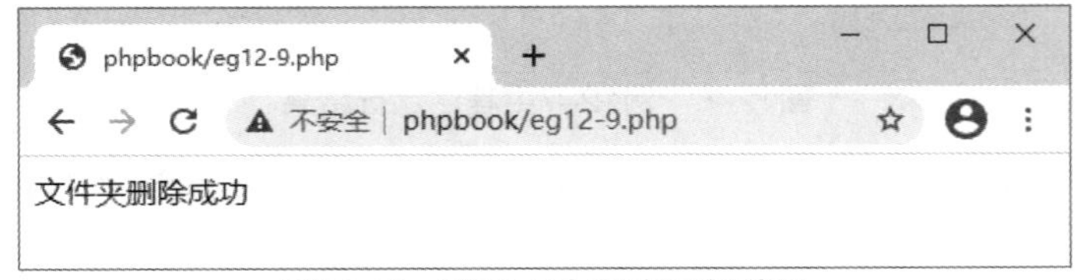

图12-7　例12-9中程序运行结果

需要注意的是，指定要删除的文件夹必须是空的，并且用户拥有该文件夹的相应操作权限，否则将删除失败，并产生一条错误信息。

【例 12-10】删除 E:\website 文件夹，该文件夹不为空。

```
<?php
    $path="E:\\website";
    if(is_dir($path)){
        $rm=rmdir($path);  //删除文件夹
        if($rm==true)
            echo "文件夹删除成功";
```

学习笔记

```
        else
            echo "文件夹删除失败";
    }else
        echo "文件夹不存在";
?>
```

例 12–10 中程序的运行结果如图 12–8 所示。

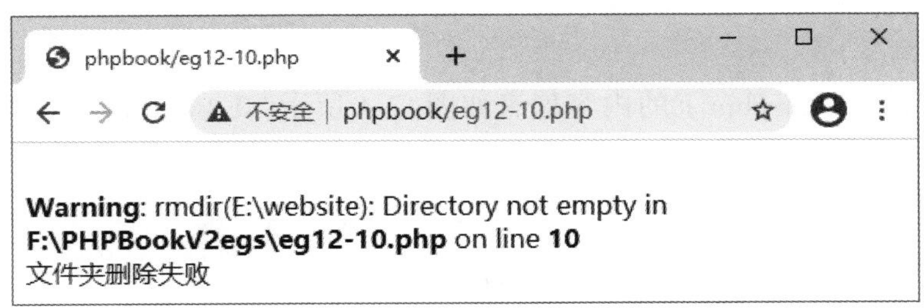
phpbook/eg12-10.php
不安全 | phpbook/eg12-10.php
Warning: rmdir(E:\website): Directory not empty in
F:\PHPBookV2egs\eg12-10.php on line 10
文件夹删除失败

图12–8　例12–10中程序运行结果

由图 12–8 所示的运行结果可以看出，程序给出“Directory not empty…”（目录非空）的错误提示。

3❸. 重命名文件夹

对一个文件夹进行重命名操作要用rename() 函数，其语法格式如下。

```
rename($oPath,$nPath)
```

其中，$oPath 用于指定需要重命名的文件夹，$nPath 用于指定新文件夹名。若操作成功，函数返回true，否则返回false。

【例 12–11】将 E:\myphp 下的newfolder 文件夹重命名为mydir。

```
<?php
    $oldPath="E:\\myphp\\newfolder";
    $newPath="E:\\myphp\\mydir";
    if(rename($oldPath,$newPath))
        echo "文件夹重命名成功";
    else
        echo "文件夹重命名失败";
?>
```

使用rename() 函数还可以实现剪切文件夹的操作。

【例 12–12】将 E:\myphp\ 下的images 文件夹移动到 E:\website\ 下，并将其重命名为newdir。

```
<?php
    $path1="E:\\myphp";
    $path2="E:\\website";
    $list1=scandir($path1);//读取第一个路径
    echo "移动前的".$path1."内容列表<br>";
    foreach($list1 as $k)
        {echo $k." ; ";}
    $list2=scandir($path2);//读取第二个路径
    echo "<br>";
    echo "移动前的".$path2."内容列表<br>";
    foreach($list2 as $k)
        {echo $k." ; ";}
    rename($path1.'\images',$path2.'\newdir'); //移动文件夹
    echo "<br>";
    $list1=scandir($path1); //读取第一个路径
```

```
        echo "移动后的".$path1."内容列表<br>";
        foreach($list1 as $k)
            {echo $k." ; ";}
        echo "<br>";
        $list2=scandir($path2); //读取第二个路径
        echo "移动后的".$path2."内容列表<br>";
        foreach($list2 as $k)
            {echo $k." ; ";}
?>
```

程序运行前，E:\myphp\ 下的内容列表如图 12–9 所示，E:\website\ 下的内容列表如图 12–10 所示。

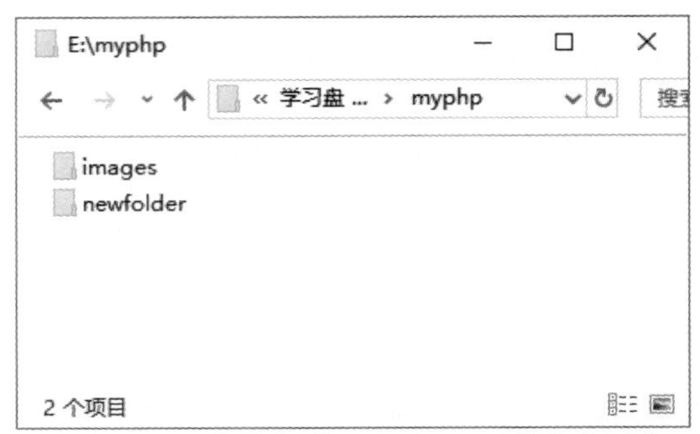

图12–9　程序运行前E:\myphp\下的内容列表

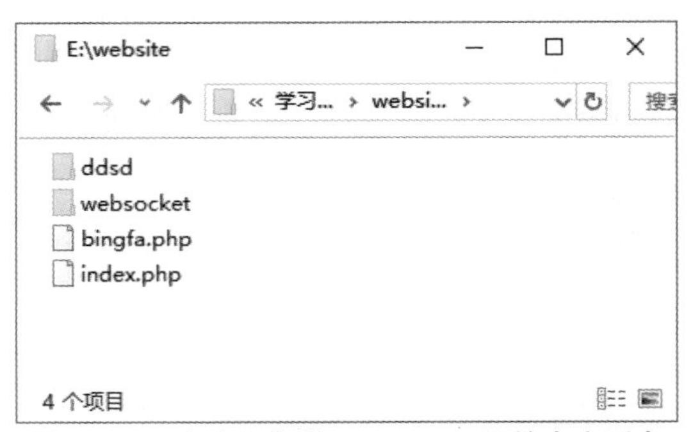

图12–10　程序运行前E:\website\下的内容列表

程序运行后，E:\myphp\ 下的内容列表如图 12–11 所示，E:\website\ 下的内容列表如图 12–12 所示。

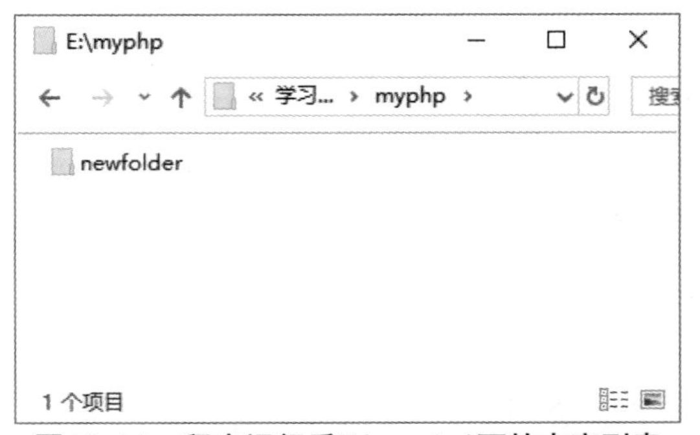

图12–11　程序运行后E:\myphp\下的内容列表

学习笔记

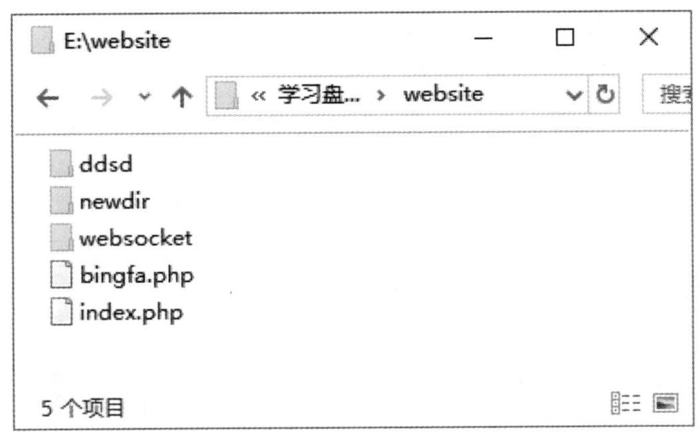

图12–12　程序运行后E:\website\下的内容列表

4❽. 获取当前文件夹

使用 getcwd() 函数可以获取当前程序脚本所在的文件夹，其语法格式如下。

```
getcwd()
```

如果获取文件夹成功，则返回当前工作的文件夹路径，如果获取失败，则返回 false。

【例 12–13】获取当前文件夹。

```
<?php
    echo getcwd();
?>
```

5❻. 改变当前文件夹

使用 chdir() 函数可以将当前工作文件夹重定向到新的文件夹，相当于 DOS 命令中的 cd 指令，其语法格式如下。

```
chdir($path)
```

其中，$path 是必选参数，指定要指向的文件夹路径。

【例 12–14】改变当前工作文件夹为 E:\myphp。

```
<?php
    echo " 当前文件夹是 ".getcwd()."<br>";
    chdir("E:\\myphp");                    //改变当前文件夹
    echo " 当前文件夹是 ".getcwd();
?>
```

例 12–14 中程序的运行结果如图 12–13 所示。

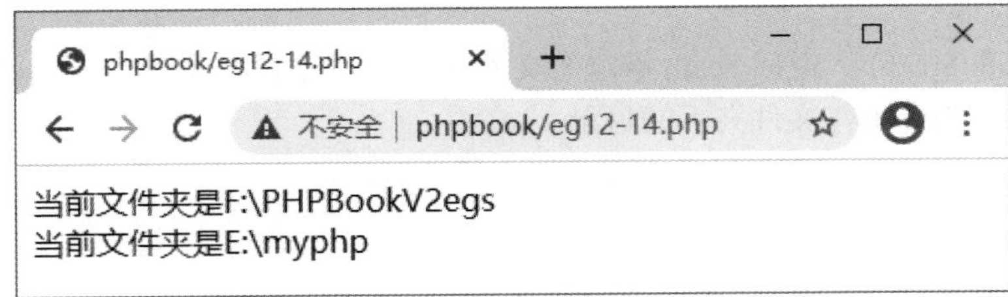

图12–13　例12–14中程序运行结果

学习笔记

12.1.4❸ 其他文件夹操作函数

PHP中关于文件夹操作的函数，比较常用的还有以下几个：

（1）closedir($hand)：用于关闭一个已打开的文件夹，$hand表示已经打开的目录指针。

（2）disk_free_space($path)：返回文件夹中的可用空间的字节数，其返回值是一个浮点型的数值。

【例12-15】查看当前目录的可用空间。

```
<?php
    echo "当前文件夹是".getcwd()."<br>";
    echo "可用空间还有：".disk_free_space(getcwd())."字节";
?>
```

（3）disk_total_space($path)：返回$path指定的文件夹的全部空间的字节数，其返回值是一个浮点型的数值。

【例12-16】查看当前目录的全部空间。

```
<?php
    echo "当前文件夹是".getcwd()."<br>";
    echo "全部空间有：".disk_total_space(getcwd())."字节";
?>
```

（4）basename($path)：用于获取指定路径$path中最后一级文件夹的名字，若获取成功，则返回文件夹的名字，若获取失败，返回false。

【例12-17】获取E:\website\websocket下最后一级文件夹的名字。

```
<?php
    echo basename("E:\\php_site\\15"); //输出"websocket"
?>
```

（5）dirname($path)：用于获取指定路径$path中去掉最后一级文件夹后的路径，若获取成功，则返回路径字符串，若获取失败，则返回false。

【例12-18】获取E：\php_site\\15中去掉最后一级文件夹后的路径。

```
<?php
    echo dirname("E:\\php_site\\15"); //输出"E:\php_site"
?>
```

注 意

basename()与dirname()两个函数的参数中给出的路径，只要是一个符合路径格式的字符串，函数即能返回相应的内容，而不判断该字符串对应的路径是否真实存在。

（6）realpath($path)：返回$path指定的文件夹的绝对路径。注意：$path所指定的文件夹的路径只能是当前工作文件夹下的目录。

【例12-19】获取当前工作目录在服务器上的绝对路径。

```
<?php
    echo "当前工作目录是:".getcwd()."<br>";
    echo realpath("egs");                    //返回egs目录的绝对路径
?>
```

例12-19中程序的运行结果如图12-14所示。

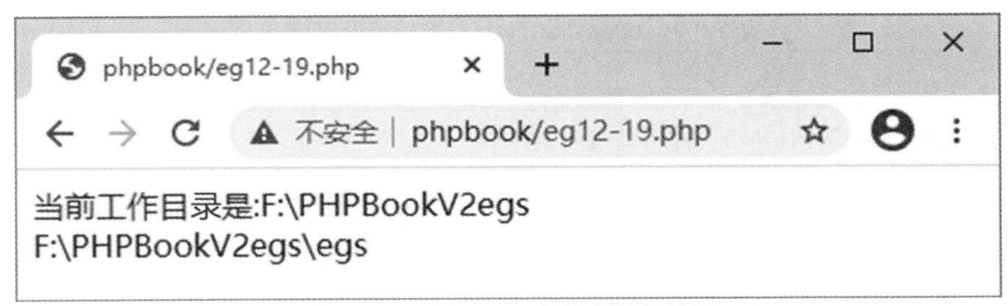

图12–14　例12–19中程序运行结果

12.2 文件操作

PHP中的文件操作与文件夹操作有类似之处也有区别。文件的操作流程如图12–15所示。

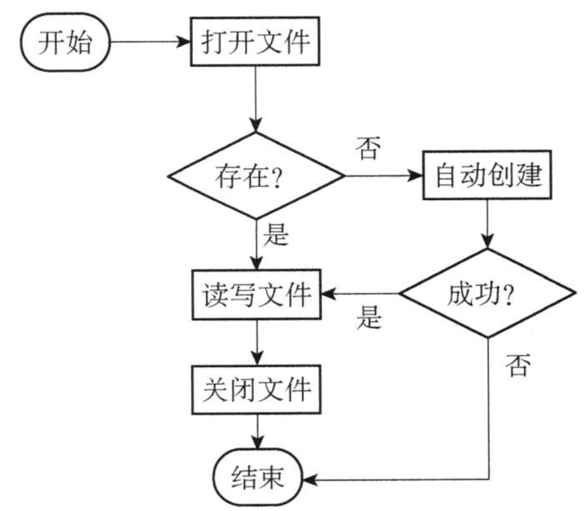

图12–15　PHP中文件的操作流程

12.2.1 文件的打开与关闭

1❻. fopen()函数

PHP中打开一个文件，通过fopen()函数来实现，其语法格式如下。

```
fopen($filename, operationType, [$includePath][, $handle])
```

其中，$filename是必选参数，用于指定要打开的文件路径，该路径可以是本地文件路径，也可以是一个远程文件的URL。如果路径由目录名与文件名共同组成，PHP则将其识别为本地路径，在本地磁盘上寻找该文件并尝试打开；如果是“protocol://...”形式的路径，PHP则将其识别为远程URL，将按指定协议尝试打开该文件。若文件打开成功，函数返回一个文件号（句柄），若文件打开失败，则返回false。

operationType是一个具有特定值含义的字符串参数，为必选参数，用于指定文件的读写模式。用户必须重视这个参数，否则就有可能将文件内容全部删除。operationType参数的值及其含义见表12–1。

表12-1　operationType参数的值及其含义

值	含　义
r	以只读方式打开，将文件指针指向文件头
r+	以读写方式打开，将文件指针指向文件头。在现有文件中写入内容，会覆盖原有内容
w	以写入方式打开，将文件指针指向文件头，如果文件不存在则尝试创建，如果文件存在，则文件中原有内容会被删除
w+	以读写方式打开，将文件指针指向文件头，如果文件不存在则尝试创建，如果文件存在，文件中原有的内容会被删除
a	以追加方式打开，将文件指针指向文件末尾。如果文件不存在则尝试创建
a+	以读写（追加）方式打开，将文件指针指向文件末尾。如果文件不存在则尝试创建
x	创建文件，并以写入方式打开文件，将文件指针指向文件头，如果文件已存在，则该文件不会被创建也不会被打开，函数返回 false，并产生警告信息
x+	创建文件，并以读写方式打开文件，将文件指针指向文件头。如果文件已存在，则该文件不会被创建也不会被打开，函数返回 false，并产生警告信息

$includePath 是可选参数，用于指定文件的优先搜索路径。假设在 php.ini 中设置了一个 include_path 路径，如 E:\php_site\，如果希望程序首先在这个路径下寻找、打开指定的文件，则将 $includePath 参数的值设为 true 或 1。其默认值是 0，程序会优先在根目录下寻找、打开指定的文件。

$handle 是可选参数，在打开远程文件时使用，它是一个变量，用于保存函数打开对象的一些信息。

【例 12-20】用只读模式打开文件。

```
<?php
    $cDir="E:\\myphp";
    chdir($cDir);                              //改变当前文件夹
    $cFile=fopen("myfile.txt","r");            //用只读方式打开文件
    @$cFile2=fopen("12.txt","r");              //不存在"12.txt"
    if($cFile)
        echo "文件打开成功<br>";
    else
        echo "文件打开失败<br>";
    if($cFile2)
        echo "文件打开成功<br>";
    else
        echo "文件打开失败<br>";
?>
```

例 12-20 中程序的运行结果如图 12-16 所示。

学习笔记

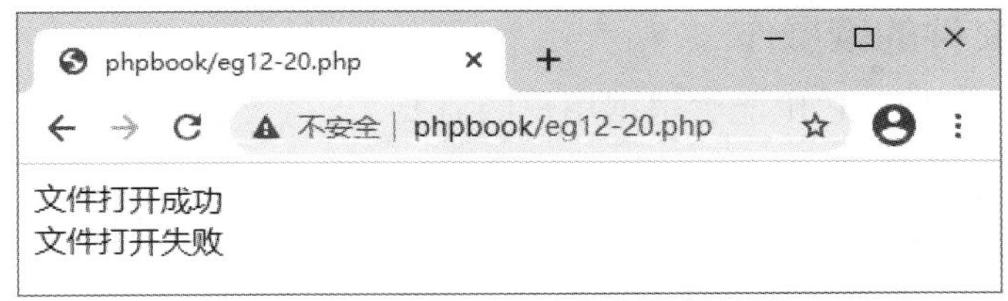

图12-16　例12-20中程序运行结果

2❻. fclose() 函数

文件操作完成后，应当关闭该文件，以免发生不必要的错误。关闭文件函数fclose()的语法格式如下。

```
fclose($handle)
```

其中，$handle必须是一个通过fopen()函数打开的有效文件名。如果关闭成功，函数返回true，否则返回false，并产生一条错误信息。

【例 12-21】关闭文件。

```
<?php
    $cDir="E:\\myphp";
    chdir($cDir);                                   //改变当前文件夹
    $cFile1=fopen("myfile.txt","r");                // 只读方式打开 myfile.txt
    $cFile2=fopen("12.txt","r");                    // 不存在 12.txt
    if(fclose($cFile1))
        echo "myfile.txt 关闭成功 <br>";
    else
        echo "myfile.txt 关闭失败 <br>";
    if(fclose($cFile2))
        echo " 文件 12.txt 关闭成功 <br>";
    else
        echo " 文件 12.txt 关闭失败 <br>";
?>
```

例12-21的程序中由于12.txt文件不存在，文件打开失败，因此程序中的语句$cFile2=fopen("12.txt","r")与fclose($cFile2)运行时都将出错并产生一条错误信息。

例12-21中程序的运行结果如图12-17所示。

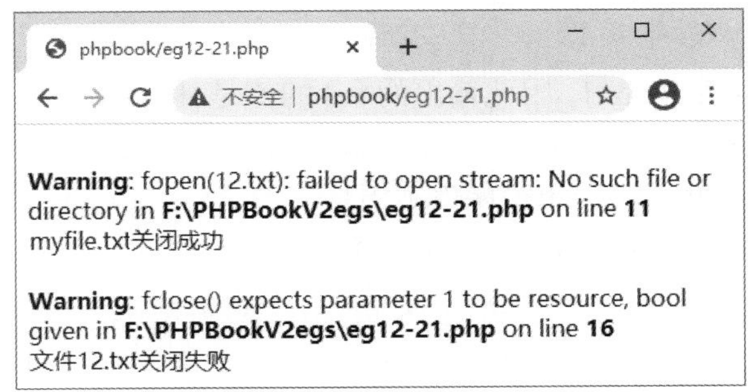

图12-17　例12-21中程序运行结果

注 意

如果不需显示PHP的错误提示内容，可以在fopen()函数或fclose()函数语句前面添加错误信息屏蔽字符@。

学习笔记

12.2.2 文件的读操作

在读取文件内容时，PHP能够根据用户的需要，支持读取一个字符、一行字符串、整个文件或指定长度的内容。

1❸. 按字符读取文件

使用fgetc()函数，从打开的文件中读取一个字符，其语法格式如下。

```
fgetc($handle)
```

其中，$handle必须是一个使用fopen()函数打开的有效文件名，如果读取成功，函数返回所读取到的字符；如果已到达文件的末尾（EOF），则返回false；如果该参数值不是一个有效文件名，函数返回false，并产生一条错误信息。

在E:\myphp目录下有两个文件，分别是myfile.txt、mytext.txt。其中，myfile.txt中有一行文字“Hello!PHP!”，mytext.txt中没有内容，mycode.txt不存在。

【例12–22】使用fgetc()函数读取以上文件的内容。

```
<?php
    $cDir="E:\\myphp";
    chdir($cDir); //改变当前文件夹
    $cFile1=fopen("myfile.txt","r");
    $cFile2=fopen("mytext.txt","r");
    $cFile3=fopen("mycode.txt","r");
    $c1=fgetc($cFile1);
    $c2=fgetc($cFile2);
    $c3=fgetc($cFile3);
    if($c1!=false)
        echo $c1."<br>";
    else
        echo "myfile.txt读取失败<br>";
    if($c2!=false)
        echo $c2."<br>";
    else
        echo "mytext.txt读取失败<br>";
    if($c3!=false)
        echo $c3."<br>";
    else
        echo "mycode.txt读取失败";
?>
```

Myfile.txt的第一个字符是H，因此输出的$c1的值是H。mytext.txt中没有内容，因此读取的结果是false。文件mycode.txt不存在，文件打开失败，无法产生一个有效的$handle，因此读取的结果是false并给出一条错误提示信息。

例12–22中程序的运行结果如图12–18所示。

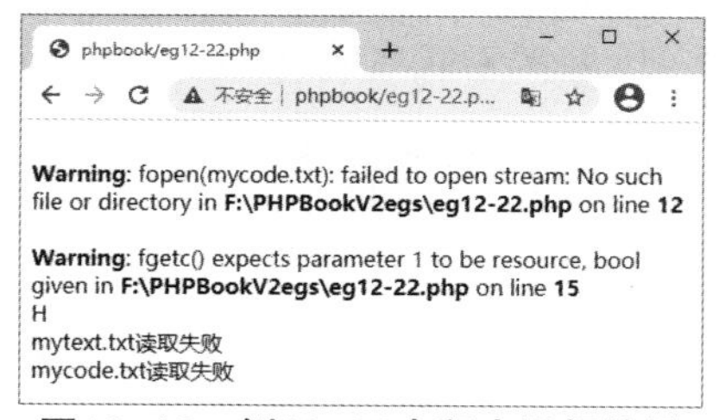

图12–18　例12–22中程序运行结果

学习笔记

【例 12-23】用 fgetc() 函数读取文件中所有字符，并输出。

```
<?php
    $c_dir="E:\\myphp";
    chdir($c_dir);                              //改变当前文件夹
    $cFile1=fopen("mypoem.txt","r");            //以只读方式打开文件
    while(($c=fgetc($cFile1))!=false){          //读取并输出字符
        $c=nl2br($c);                           //处理换行符
        echo $c;
    }
    fclose($cFile1);                            //关闭文件
?>
```

例 12-23 中程序的运行结果如图 12-19 所示。

图12-19　例12-23中程序运行结果

注 意

实际操作中，可以用 feof(文件名) 函数判断是否已到达文件的末尾。

2. 按行读取文件

利用 fgets() 函数一次性可以读取指定文件中的一行内容，其语法格式如下。

```
fgets($handle[,length])
```

其中，$handle 是必选参数，是可以用 fopen() 函数打开的文件名。

length 是可选参数，用于指定读取一行内容以后返回内容的大小，默认值是 1KB（1024 字节）。如果在指定的长度以内含有换行符或已到文件末尾（EOF==true），则只返回换行符或 EOF 之前的内容，否则，返回 "长度-1" 个字节，最后一个字节是文件结束符。

如果文件读取成功，函数返回读取的内容，否则返回 false。

【例 12-24】按行读取文件 mypoem.txt 中的内容。

```
<?php
    $c_dir="E:\\myphp";
    chdir($c_dir);                              //改变当前文件夹
    $cFile=fopen("mypoem.txt","r");             //打开文件
    while(($L=fgets($cFile))!=false){           //每次读取一行
        echo nl2br($L);
    }
    fclose($cFile);                             //关闭文件
?>
```

3. 读取整个文件

PHP 中用于读取整个文件的函数有若干个，常用的主要是 file() 函数与 file_get_contents()

函数。

（1）file () 函数。file () 函数的功能是将一个文件读取到一个数组中，文件中每行的内容（包括换行符），作为数组的一个元素值，其语法格式如下。

```
file($filePath[, includePath][, handle])
```

其中，$filePath是必选参数，用于指定要打开文件的路径，可以是本地文件路径，也可以是一个远程URL。

includePath是可选参数，指明是否优先在user_include_path目录下搜索要打开的文件，默认值是false，优先在根目录下进行搜索。

handle是一个变量，是可选参数，其含义参考fopen() 函数。

如果文件读取成功，函数返回的是一个含有全部文件内容的数组，否则返回false。

【例12–25】使用file() 函数读取文件内容。

```
<?php
    chdir("E:\\myphp");                  //改变当前文件夹
    $fContent=file("mypoem.txt");        //读取文件到数组变量
    foreach($fContent as $f ){
        echo nl2br($f);
    }
?>
```

例12–25中程序的运行结果如图10–20所示。

图12–20　例12–25中程序运行结果

注 意

使用file() 函数读取文件时，不需要提前打开文件。

（2）file_get_contents() 函数。file_get_contents() 函数的功能是将文件中指定部分的内容读取到一个字符串中，其语法格式如下。

```
file_get_contents($filePath[,includePath][ ,handle] [,startPoint][, readLength])
```

其中，$filePath、includePath与handle的含义、用法与file() 函数的对应参数相同。

startPoint是可选参数，用于指定开始读取的位置，默认从头开始。

readLenght是可选参数，用于指定读取的长度，单位为字节，默认读取到文件结束为止。

如果读取文件成功，函数返回一个读取内容的字符串，否则返回false。

【例12–26】使用不同参数设置的file_get_contents() 函数读取文件12–26.txt中的内容。

```
<?php
    header("content-type:text/html;chartset=utf-8");
    echo "读取全部内容如下：<br>";
    echo file_get_contents("E:\\myphp\\12-26.txt");
```

```
    echo "<br>";
    echo "读取部分内容如下：<br>";
    echo file_get_contents("E:\\myphp\\12-26.txt",NULL,NULL,0,54);
?>
```

例 12–26 中程序的运行结果如图 12–21 所示。

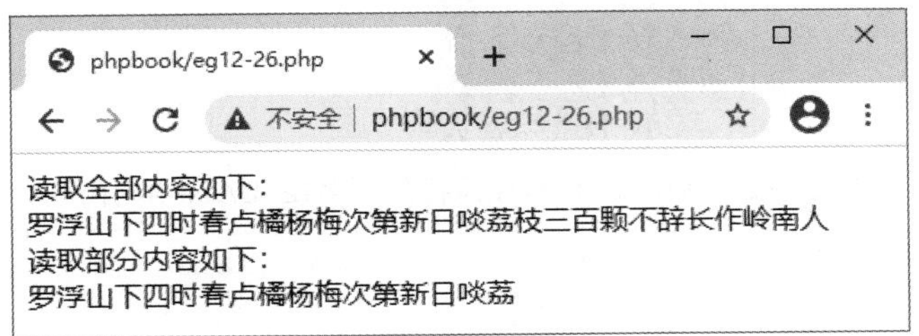

图12–21　例12–26中程序运行结果

12.2.3　文件的写操作

PHP 提供的文件写操作函数有 fwrite() 函数与 file_put_contents() 函数。两者的主要区别在于前者需要打开文件才能进行写操作，后者不需打开文件即可进行写操作。

在对文件进行写操作之前，必须要保证该文件已存在，并且以支持写操作的模式将其打开。

1❻. fwrite() 函数

fwrite() 函数的功能是将内容写入指定的文件，它还有一个别名叫 fputs() 函数，其用法、含义与 fwrite() 函数一致，fwrite() 函数的语法格式如下。

```
fwrite($handle, $contentStr[, length])
```

其中，$handle 是必选参数，它的值是使用 fopen() 函数打开的、支持写操作模式的文件名。

$contentStr 是必选参数，用于指定要写入文件的内容。

length 是可选参数，用于指定要写入文件的字符数，如果 length 指定的长度比 $contentStr 内容的长度大，则写入全部的 $contentStr 内容，如果比 $contentStr 内容的长度小，则截取 $contentStr 中相应长度的内容写入文件。如果省略该参数，则默认为写入全部的 $contentStr 内容。

操作成功后，函数返回已写入的字符数；如果操作失败，则返回 false。

【例 12–27】将唐诗《江雪》写入文件 12–27.txt 中。

```
<?php
    $filePath="E:\\myphp\\12-27.txt";
    $str="\r\n江雪\r\n千山鸟飞绝，\r\n万径人踪灭。\r\n孤舟蓑笠翁，\r\n独钓寒江雪。";
    $fileName=fopen($filePath,"a+");          //以追加写入的模式打开文件
    $fileStr=fwrite($fileName,$str);          //写入文件
    if($fileStr!=false)
        {echo "文件写入成功";}
    fclose($fileName);
?>
```

例 12–27 中的程序运行前文件 12–27.txt 中的内容如图 12–22 所示，例 12–27 中的程序

运行以后文件 12-27.txt 中的内容如图 12-23 所示。

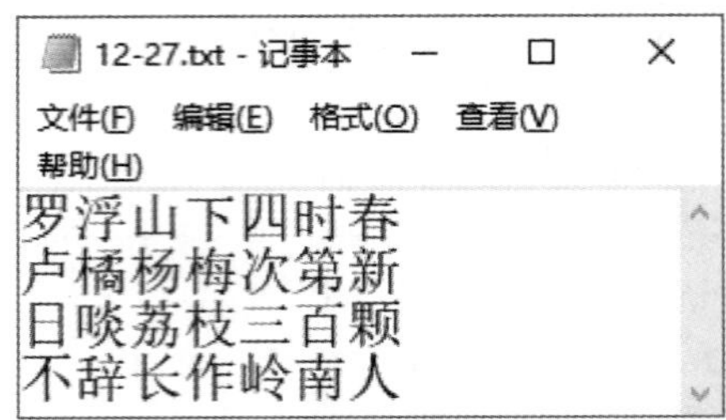

图12-22　例12-27中程序运行前文件12-27.txt中的内容

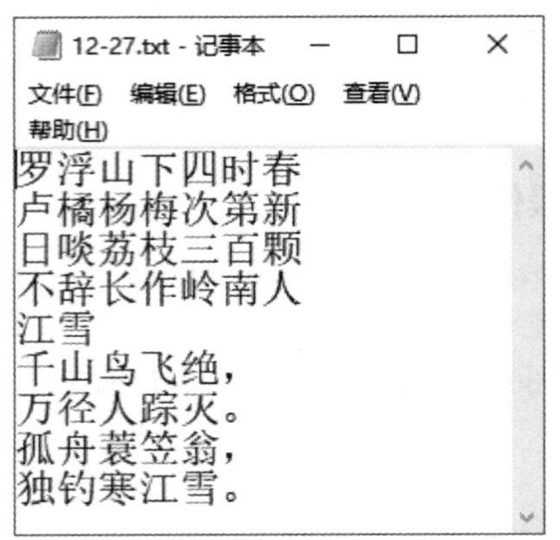

图12-23　例12-27中程序运行以后文件12-27.txt中的内容

28. file_put_contents() 函数

file_put_contents() 函数的功能是在不打开文件的前提下将字符串写入文件。它的优势是不需要打开文件即可完成操作，因此其操作流程相当于 fopen()、fwrite() 与 fclose() 三个函数的组合。

file_put_contents() 函数的语法格式如下。

```
file_put_contents($filePath[, $contentStr][, writeMode][, $context])
```

其中，$filePath 是必选参数，用于指定要写入内容的文件，如果该文件不存在，PHP 将会自动创建一个。

$contentStr 是可选参数，用于指定要写入文件的内容，可以是一维数组、字符串或字符。

writeMode 是可选参数，用于指定使用何种方式写入内容，该参数可以是以下值。

- FILE_USE_INCLUDE_PATH：include_path 中的文件优先搜索。
- FILE_APPEND：追加模式，即将内容写入文件末尾，原有内容保留。
- LOCK_EX：独占锁定模式，写入内容会覆盖原有内容。

$context 参数的值用于修改文本的属性，通常忽略。

如果写入成功，函数的返回值是已写入内容的字节数；如果写入失败，则返回 false。

【例 12-28】使用 file_put_contents() 函数执行写入文件内容的操作。

```
<?php
    $filePath="E:\\myphp\\12-28.txt";
    echo "文件原有内容：<br>";
```

学习笔记

```
        echo file_get_contents($filePath);                          //输出原有内容
        $str="春晓\r\n 春眠不觉晓\r\n 处处闻啼鸟\r\n";
        $w=file_put_contents($filePath,$str);                       //以独占锁定模式打开文件并写入内容
        if($w!==false)
            echo "<br> 文件写入成功，写入后的内容：<br>";
        readfile($filePath);
        $str="夜来风雨声，\r\n 花落知多少\r\n";
        $w=file_put_contents($filePath,$str,FILE_APPEND);           //以追加模式写入内容
        if($w!==false)
            echo "<br> 文件追加成功，追加后的内容：<br>";
        readfile($filePath);
?>
```

例 12-28 中程序的运行结果如图 12-24 所示。

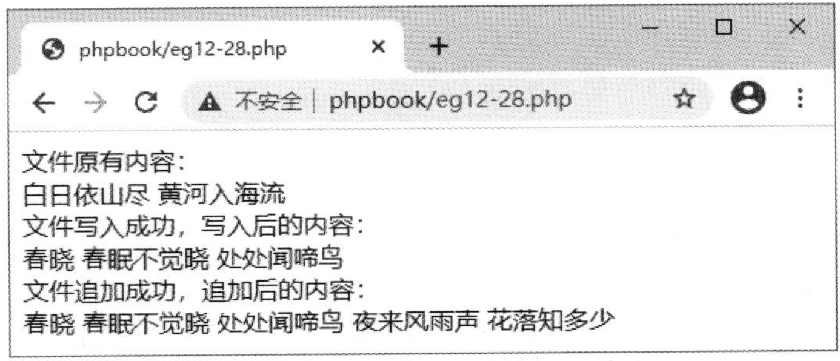

图12-24　例12-28中程序运行结果

12.2.4 其他文件操作函数

文件操作除了打开、关闭与读写操作以外，还有复制、重命名、查看属性信息等操作，这些操作都不需要打开文件，只需要确保文件存在即可。

1. 复制文件

复制文件使用 copy() 函数实现，其语法格式如下。

```
copy($filePath，$pastePath)
```

其中，$filePath 为复制路径，$pastePath 为粘贴路径。

如果操作成功，函数返回 true，否则返回 false。

2. 重命名文件

重命名一个文件与剪切一个文件都使用 rename() 函数实现，其语法格式如下。

```
rename($filePath，$pastePath)
```

操作成功，函数返回 true，否则返回 false。

3. 删除文件

删除文件使用 unlink() 函数实现，其语法格式如下。

```
unlink($filePath)
```

被删除的文件必须是一个已经存在的文件，并且不能是打开的文件。文件删除成功，返回 true，否则返回 false。

学习笔记

4. 判断文件是否存在

检查一个文件是否存在，使用is_file()函数，其语法格式如下。

```
is_file($filePath)
```

若$filePath指定的文件存在，函数返回true，否则返回false。

5. 查看文件的属性信息

要查看一个文件的属性信息，需要根据不同的属性使用不同的函。数查看文件属性信息的函数主要有以下几个。

（1）fileatime()函数

fileatime()函数返回文件最后一次被访问的时间，使用UNIX时间戳方式，是个整型的数值，其语法格式如下。

```
fileatime($filePath)；
```

（2）filemtime()函数

filemtime()函数返回文件最近修改的时间，其语法格式如下。

```
filemtime($filePath)
```

其返回的时间格式与fileatime()函数的时间格式一样。

（3）filesize()函数

filesize()函数用于获取指定文件的大小，单位是字节（Byte），其语法格式如下。

```
filesize($filePath)
```

若操作成功，返回文件的字节数；若操作失败，返回false，并产生一条错误提示信息。

12.3 应用实践

12.3.1 ❻ 附件上传处理

（1）需求说明。

某系统的附件上传模块，要求所有的附件均以上传时刻的时间戳为名，同一天上传的附件归类到同一个以当天0时0分0秒的时间戳为名的目录下。所有的归类目录必须都存储在upload目录下。

（2）测试用例：分别上传test.txt附件与test.jpg附件。

（3）知识关联：mkdir()函数，is_dir()函数，文件上传操作。

（4）参考程序。

```
<!DOCTYPE html>
<html>
<head>
    <meta charset="utf-8">
    <title>应用实践 12-1</title>
</head>
<body>
    <h3>附件上传处理</h3>
    <form action="" method="post" enctype="multipart/form-data" name="form1" id="form1">
        文件选择：
```

学习笔记

```
            <label for="myfile"></label>
            <input type="file" name="myfile" id="myfile" />
            <input type="submit" name="button" id="button" value="上传" />
        </form>
        <?php
          if(!empty($_FILES)){
               $sourceName=$_FILES['myfile']['name'];              //附件源文件名
               $extenName=explode(".", $sourceName)[1];            //附件扩展名
               $saveName=time().".".$extenName;                    //附件存储名
               $tmpName=$_FILES['myfile']['tmp_name'];             //临时文件名
               $todayDir=strtotime(date("Y-m-d",time()));          //当天目录名
               $savePath="upload/".$todayDir;
               if(!is_dir($savePath)){                             //如果不存在当天目录
                    mkdir($savePath,0777,true);                    //创建当天目录
               }
               $saveName=$savePath."/".$saveName;
               $res=move_uploaded_file($tmpName,$saveName);  //上传
               if($res){
                    echo "附件上传成功";
               }else{
                    echo "附件上传失败";
               }
          }
        ?>
    </body>
    </html>
```

（5）运行结果。

上述参考程序的运行结果如图 12-25 和图 12-26 所示。

图12-25　附件上传处理界面参考效果

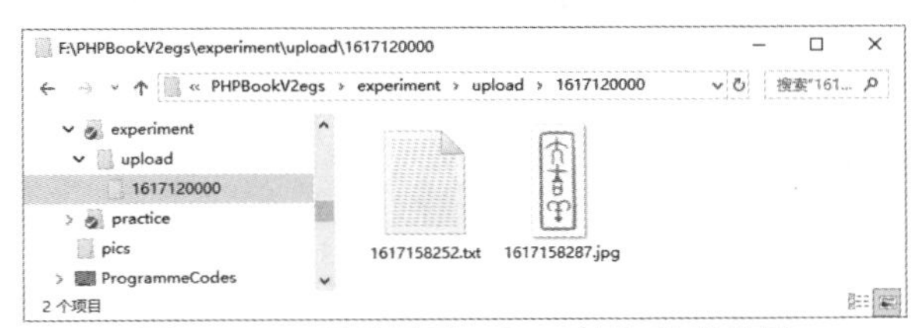

图12-26　附件目录upload结构参考效果

12.3.2　附件管理面板

（1）需求说明。

某系统的附件全部存储在 upload 目录下，允许管理员根据需要在“附件管理面板”页面中浏览 upload 目录下的各级文件夹及其中的文件，并可以进行必要的文件删除操作。

（2）测试用例：浏览 upload 目录、1617120000 目录，删除 1618070400 目录下的 1618112614.

学习笔记

jpg文件。

（3）知识关联：浏览文件夹，文件夹路径操作，文件的删除操作。

（4）参考程序。

```
<script type="text/javascript">
        function deleConfirm(filePath){
            if(window.confirm("删除操作无法恢复，确定继续吗？ ")){
                location.href="12-2.php?f="+filePath;
            }
        }
</script>
<?php
    if(isset($_GET['f'])){
        $f=urldecode($_GET['f']);          //路径URL解码
        $f=str_replace("/","\\",$f);
        unlink($f);                        //删除文件
        $path=dirname($f);
    }else
        $path=isset($_GET['dir'])?$_GET['dir']:"upload";    //当前目录
    echo "<div class='path'>附件：";
    pathTraver($path);
    echo "</div>";
    $fileList=scandir($path,0);            //扫描路径目录中的内容
    chdir($path);                          //进入当前路径目录
    //输出文件夹内容列表
    foreach($fileList as $k){
        if($k!="."&& $k!=".."){
            if(is_dir($k)){
                echo "<li class='dir'>";
                $d=pathProcess(realpath($k));
                echo "<a href='12-2.php?dir={$d}'>{$k}</a>";
                echo "</li>";
            }
            else{
                echo "<li class='file'>";
                printf("%'--30s",$k);                 //统一文件名宽度格式
                $filePath=$path."\\".$k;              //文件路径链接
                $filePath=urlencode(str_replace("\\", "\/", $filePath));    //处理反斜杠
                echo "<a href='javascript:deleConfirm(\"{$filePath}\")'>删除</a></li>";
            }
        }
    }
    /** 路径处理函数，以upload为根目录 */
    function pathProcess($pathStr){
        return strstr($pathStr,"upload");
    }
    /** 遍历目录路径，生成路径中的各级目录链接 */
    function pathTraver($pathStr){
        $dirs=explode("\\", $pathStr);
        $len=count($dirs);
        $link=='';
        for($i=0;$i<$len-1;$i++){
            if($i>0)
                $link.="\\".$dirs[$i];
            else
```

学习笔记

```
                $link.=$dirs[$i];
            echo "<a href='12-2.php?dir={$link}' class='pathlink'>".$dirs[$i]."</a> \\ ";
        }
        echo $dirs[$i];    //最后一级目录不加链接
    }
?>
```

（5）运行结果。

上述参考程序的运行结果如图12–27至图12–29所示。

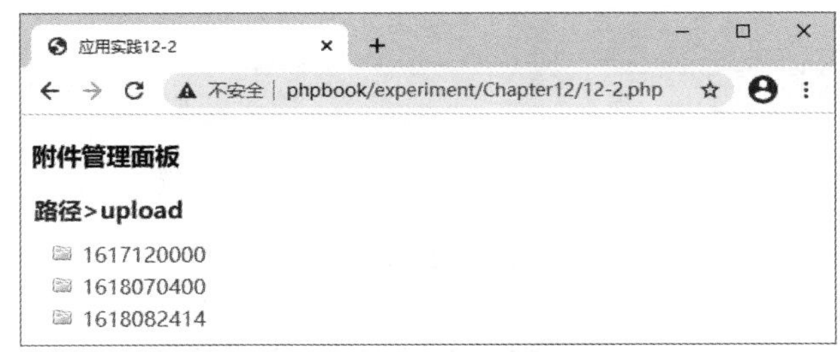

图12–27　浏览upload 目录参考效果

图12–28　浏览1617120000目录参考效果

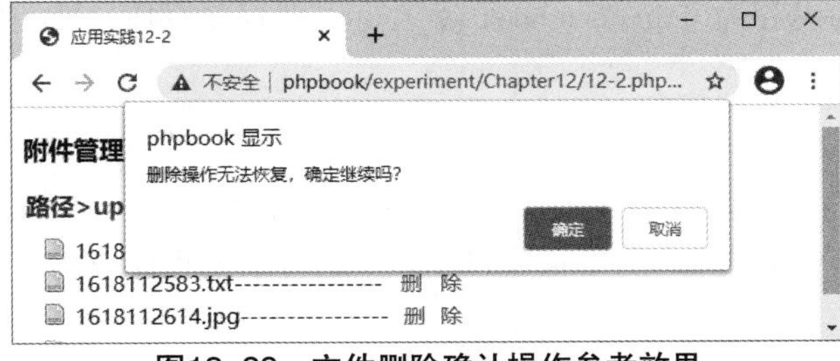

图12–29　文件删除确认操作参考效果

注 意

应用实践2中的范例程序仅为关键部分代码。完整的范例程序请扫描二维码下载。

12.4　技能训练

设计实现一个简易投票程序。要求：每次只能给1位学生投票，投票的结果保存在文本文件vote.txt中，并在页面中显示每个学生的票数。投票程序的参考效果如图12–30所示。

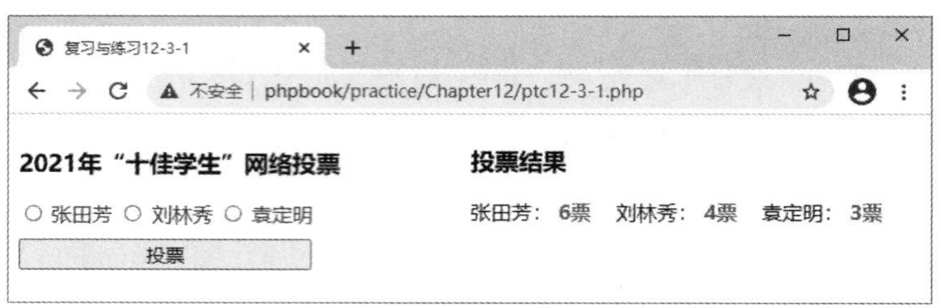

图12–30　投票程序参考效果

12.5 思考与练习

一、单项选择题

1. 以下函数中必须打开文件才可以读取其中内容的是（　　）。

A. file()　　B. readfile()　　C. fpassthru()　　D. file_get_contents()

2. 有文件路径 $A='files\doc\1.doc'，执行以下语句，返回结果一定是false的是（　　）。

A. rename($A,'path\2.doc')　　B. copy($A,'path\2.doc')

C. rmdir('files');　　D. unlink($A)

3. 已知1.txt中的内容为“this is a book”，运行以下程序以后，1.txt中的内容是（　　）。

```
<?php
$A=fopen("1.txt", "w");
$str="it's an English book";
fwrite($A,$str);
?>
```

A. this is a book　　B. it’s an English book

C. this is a book it’s an English book　　D. it’s an English book this is a book

4. 已知1.txt中的内容为“this is a book”，运行以下程序以后，$A中的内容是（　　）。

```
<?php
$A=file_get_contents("1.txt",NULL,"r",5);
?>
```

A. i　　B. this　　C. is a book　　D. false

5. 已知文件1.txt中的内容为“this is a book”，运行下列程序以后，$C的值是（　　）。

```
<?php
$A=fopen("1.txt","r");
$B=fgets($A);
$C=ftell($A);
?>
```

A. 14　　B. 15　　C. EOF　　D. 0

二、填空题

1. 用于删除文件的函数是＿＿＿＿＿＿＿＿。

2. 用于删除目录的函数是＿＿＿＿＿＿＿＿。

3. 获取文件中指针的当前位置，使用＿＿＿＿＿＿＿＿函数。

4. 将“files\1.txt”复制到“backup\”中并将其重命名为2.txt的语句是＿＿＿＿＿＿＿＿。

5. 将一个文件剪切到新的位置，使用＿＿＿＿＿＿＿＿函数。

第 13 章 PHP 操作 MySQL 数据库

扫一扫
获取微课

目前，与PHP结合使用得比较普遍的数据库是MySQL。PHP为操作MySQL数据库提供了一系列相关的函数，使开发者能够很方便地操作数据库。

此外，由于MySQL自身并不提供可视化图形管理界面，为了方便管理工作，通常使用一个Web模式的可视化MySQL管理工具，即phpMyAdmin进行数据库管理。利用这个工具用户可以方便地对MySQL进行管理操作。

13.1 phpMyAdmin

phpMyAdmin 是一个用PHP开发的第三方MySQL图形化管理工具，它能够进行创建、删除数据库，创建、删除、修改表格，删除、编辑、新增字段，执行SQL脚本等操作，是一款颇受用户欢迎的MySQL管理工具。phpStudy为用户集成了该款工具，但默认是未安装状态，用户必须通过phpStudy集成面板进行安装后才能使用。

13.1.1 phpMyAdmin的安装与启动

（1）打开phpStudy主界面，单击“软件管理”面板中的“全部”选项卡，并滚动找到phpMyAdmin，如图13-1所示。

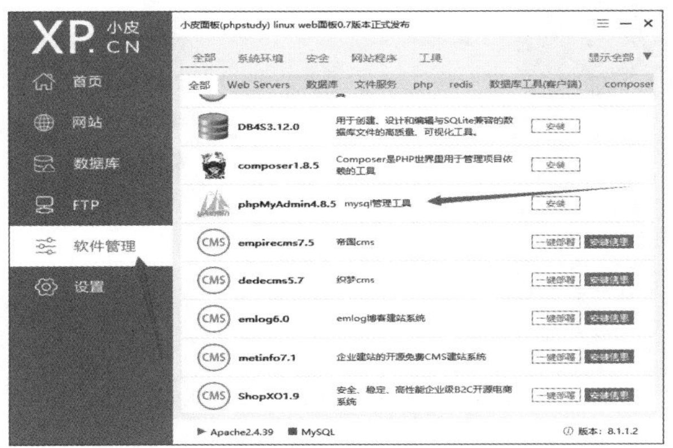

图13-1　通过phpStudy找到phpMyAdmin

（2）在保证网络联通的前提下，单击“安装”按钮，将弹出“选择站点”面板，如图13–2所示，勾选所需安装的站点名称。

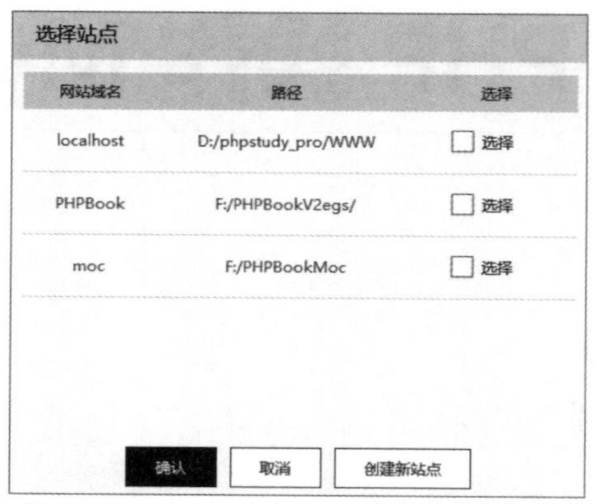

图13–2　phpMyAdmin安装站点选择面板

注 意

phpMyAdmin是一款用PHP开发的软件工具，因此，它需要Apache环境的支持才能正确运行。在图13–2中选择安装站点，实质是为phpMyAdmin指定该站点对应的根目录作为安装目录。

（3）单击“确认”按钮，等待软件自动完成“下载”与“解压”工作。安装完成后效果如图13–3所示。

图13–3　phpMyAdmin安装完成后的效果

（4）返回phpStudy的“首页”面板，先单击“MySQL5.7.26”右侧的“启动”按钮启动MySQL，MySQL启动成功后，单击“数据库工具”旁边的“打开”按钮，如图13–14所示。

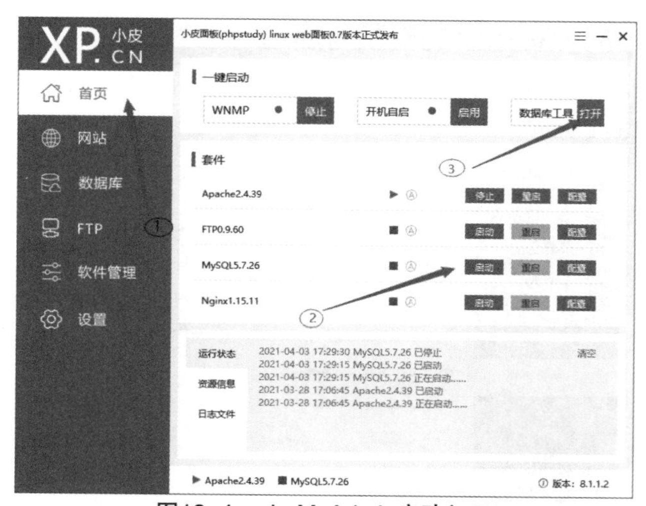

图13–4　phpMyAdmin启动入口

（5）在级联菜单中单击“phpMyAdmin”，软件将自动打开浏览器，并启动phpMyAdmin，如图13–5所示。

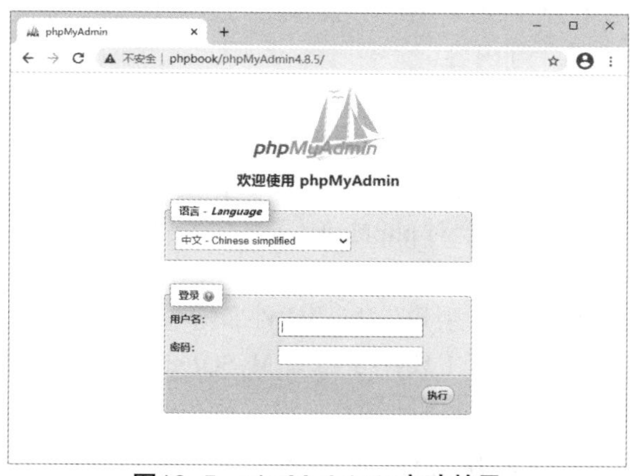

图13–5　phpMyAdmin启动效果

13.1.2❖　phpMyAdmin的用户界面

（1）在phpStudy首页启动MySQL后，进入phpMyAdmin的登录界面，如图13–5所示。

（2）输入默认的用户名“root”与密码“root”，单击“执行”按钮，进入phpMyAdmin主界面，如图13–6所示。

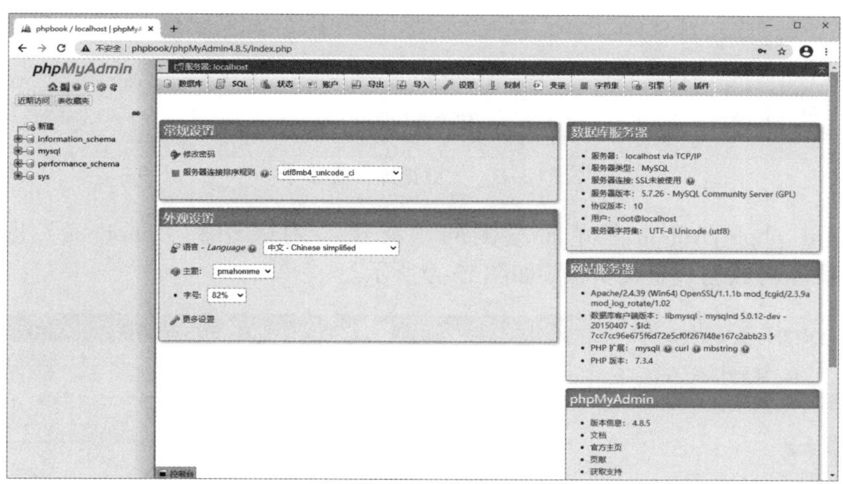

图13–6　phpMyAdmin主界面

（3）phpMyAdmin主界面的左侧是数据库名称列表，单击数据库名即可跳转至相应的数据库管理界面。

（4）phpMyAdmin主界面的上部是功能选项卡区，如图13–7所示。

图13–7　phpMyAdmin主界面的功能选项卡区

- “服务器”选项：用于返回主界面。

- “数据库”选项：用于新建数据库或修改已有数据库的结构。
- “SQL”选项：用于进入SQL命令操作模式。
- “状态”选项：用于查看当前MySQL服务器的运行信息，包括“查询统计”“所有状态变量”“监控”与“建议”等内容。
- “账户”选项：用于对MySQL的所有用户进行管理，包括添加、删除及用户权限的设定。
- “导出”与“导入”选项：分别用于数据库数据的导出与导入管理。
- “设置”选项卡：主要用于对phpMyAdmin的一些使用习惯及系统风格进行设定管理。
- “复制”“变量”“字符集”“引擎”与“插件”等选项：主要用于设置或介绍MySQL对应的参数内容。例如，“变量”主要用于设置MySQL的服务器变量值，而“引擎”则用于介绍不同MySQL数据库引擎的具体区别。

13.1.3 phpMyAdmin的基本操作

1. 创建数据库

（1）单击phpMyAdmin主界面中的“数据库”选项卡。在“新建数据库”下方的文本框中输入数据库名称（如phpBook），在右侧下拉列表框中选择编码类型（如果数据库需要支持中文字符，一般选择“utf8_unicode_ci”选项，其他编码类型请参阅附录），“数据库”选项卡如图13-8所示。然后单击“创建”按钮，完成数据库创建操作。

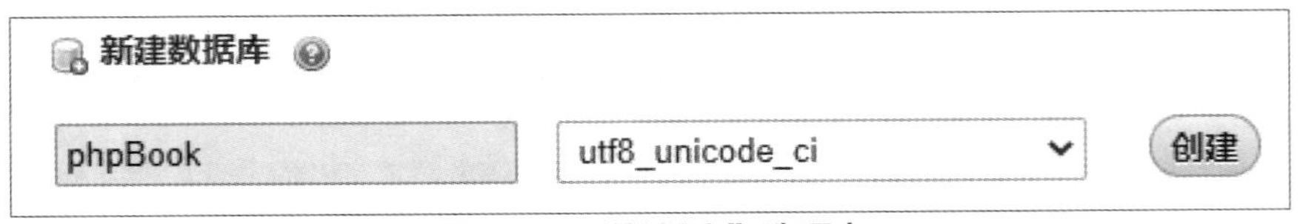

图13-8 “数据库”选项卡

（2）单击phpMyAdmin主界面左侧的“新建”列表中的“phpbook”选项，进入phpBook数据库的数据表定义页面，如图13-9所示。

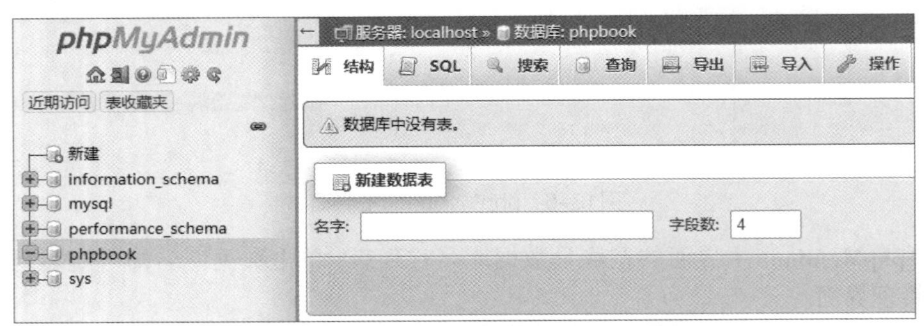

图13-9 phpBook数据库的数据表定义页面

2. 创建数据表

（1）在如图13-9所示的“名字”和“字段数”文本框中，输入数据表的名称（如s_info）及字段数，“名字”和“字段数”文本框如图13-10所示。

学习笔记

图13-10　“名字”和“字段数”文本框

（2）单击“执行”按钮，进入字段编辑页面，在各文本框中输入数据表各个字段的相应信息，同时可选择该表的存储引擎，如图13-11所示。

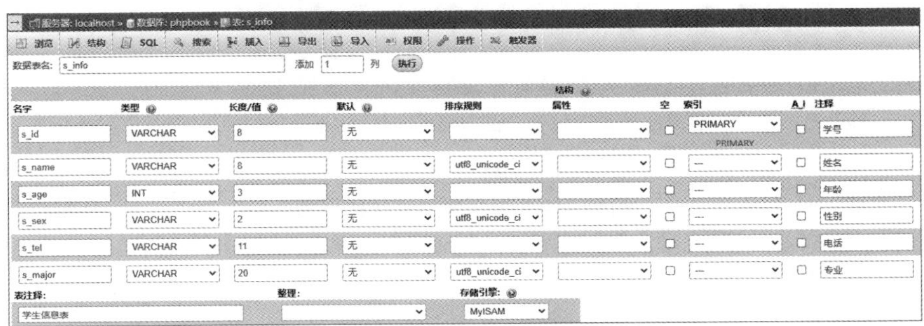

图13-11　数据表字段编辑页面

数据表字段编辑页面各字段的含义如下。

- “名字”：对应字段名。
- “类型”：表示该字段的数据类型。
- “长度/值”：表示该字段能够存储的最长字符数。
- “默认”：用于设置该字段的默认值，可以在其下拉列表中选择“定义”进行设置，如果在添加记录时没有该字段的值，则用默认值代替。
- “属性”：用于设置该字段数值的相关属性，其各选项的含义如下。

UNSIGNED：字段不会有非负数出现，如int类型设置为该属性，那么这列的数值都是从0开始。

UNSIGNED ZEROFILL：补充的空格用0代替，若设置为该属性，表示非负数列。例如，声明为INT（5）ZEROFILL的列，值4检索为00004。

ON UPDATE CURRENT_TIMESTAMP：该列为默认值，使用当前的时间戳，并且自动更新。

- “空”：如果选择，表示该字段的值可以为空。
- “索引”：设置字段的索引类型，其各选项的值及其含义如下。

PRIMARY：主键。可以把多个字段同时设为主键，主键的值不能重复。

UNIQUE：唯一。表示该字段的值不能重复。

INDEX：索引。建立索引，搜索速度提高。

FULLTEXT：全文搜索，只能用于MyIsam数据库引擎。

- “A_I”：自动增加（Auto_increment）。选择后，字段的值自动在前一个值的基础上

增加1，一般用于自动编号的ID字段。

- “注释”：关于字段的备注说明。
- “整理”：表示字段的编码类型。

（3）按图13-11所示对各字段进行设置，单击“保存”按钮后，得到如图13-12所示的数据表浏览结构页面，从中可以看到s_info表的全部字段名，各字段的数据类型、编码类型及是否是主键等信息。用户可以通过此页面修改字段信息。

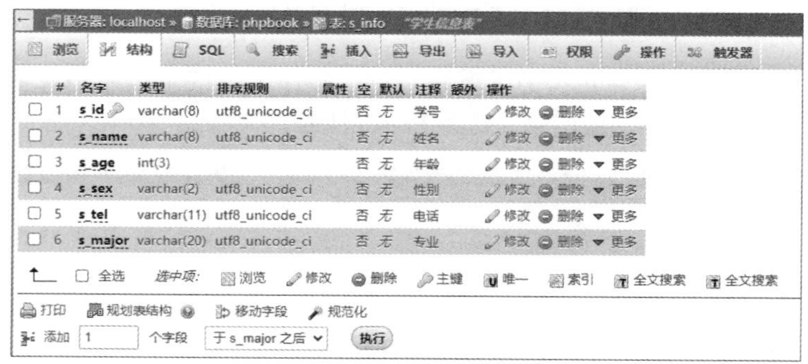

图13-12　数据表浏览结构页面

3. 数据表的基础操作

（1）浏览数据。

① 单击需要打开的数据库（phpBook），可以在窗口内看到该数据库中所有已经建立的数据表，浏览数据表列表页如图13-13所示。

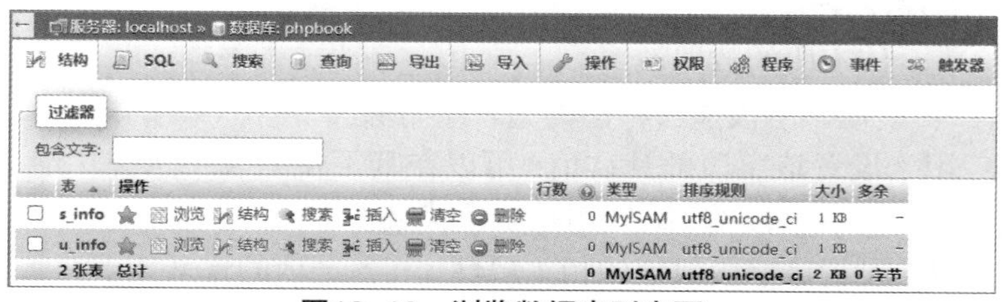

图13-13　浏览数据表列表页

②单击需要浏览的数据表名（s_info），可以浏览该表中所有的数据记录，浏览数据表中的数据如图13-14所示。

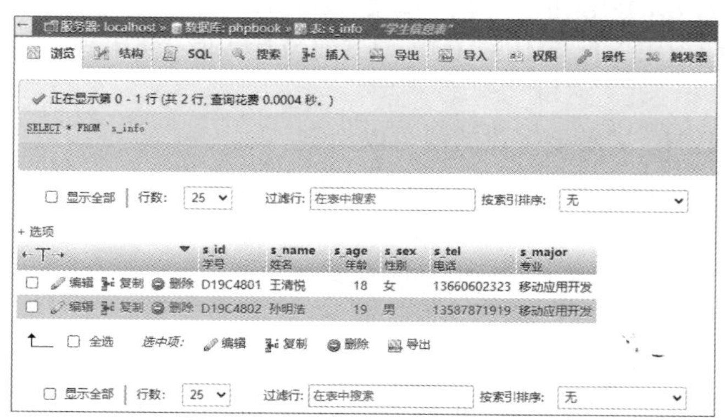

图13-14　浏览数据表中的数据

（2）修改记录。

单击数据表记录前面的“编辑”图标，进入该条记录的编辑页面修改记录，如图13–15所示，修改相关的字段以后，单击“执行”按钮，即可完成该条记录的更新操作，并自动返回相应操作的SQL语句，如图13–16所示。

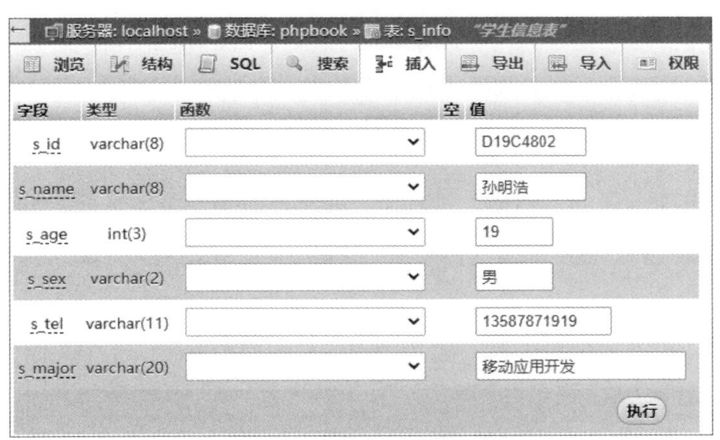

图13–15　数据表记录修改界面

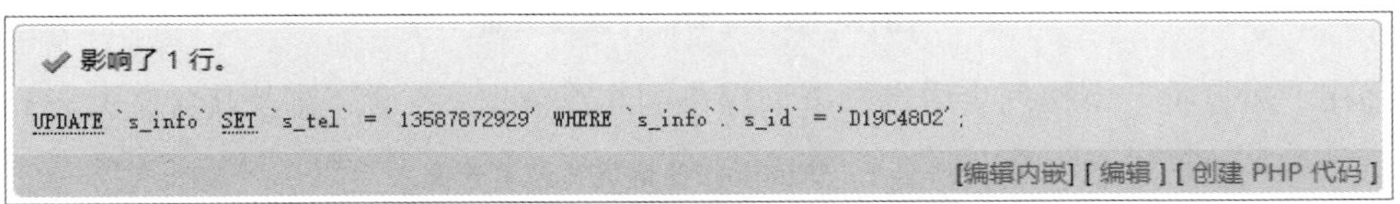

图13–16　数据表记录更新后返回相应SQL语句

（3）添加记录。

单击功能选项卡区的“插入”选项卡，进入记录添加页面，如图13–17所示。在各字段对应的文本框中输入相应的数据，然后单击“执行”按钮，即可完成一条记录的插入操作。

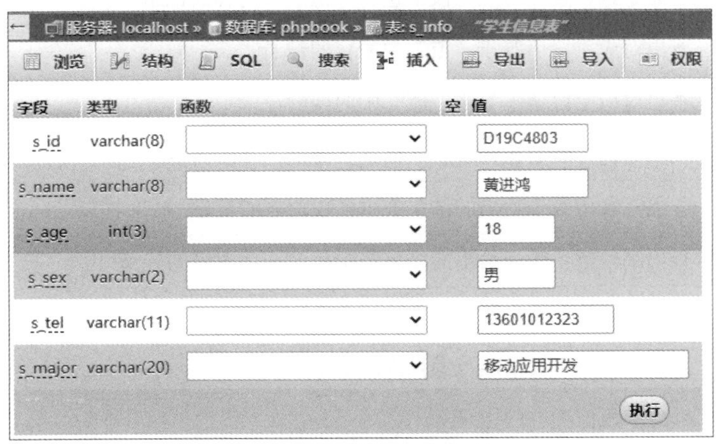

图13–17　添加记录页面

记录添加成功后效果如图13–18所示，可以看到页面返回一条操作成功提示信息，并给出刚刚执行的插入操作的SQL语句。

学习笔记

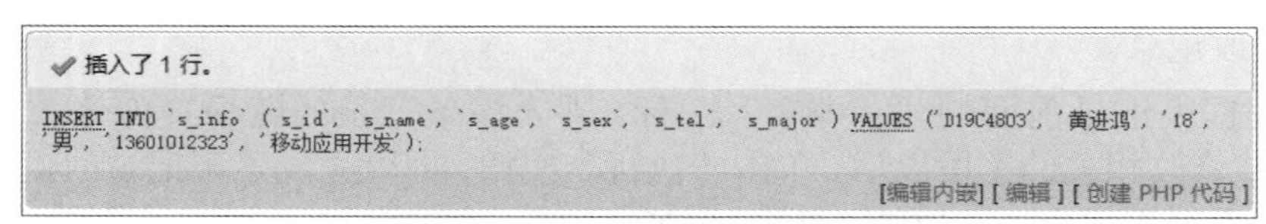

图13-18　记录添加成功后的效果

（4）删除记录。

在数据表记录列表中，单击数据表记录左侧的“ 删除 ”图标，可以将该条记录删除。一次选择多条记录以后，单击记录列表下方的“删除”按钮，可以一次删除多条记录。

（5）查询记录。

①单击功能选项卡区的“搜索”选项卡，进入查询条件设置页面，如图13-19所示。

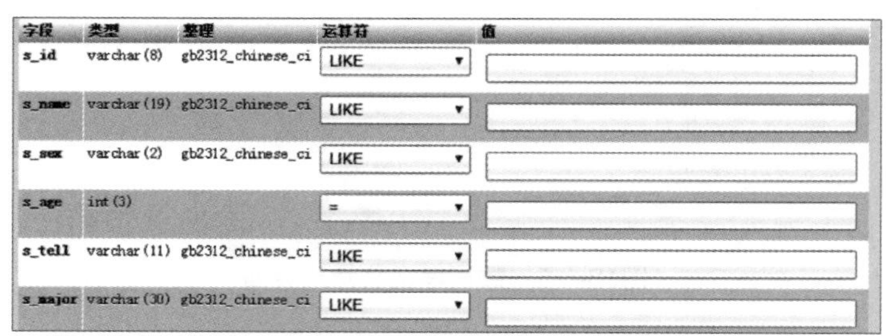

图13-19　查询条件设置页面

②在“运算符”下拉列表中选择查询操作的运算依据，各运算符及其含义见表13-1。

表13-1　查询操作各运算符及其含义

运算符	含义	适用类型
LIKE	精确查询，查出对应字段为“值”中内容的记录，不填 = 任意内容	字符型
LIKE%...%	模糊查询，查出对应字段包含“值”中内容的记录	
No LIKE	过滤查询，查出对应字段不包含“值”中内容的记录	
=	查出对应字段值等于“值”中内容的记录	数值型/时间型
！ =	查出对应字段值不等于“值”中内容的记录	
REGEXP	模糊查询，利用正则表达式描述要查询的字段内容	—
IN	查出字段值等于给出的结果集中各项内容的记录	—
NOT IN	查出字段值不等于给出的结果集中任何一项内容的记录	—
BETWETEEN	查出字段值在给出范围之内的记录	数值型/时间型
NOT BETWEEN	查出字段值不在给出范围之内的记录	
IS NULL	查出字段值为空的记录	—
IS NOT NULL	查出字段值不为空的记录	—

例如，查询“s_name”（学生姓名）包含“孙”字的全部记录，条件设置如图13-20所示。

学习笔记

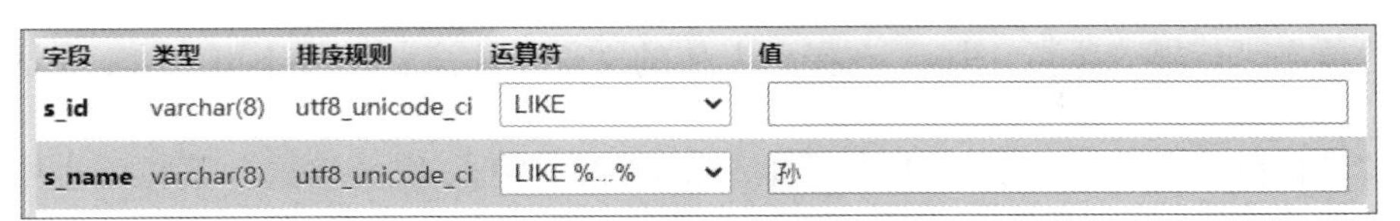

字段
类型
排序规则
运算符
值
s_id
varchar(8)
utf8_unicode_ci
LIKE
s_name
varchar(8)
utf8_unicode_ci
LIKE %...%
孙

图13-20　查询条件设置范例

完成查询条件设置后，单击页面右下角的“执行”按钮，可以看到页面返回操作的SQL语句及查询结果，如图13-21所示。

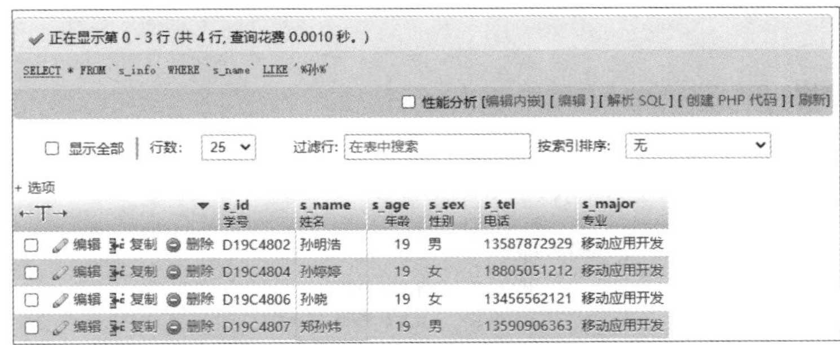

图13-21　查询条件生成的SQL语句及查询结果

13.1.4　数据库数据的导入与导出

phpMyAdmin为用户提供了方便的数据导入导出工具。使用它既可以操作某个数据表中的数据，也可以操作整个数据库中的数据，该工具所支持的文件格式也比较多。

1. 数据导入

（1）单击要导入数据的数据库或数据表的名称。

（2）单击功能选项卡区的“导入”选项卡，进入导入操作页面，如图13-22所示。

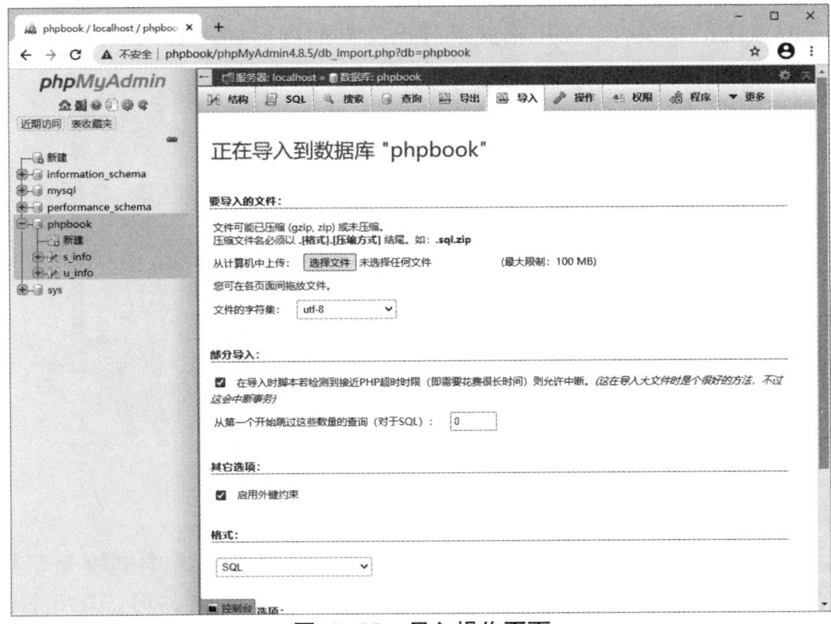

图13-22　导入操作页面

（3）单击“选择文件”图标，选择要上传的文件（注意：文件不可太大，默认不大于2MB，可以在php.ini中进行设置）。

在“文件的字符集”下拉列表中选择正确的编码类型，在“格式”下拉列表中选择导入文件的格式，单击“执行”按钮。

注 意

如果要导入的是一个数据库文件，则必须先在phpMyAdmin中创建一个空的数据库，然后再在这个数据库中执行导入操作。

2. 数据导出

（1）选择要导出的数据库名称或数据表名称，单击功能选项卡区的“导出”选项卡，打开导出操作页面，如图13–23所示。

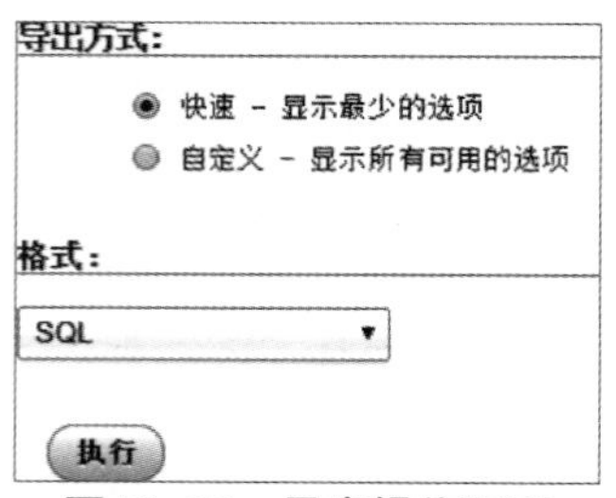

图13–23　导出操作页面

（2）根据需要选择导出方式及导出的文件格式（通常选择“SQL”格式），单击“执行”按钮，浏览器将打开“保存”或“下载”对话框，选择保存路径下载保存即可完成导出操作。

（3）用记事本打开导出的文件，可以看到SQL格式的导出文件实质上是一系列创建表、插入记录的SQL语句集合。SQL格式的导出文件的内容如图13–24所示。

```
phpbook.sql - 记事本
文件(F) 编辑(E) 格式(O) 查看(V) 帮助(H)
-- phpMyAdmin SQL Dump-- version 4.8.5-- https://www.phpmyadmin.net/---- 主机:  localhost
-- 生成日期:  2021-04-05 10:10:27-- 服务器版本:  5.7.26-- PHP 版本:  7.3.4SET SQL_MODE =
"NO_AUTO_VALUE_ON_ZERO";SET AUTOCOMMIT = 0;START TRANSACTION;SET time_zone = "+00:00";/*!
40101 SET @OLD_CHARACTER_SET_CLIENT=@@CHARACTER_SET_CLIENT */;/*!40101 SET
@OLD_CHARACTER_SET_RESULTS=@@CHARACTER_SET_RESULTS */;/*!40101 SET
@OLD_COLLATION_CONNECTION=@@COLLATION_CONNECTION */;/*!40101 SET NAMES utf8mb4 */;---- 数
据库:  `phpbook` ---- -------------------------------------------------------- 表的结构
`s_info` --CREATE TABLE `s_info` (  `s_id` varchar(8) COLLATE utf8_unicode_ci NOT NULL
COMMENT '学号',  `s_name` varchar(8) COLLATE utf8_unicode_ci NOT NULL COMMENT '姓名',
`s_age` int(3) NOT NULL COMMENT '年龄',  `s_sex` varchar(2) COLLATE utf8_unicode_ci NOT
NULL COMMENT '性别',  `s_tel` varchar(11) COLLATE utf8_unicode_ci NOT NULL COMMENT '电话',
  `s_major` varchar(20) COLLATE utf8_unicode_ci NOT NULL COMMENT '专业') ENGINE=MyISAM
DEFAULT CHARSET=utf8 COLLATE=utf8_unicode_ci COMMENT='学生信息表';---- 转存表中的数据
`s_info` --INSERT INTO `s_info` (`s_id`, `s_name`, `s_age`, `s_sex`, `s_tel`, `s_major`)
VALUES('D19C4801', '王清悦', 18, '女', '13660602323', '移动应用开发'),('D19C4802', '孙明
浩', 19, '男', '13587872929', '移动应用开发'),('D19C4803', '黄进鸿', 18, '男',
'13601012323', '移动应用开发'),('D19C4804', '孙婷婷', 19, '女', '18805051212', '移动应用开发
'),('D19C4805', '刘宇彬', 18, '男', '13323232525', '移动应用开发'),('D19C4806', '孙晓', 19,
'女', '13456562121', '移动应用开发'),('D19C4807', '郑孙炜', 19, '男', '13590906363', '移动
应用开发');-- -------------------------------------------------------- 表的结构
`u_info` --CREATE TABLE `u_info` (  `u_id` int(11) NOT NULL,  `u_name` varchar(8) COLLATE
utf8_unicode_ci NOT NULL,  `u_ping` varchar(128) COLLATE utf8_unicode_ci NOT NULL,
```

图13–24　SQL格式的导出文件的内容

注 意

如果选择导出的是一个数据库，phpMyAdmin导出的是数据库中的全部数据表与数据，但不包含创建数据库的SQL语句。因此，导出SQL格式的文件时，必须先创建一个空的数据库。

13.2 PHP 操作 MySQL 的基本步骤

学习笔记

使用PHP编程实现对MySQL数据库的操作时，其程序的基本逻辑流程如图13-25所示。

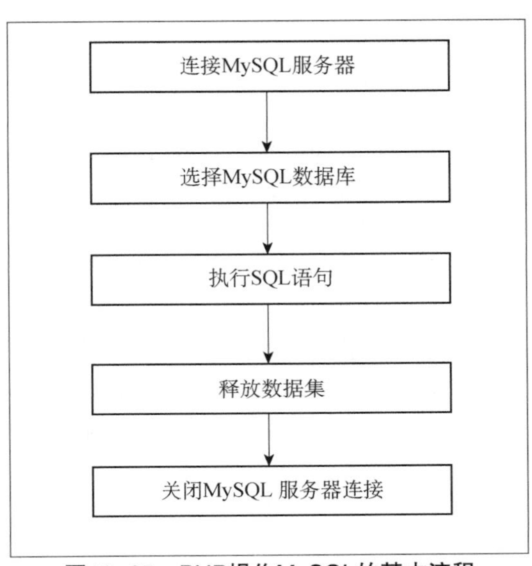

图13-25　PHP操作MySQL的基本流程

连接MySQL服务器阶段，主要通过mysqli_connect()函数，在PHP与MySQL服务器之间建立数据通道，然后使用mysqli_select_db()函数，从数据库服务器中选择要使用的数据库。

执行SQL语句，主要是对数据库中的数据表、记录进行操作，编写相应的SQL语句，然后利用mysqli_query()函数执行相应的SQL语句。

数据库操作完成以后，应当释放操作过程中产生的数据集，以释放其所占用的系统资源。该操作使用mysqli_free_result()函数来完成。

最后是关闭PHP程序与MySQL服务器之间的连接，通过mysqli_close()函数来实现。

13.2.1 连接MySQL服务器

mysqli_connect()函数用于建立PHP程序与MySQL服务器之间的连接，这是Web页面与数据库之间进行数据交互的基础，其语法格式如下。

```
mysqli_connect('mysqli_server','u_name','password');
```

其中，mysqli_server是必选参数，用于指定所要连接的MySQL服务器，它的值可以是该服务器的主机名，也可以是IP地址，本地服务器（PHP程序与MySQL服务器为同一主机）一般使用localhost或127.0.0.1。

u_name是指登录MySQL数据库服务器的用户名，password是指数据库服务器的用户密码。两者都是必选参数。

如果连接成功，函数返回一个连接号，相当于程序所在的PHP程序与MySQL数据库之间的数据通道号；若连接失败，函数将返回false及错误提示。

【例13-1】连接本地MySQL数据库。

```
<?php
    $dbServer="localhost";
    $dbUser="root";
    $dbPing="root";
    $conn=mysqli_connect($dbServer,$dbUser,$dbPing);
    if(!$conn)
        die('数据库服务器连接失败'.mysqli_connect_error() );
    else
        echo "数据库服务器连接成功";
?>
```

例13-1的程序中，使用mysqli_connect()函数连接数据库，脚本程序运行结束以后，数据库服务器连接也随之断开。若需要再次连接，就必须再次使用该函数。这样会导致程序与数据库之间频繁地发生连接与断开，耗费时间资源。若需建立一个持久的连接，可以使用mysqli_pconnect()函数。其用法与mysqli_connect()函数一样，只是脚本结束时，连接不会断开，直到执行mysqli_close()语句为止。

使用mysqli_connect()函数连接数据库服务器失败时，会返回一个错误提示信息，这些提示信息都是用英文表达的专业术语，可以在mysqli_connect()函数之前加上@，将系统默认的错误信息屏蔽，并用die()函数自定义一个错误提示。例如，在下面的示例程序中，使用错误的用户名进行数据库服务器连接。

```
<?php
    $dbServer="localhost";
    $dbUser="roots";
    $dbPing="root";
    $conn=mysqli_connect($dbServer,$dbUser,$dbPing);
    if(!$conn)
        die('数据库服务器连接失败'.mysqli_connect_error() );
    else
        echo "数据库服务器连接成功";
?>
```

上述程序的运行结果如图13-26所示。

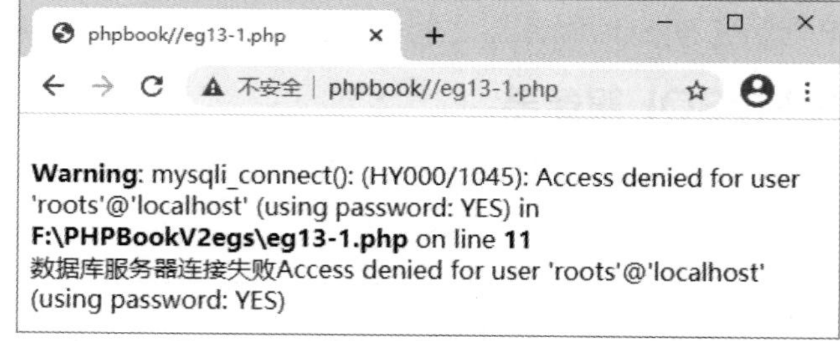

图13-26　数据库服务器连接失败效果

由图13-26所示的运行结果可以看出，程序所产生的错误提示对于用户而言并无实际应用上的意义，并且存在程序暴露的安全风险。现将程序做如下修改。

```
<?php
    $dbServer="localhost";
    $dbUser="roots";
    $dbPing="root";
    @$conn=mysqli_connect($dbServer,$dbUser,$dbPing)or die("数据库服务器无法连接");
?>
```

学习笔记

程序修改后的运行结果如图 13-27 所示。

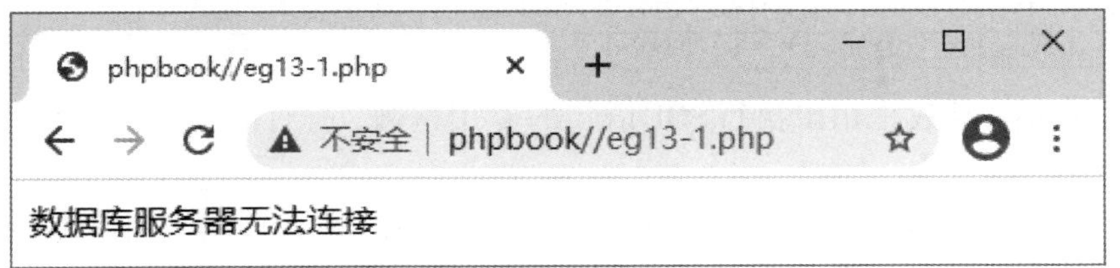

图13-27　程序修改后的运行结果

13.2.2　选择数据库

mysqli_select_db() 函数用于选择所要操作的数据库，其语法格式如下。

```
mysqli_select_db($connectID ,$dbName)
```

其中，$connectID 为使用 mysqli_connect() 函数打开的数据库服务器连接号。$dbNam 用于指定所要操作的数据库名。

如果函数执行成功，函数返回 true，否则返回 false。

【例 13-2】选择本地数据库并打开。

```
<?php
    $dbServer="localhost";                    //MySQL 服务器地址
    $dbUser="root";                           //MySQL 用户名
    $dbPing="root";                           // 登录密码
    $dbName="phpBook";                        // 数据库名
    $conn=mysqli_connect($dbServer,$dbUser,$dbPing);
    if(!$conn)
        die(" 数据库服务器连接失败 <br>");
    else
        echo " 数据库服务器连接成功 <br>";

    $db=mysqli_select_db($conn,$dbName);          // 打开数据库
    if(!$db)
        die(" 数据库打开失败 ".mysqli_error($conn));
    else
        echo " 打开数据库 ".$dbName." 成功 ";
?>
```

例 13-2 中程序的运行结果如图 13-28 所示。

图13-28　例13-2中程序运行结果

13.2.3　执行SQL语句

使用 PHP 对数据表中的各类记录、数据进行操作，主要通过 mysqli_query() 函数执行相

应的SQL语句来实现。

mysqli_query()函数的作用是执行指定的SQL语句，其语法格式如下。

```
mysqli_query($connectID, SQL_str);
```

mysqli_query()函数是PHP执行SQL语句的专用函数，所有的SQL语句都通过该函数执行。

其中，$connectID是指前面使用mysqli_connect()函数得到的数据库服务器连接号。

SQL_str参数用于指定要执行的SQL语句，可以是存储SQL语句的一个变量。

该函数的运行结果，与其所执行的SQL语句相关，具体如下。

若执行select语句，执行成功以后，返回执行结果的数据集（也称结果集或记录集），执行失败，则返回false。

若执行insert、update、delete等语句，执行成功以后，函数返回true，否则返回false。

【例13-3】查询并显示phpBook库中s_info表的全部记录。

```
<?php
    $db_server="localhost";              //MySQL服务器地址
    $db_user="root";                     //MySQL用户名
    $db_ping="root";                     //登录密码
    $db_name="phpBook";                  //数据库名
    @$conn=mysqli_connect($db_server,$db_user,$db_ping)or die("数据库服务器无法连接");
    if(!$conn)
        die('数据库连接失败'.mysqli_error($conn));
    //打开数据库
    $db=mysqli_select_db($conn,$db_name);
    if(!$db)
    die("数据库打开失败".mysqli_error($conn));
    $sqls="select * from s_info";   //查询语句
    $res=mysqli_query($conn,$sqls);
    if(!$res){
      echo "暂无任何学生信息";
    }else{
        echo "学生信息列表：<br>";
        echo "<table width=700px border=1>";
        //将记录内容转换成数组并输出数组元素
        for($i=0;$i<mysqli_num_rows($res);$i++){
          $resList=mysqli_fetch_array($res);
              echo "<tr>";
              echo "<td>".$resList[0]."</td>";   //第一个字段内容
              echo "<td>".$resList[1]."</td>";   //第二个字段内容
              echo "<td>".$resList[2]."</td>";   //第三个字段内容
              echo "<td>".$resList[3]."</td>";   //第四个字段内容
              echo "<td>".$resList[4]."</td>";   //第五个字段内容
              echo "</tr>";
        }
        echo "</table>";
    }
    mysqli_close($conn);     //关闭数据连接
?>
```

例13-3中程序的运行结果如图13-29所示。

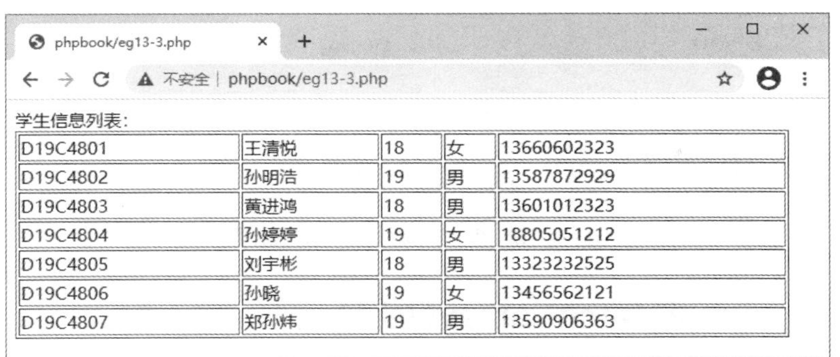
学生信息列表:

D19C4801	王清悦	18	女	13660602323
D19C4802	孙明浩	19	男	13587872929
D19C4803	黄进鸿	18	男	13601012323
D19C4804	孙婷婷	19	女	18805051212
D19C4805	刘宇彬	18	男	13323232525
D19C4806	孙晓	19	女	13456562121
D19C4807	郑孙炜	19	男	13590906363

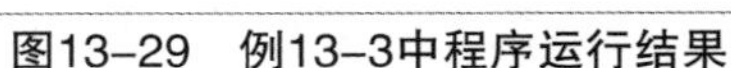
图13-29　例13-3中程序运行结果

学习笔记

13.3 常用的 MySQL 操作函数

PHP操作MySQL数据库的过程中有几个常用函数，分别是mysqli_num_rows()函数、mysqli_fetch_array()函数、mysqli_fetch_object()函数及mysqli_fetch_row()函数。

13.3.1 mysqli_num_rows()函数

mysqli_num_rows()函数用于统计select语句执行后产生的记录集中的记录数。其语法格式如下。

```
mysqli_num_rows($rs)
```

其中，$rs为记录集，函数返回的结果为该记录集中的记录行数。

【例13-4】查询并统计s_info数据表中的记录行数。

```
<?php
    $db_server="localhost";              //MySQL服务器地址
    $db_user="root";                     //MySQL用户名
    $db_ping="root";                     //登录密码
    $db_name="phpBook";                  //数据库名
    @$conn=mysqli_connect($db_server,$db_user,$db_ping)or die("数据库服务器无法连接");
    if(!$conn)
        die('数据库连接失败'.mysqli_error($conn));
    //打开数据库
    $db=mysqli_select_db($conn,$db_name);
    if(!$db)
    die("数据库打开失败".mysqli_error($conn));
    $sqls="select * from s_info";        //查询语句
    $res=mysqli_query($conn,$sqls);
    if(!$res){
    echo "查询失败";
    }else{
        $rows=mysqli_num_rows($res);
        echo "共查询得到{$rows}条记录";
        mysqli_free_result($res);
    }
    mysqli_close($conn);    //关闭数据连接
?>
```

例13-4中程序的运行结果如图13-30所示。

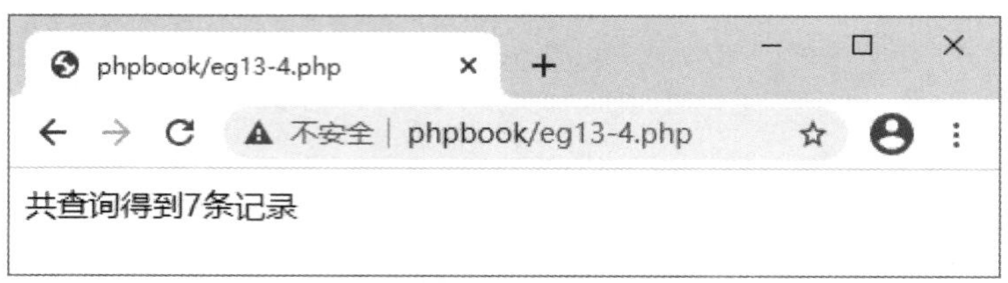

图13-30　例13-4中程序运行结果

13.3.2　mysqli_fetch_array()函数

mysqli_fetch_array() 函数用于将查询记录集中的当前行记录转换为数组，其语法格式如下。

```
mysqli_fetch_array($recordSet[,$arrayType])
```

其中，$recordSet是必选参数，用于指定所要转换的记录集。

$arrayType是可选参数，用于指定转换的数组类型是关联数组还是索引数组，其值如下。

- MYSQLI_ASSOC：关联数组。
- MYSQLI_NUM：索引数组。
- MYSQLI_BOTH：默认值，同时产生关联数组和数字数组。

如果是关联数组，以记录集中的字段名作为数组元素的键名，字段值为元素值。如果是索引数组，则按数据表中字段的顺序，分别以“0、1、2…”为数组元素的键名。如果省略该参数，转换得到的数组既可以按关联数组的类型使用，也可以按索引数组的类型使用。

【例13-5】将s_info数据表中的记录以关联数组的形式输出并显示。

```
<?php
    $db_server="localhost";              //MySQL服务器地址
    $db_user="root";                     //MySQL用户名
    $db_ping="root";                     //登录密码
    $db_name="phpBook";                  //数据库名
    @$conn=mysqli_connect($db_server,$db_user,$db_ping)or die("数据库服务器无法连接");
    if(!$conn)
        die('数据库连接失败'.mysqli_error($conn));
    //打开数据库
    $db=mysqli_select_db($conn,$db_name);
    if(!$db)
      die("数据库打开失败".mysqli_error($conn));
    $sqls="select * from s_info";        //查询语句
    $res=mysqli_query($conn,$sqls);
    if(!$res){
      echo "暂无任何学生信息";
    }else{
        echo "学生信息列表：<br>";
        echo "<table width=700px border=1>";
        //将记录内容转换成数组并输出数组元素
        $rows=mysqli_num_rows($res);
        for($i=0;$i<$rows;$i++){
        $resList=mysqli_fetch_array($res,MYSQLI_ASSOC);
            echo "<tr>";
```

```
                echo "<td>".$resList['s_id']."</td>";       //学号
                echo "<td>".$resList['s_name']."</td>";   //姓名
                echo "<td>".$resList['s_age']."</td>";     //年龄
                echo "<td>".$resList['s_sex']."</td>";     //性别
                echo "<td>".$resList['s_tell']."</td>";    //电话
                echo "<td>".$resList['s_major']."</td>";  //专业
                echo "</tr>";
            }
            echo "</table>";
        }
        mysqli_close($conn);     //关闭数据连接
?>
```

13.3.3❸　mysqli_fetch_object()函数

mysqli_fetch_object()函数的作用与mysqli_fetch_array()函数相似，用于转换查询记录集中的一行记录。两者的不同之处在于，mysqli_fetch_array()函数将记录转换为数组，而该函数将记录转换为一个对象，并且转换得到的对象只能通过字段名访问记录中的值。

mysqli_fetch_object()函数的语法格式如下。

```
$objectName=mysqli_fetch_object($recordSet);
```

函数执行成功后，用$objectName->fieldName格式访问各个字段的值。fieldName为字段名。

【例13-6】将s_info数据表中的记录转换为对象并输出。

```
<?php
    $db_server="localhost";                  //MySQL服务器地址
    $db_user="root";                         //MySQL用户名
    $db_ping="root";                         //登录密码
    $db_name="phpBook";                      //数据库名
    @$conn=mysqli_connect($db_server,$db_user,$db_ping)or die("数据库服务器无法连接");
    if(!$conn)
        die('数据库连接失败'.mysqli_error($conn));
    //打开数据库
    $db=mysqli_select_db($conn,$db_name);
    if(!$db)
      die("数据库打开失败".mysqli_error($conn));
    $sqls="select * from s_info";  //查询语句
    $res=mysqli_query($conn,$sqls);
    if(!$res){
      echo "暂无任何学生信息";
    }else{
        echo "学生信息列表：<br>";
        echo "<table width=700px border=1>";
        //将记录内容转换成对象并输出
        $rows=mysqli_num_rows($res);
        for($i=0;$i<$rows;$i++){
        $recObj=mysqli_fetch_object($res);
            echo "<tr>";
            echo "<td>".$recObj->s_id."</td>";       //学号
            echo "<td>".$recObj->s_name."</td>";   //姓名
            echo "<td>".$recObj->s_age."</td>";     //年龄
            echo "<td>".$recObj->s_sex."</td>";     //性别
            echo "<td>".$recObj->s_tell."</td>";    //电话
```

```
                echo "<td>".$recObj->s_major."</td>";   //专业
                echo "</tr>";
            }
            echo "</table>";
        }
        mysqli_close($conn);      //关闭数据连接
    ?>
```

13.3.4❸ mysqli_fetch_row()函数

mysqli_fetch_row()函数的用法与mysqli_fetch_array()函数非常接近，也是获取记录集中的一行记录，并将其转换为数组，只是它不能使用字段名访问数组元素，只能使用索引号访问数组元素的值。具体用法可以参考mysqli_fetch_array()函数。

13.4 数据的分页处理

在Web程序中，如果对MySQL数据库进行查询操作，返回的记录集中记录较多，在一个页面中全部显示时，不仅会导致网页的打开速度太慢，而且不便于用户对数据的浏览。这种情况下，通常将结果集分页显示。

PHP中没有提供直接的数据分页函数，但我们可以通过MySQL中的limit分页查询实现数据的分页显示。

13.4.1 MySQL的分页查询

在MySQL中，select查询语句对记录进行查询操作时，可以限制每次提取的最大记录数，同时指定提取的起始点，其语法格式如下。

```
Select * from table_name limit startFlag,rowsNum
```

其中，limit后面的两个参数startFlag与rowsNum，分别表示查询的开始行与所提取的记录行数。

假设查询结果中共有30条记录，如果每次只查询提取10条记录的话，就相当于将查询内容分成3页提取显示，其相应的SQL语句如下。

```
Select * from words limit 0,10；
Select * from words limit 10,10；
Select * from words limit 20,10；
```

由此可见，在MySQL中，对记录集分页显示是比较容易实现的，只要指定每页的记录起始行及每页的记录行数，就能够得到该页的全部记录。

指定每页的记录数是比较容易实现的，因为大多数情况下，Web页面中每页显示的记录数是相对固定的。需要解决的问题是每页的记录起始点，即用户当前需要浏览的页码。因为该页码会随着用户的浏览操作不同而发生变化，是不可预见的。

通常使用URL参数解决这一问题。

13.4.2 URL参数与页码传递

因为URL可以在不同页面或同一页面的两次访问之间传递数据，而在记录数据分页显示的程序中，用户也是通过单击不同的页码，指向相应的页面进行数据浏览，页码列表效

学习笔记

果如图13–31所示。

首页	上一页	1	2	3	4	5	6	下一页	尾页

图13–31　页码列表效果

因此，通常将用户所单击的页码值，通过URL参数传递给相应的Web页面，然后在该页面通过PHP程序，计算出该页码对应的select语句的limit参数。

要实现记录集分页显示还需要解决一个问题，即页数的计算问题。

假设共有20条记录，每页只显示6条，那么，一共就有20/6=3.33333页，即需要分4页显示。可见，页数的计算公式：向上取整（总记录数/每页记录数）。

在PHP中，利用ceil()函数实现向上取整，返回一个不小于某小数的最小整数。

例如，ceil(3.333)=4；ceil(3.0)=3；ceil(3.7)=4。

13.4.3　数据分页显示的实现

【例13–7】查询并分页输出phpBook数据库的students数据表中的所有记录，每页显示10条（为简洁起见，本例只显示学号、姓名与班级三项内容）。关键程序代码如下。

```
<?php
    $dbServer="localhost";              //MySQL服务器地址
    $dbUser="root";                     //MySQL用户名
    $dbPing="root";                     //登录密码
    $dbName="phpBook";                  //数据库名
    //获取当前页码
    if(isset($_GET['page']))
        {$c_page=$_GET['page'];}
    else
        {$c_page=1;}
    @$conn=mysqli_connect($dbServer,$dbUser,$dbPing)or die("数据库服务器无法连接");
    $db=mysqli_select_db($conn,$dbName);
    $sqls="select count(s_id)  as count from students";          //查出全部记录数量
    $res=mysqli_query($conn,$sqls);
    $arr=mysqli_fetch_array($res,MYSQLI_ASSOC);
    $allRows=$arr['count'];
    $pageCount=ceil($allRows/10);       //计算页数
    //显示当前页的数据内容
    $offset=($c_page-1)*10;             //计算当前页的记录起始点
    $sqls="select s_id,s_name,s_class from students limit ".$offset.",10";
    $res=mysqli_query($conn,$sqls);
    echo "第".$c_page."页<br>";
    echo "<table width=300 border=1 cellpadding=0 cellspacing=0>";
    echo "<tr>";
    echo "<td width='80' height='25'>学号</td>";
    echo "<td width='120'>姓名</td>";
    echo "<td width='100'>班级</td>";
    echo "</tr>";
    $rows=mysqli_num_rows($res);
    for($i=0;$i<$rows;$i++){
        $resList=mysqli_fetch_array($res,MYSQLI_ASSOC);
        echo "<tr>";
        echo "<td width='80' height='25'>".$resList['s_id']."</td>";     //输出学号
        echo "<td width='120'>".$resList['s_name']."</td>";              //姓名
```

```
        echo "<td width='100'>".$resList['s_class']."</td>";          //班级
        echo "</tr>";
    }
    echo "</table>";
    mysqli_close($conn);   //关闭数据连接
    //输出页码列表
    for($i=1;$i<=$pageCount;$i++){
        echo "<a href=eg13-7.php?page=".$i."> ".$i." </a>";
    }
?>
```

例 13–7 中程序的运行结果如图 13–32 和图 13–33 所示。

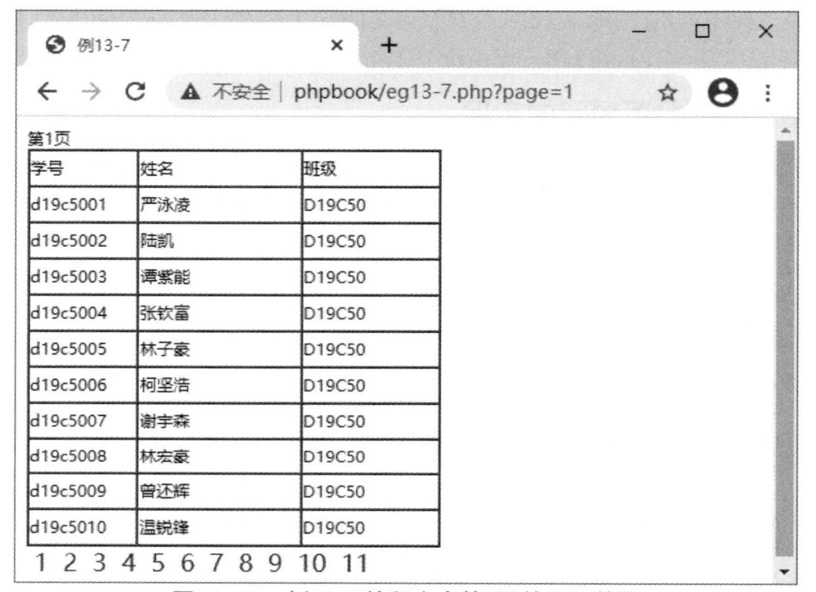

图13–32　例13–7的程序中第1页的显示效果

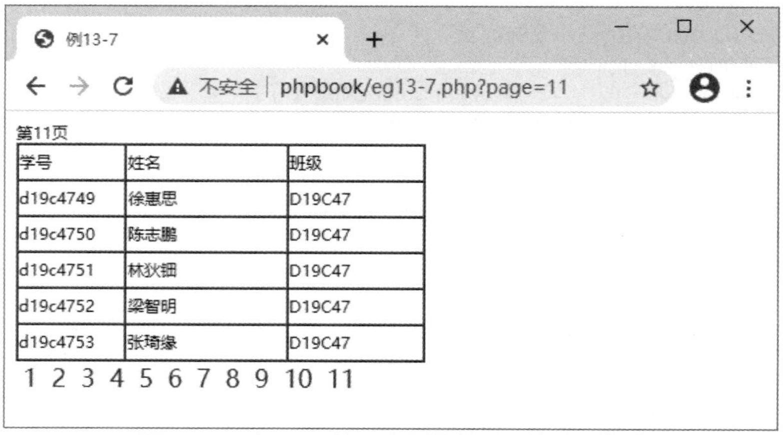

例13-7

不安全 | phpbook/eg13-7.php?page=11

第11页

学号	姓名	班级
d19c4749	徐惠思	D19C47
d19c4750	陈志鹏	D19C47
d19c4751	林狄钿	D19C47
d19c4752	梁智明	D19C47
d19c4753	张琦缘	D19C47

1 2 3 4 5 6 7 8 9 10 11

图13–33　例13–7的程序中最后一页的显示效果

学习笔记

13.5 应用实践

13.5.1 用户注册模块

（1）需求说明。

某系统的用户注册模块要求新用户必须提交个人资料，包括用户名、密码、性别、电子邮箱、电话5项内容。用户名不能重复注册，密码使用MD5加密处理。注册信息写入数据库的u_info表。注册成功与失败都给出相应的操作提示。

（2）测试用例：新注册phpauthor用户，重复注册phpauthor用户。

（3）知识关联：phpMyAdmin的基本操作，PHP与Web的数据交互，PHP操作MySQL。

（4）参考程序。

```
<form name="userconfig" action="13-1.php" method="post">
    <h3>用户注册</h3>
    <div><label class='ts_txt'>用户名：</label><input type="text" name="uname" id="uname">
        <label id="err1" class="err"></label></div>
    <div><label class='ts_txt'>密码：</label><input type="password" name="uping" id="uping">
        <label id="err2" class="err"></label></div>
    <div><label class='ts_txt'>性别：</label>
    <input type="radio" name="usex" id="usex_0" value="男" checked="checked">
    <label for="usex_0">男</label>
    <input type="radio" name="usex" id="usex_1" value="女">
    <label for="usex_1">女</label>
    </div>
    <div><label class='ts_txt'>Email：</label><input type="Email" name="uemail" id="uemail">
        <label id="err3" class="err"></label></div>
    <div><label class='ts_txt'>电话：</label><input type="text" name="utell" id="utell">
        <label id="err4" class="err"></label></div>
    <div><input type="submit" name="config" value="注册" onclick="return checkForm()"></div>
</form>
<?php
    if(isset($_POST['config'])){
        /** 获取用户注册信息 */
        $uname=$_POST['uname'];
        $uping=md5($_POST['uping']);           //加密密码
        $usex=$_POST['usex'];
        $uemail=$_POST['uemail'];
        $utell=$_POST['utell'];
        /** 数据库连接与操作 */
        $dbServer="localhost";
        $dbUser="root";
        $dbPing="root";
        $dbName="phpbook";
        $conn=mysqli_connect($dbServer,$dbUser,$dbPing) or die("数据库服务器连接错误");
        /** 用户名重复检测函数 */
        function checkUser($uname){
            global $conn;
            $sqls="select u_name from u_info where u_name='{$uname}'";
            $rs=mysqli_query($conn,$sqls);
            if($rs && mysqli_num_rows($rs)>0)
                return false;
```

```
            else
                return true;
        }
        if($conn){
            mysqli_select_db($conn,$dbName);
            if(checkUser($uname)){
                $sqls="insert into u_info(u_name,u_ping,u_sex,u_email,u_tell)values
                ('{$uname}','{$uping}','{$usex}','{$uemail}','{$utell}')";
                $rs=mysqli_query($conn,$sqls);
                if($rs)
                    echo "<script>alert('用户注册成功');</script>";
                else
                    echo "<script>alert('用户注册失败');</script>";
            }else
                echo "<script>alert('该用户名已存在，请使用新的用户名');</script>";
        }
    }
?>
```

（5）运行结果。

程序运行界面、用户注册成功及失败的参考效果分别如图 13-34 至图 13-36 所示。

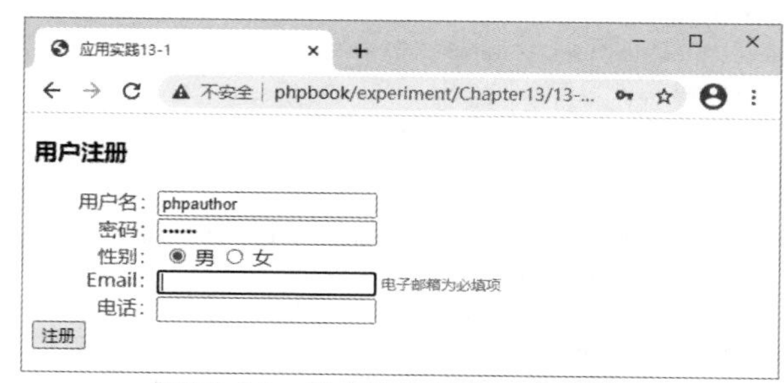

图13-34　用户注册程序UI参考效果

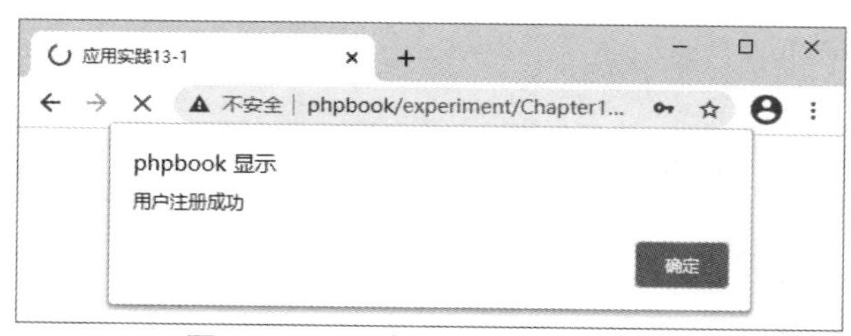

图13-35　用户注册成功参考效果

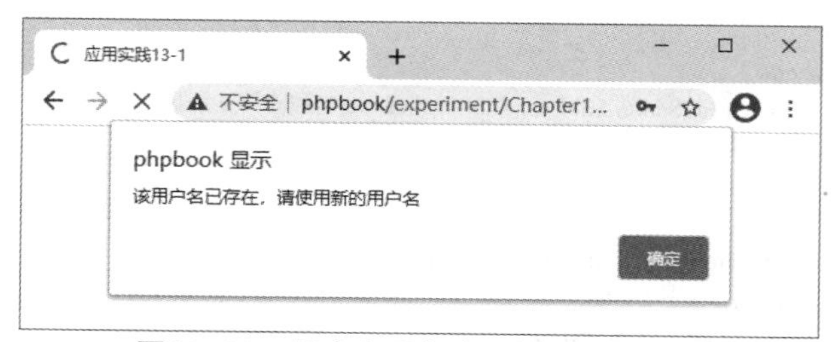

图13-36　用户名重复注册提示参考效果

学习笔记

13.5.2　用户管理模块

（1）需要说明。

某系统的用户管理模块，要求能分页显示应用实践1中全部注册用户的基本资料，包括用户名、性别、电子邮箱、电话4项内容。每页显示15条用户信息。可以重置用户密码，重置为123456（使用MD5加密），重置密码之前必须先进行确认操作。

（2）测试用例：重置phpauthor用户的密码。

（3）知识关联：PHP操作MySQL，数据的分页处理。

（4）参考程序。

【dbconnect.php】

```
<?php
    $dbServer="localhost";                  //MySQL服务器地址
    $dbUser="root";                         //MySQL用户名
    $dbPing="root";                         //登录密码
    $dbName="phpbook";                      //数据库名
    @$conn=mysqli_connect($dbServer,$dbUser,$dbPing)or die("数据库服务器无法连接");
    $db=mysqli_select_db($conn,$dbName);
?>
```

【13-2.php关键程序段】

```
<?php
    include("dbconnect.php");
    $c_page=isset($_GET['page'])?$_GET['page']:1;    //获取当前页码
    $sqls="select count(u_id)  as count from u_info";   //查出全部记录数量
    $res=mysqli_query($conn,$sqls);
    $arr=mysqli_fetch_array($res,MYSQLI_ASSOC);
    $allRows=$arr['count'];
    $pageCount=ceil($allRows/15);        //计算页数
    //显示当前页的数据内容
    $offset=($c_page-1)*15;              //计算当前页的记录起始点
    $sqls="select u_id,u_name,u_sex,u_email,u_tell from u_info limit ".$offset.",15";
    $res=mysqli_query($conn,$sqls);
    echo "<h3>用户管理</h3>第".$c_page."页<br>";
    echo "<table width=530 border=1 cellpadding=0 cellspacing=0>";
    echo "<tr>";
    echo "<th width='100' height='25'>用户名</th>";
    echo "<th width='60'>性别</th>";
    echo "<th width='150'>邮箱</th>";
    echo "<th width='120'>电话</th>";
    echo "<th width='100'>操作</th>";
    echo "</tr>";
    $rows=mysqli_num_rows($res);
    for($i=0;$i<$rows;$i++){
        $resList=mysqli_fetch_array($res,MYSQLI_ASSOC);
        echo "<tr>";
        echo "<td width='100' height='25'>".$resList['u_name']."</td>";   //用户名
        echo "<td width='60'>".$resList['u_sex']."</td>";                 //性别
        echo "<td width='150'>".$resList['u_email']."</td>";              //邮箱
        echo "<td width='120'>".$resList['u_tell']."</td>";               //电话
        //密码重置操作链接
        echo "<td width='100'>";
        echo "<a href='javascript:resetConfirm({$resList['u_id']},{$c_page})'>重置密码</a></td>";
        echo "</tr>";
```

学习笔记

```
    }
    echo "</table>";
    mysqli_close($conn); //关闭数据连接
    //输出页码列表
    for($i=1;$i<=$pageCount;$i++){
        echo "<a href=13-2.php?page={$i} class=page> ".$i." </a>";
    }
?>
```

【resetPin.php】

```
<?php
    include("dbconnect.php");
    $uid=$_GET['uid'];
    $page=$_GET['page'];
    $uPing=md5("123456");
    $sqls="update u_info set u_ping='{$uPing}' where u_id='{$uid}'";
    $rs=mysqli_query($conn,$sqls);
    if($rs)
        echo "<script>alert('密码重置成功');location.href='13-2.php?page={$page}';</script>";
    else
        echo "<script>alert('密码重置失败');location.href='13-2.php?page={$page}';</script>";
?>
```

（5）运行结果。

用户信息列表页、密码重置确认及重置成功的参考效果分别如图 13-37 至图 13-39 所示。

用户管理

第1页

用户名	性别	邮箱	电话	操作
phpauthor	男	sunkinglsx@163.com	13301012323	重置密码
snrbi74	女	snrbi74@tv.top	13438541015	重置密码
cvkbouca63	女	cvkbouca63@126.cn	13360722311	重置密码
cdrwlrys86	女	cdrwlrys86@qq.com	13740683646	重置密码
rowgwlny61	女	rowgwlny61@163.com	18880060391	重置密码
melyfmnqz16	男	melyfmnqz16@tv.top	18812474121	重置密码
jcaqyy55	女	jcaqyy55@163.com	18976530277	重置密码
haxhrsy14	男	haxhrsy14@tv.top	13414471784	重置密码
wixyloob63	女	wixyloob63@tv.top	13482126190	重置密码
baakxtbr64	女	baakxtbr64@qq.com	18991584416	重置密码
wzcdu94	男	wzcdu94@qq.com	13563409066	重置密码
nvrcxyg36	女	nvrcxyg36@126.cn	18913834197	重置密码
hysftchk35	男	hysftchk35@126.cn	13467748393	重置密码
cggjkt08	男	cggjkt08@163.com	18998911455	重置密码
ncoothu82	女	ncoothu82@163.com	13419913349	重置密码

1 2 3 4 5 6 7

图13-37　用户信息列表页参考效果

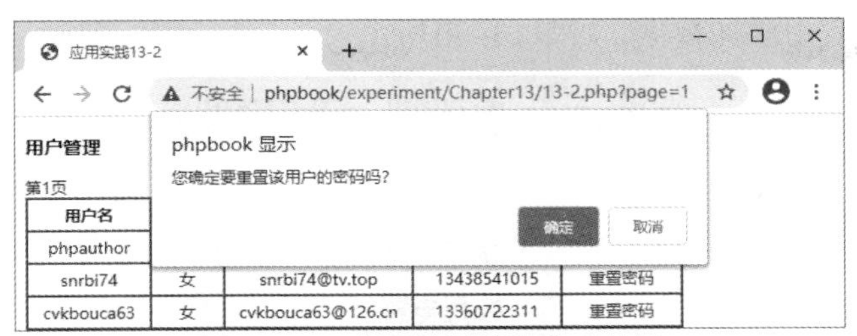

图13-38　密码重置确认参考效果

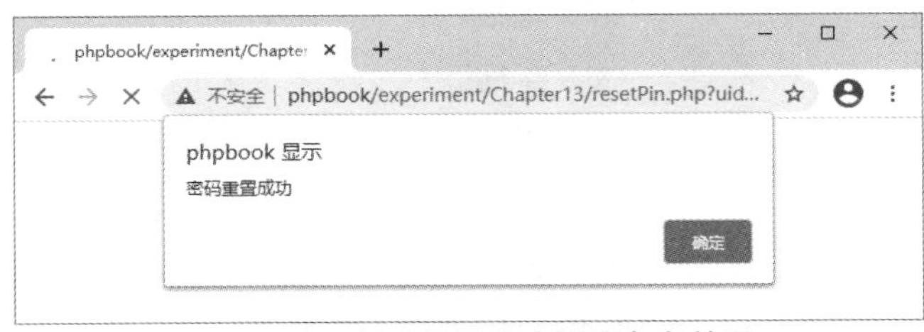

图13-39　密码重置成功提示参考效果

注　意

上述应用实践的范例程序，仅为关键部分代码。完整的程序请扫描二维码下载。

13.6 技能训练

1. 在phpMyAdmin中新建一个数据库，将其命名为shops，并在shops中参照以下结构新建两个数据表，分别将其命名为goods与classfy，见表13-2和表13-3。

表13-2　goods数据表结构

字段名	字段类型	长度	是否为主键	自动增加	备注
g_id	Int	1	是	✓	商品号
g_name	Varchar	30			商品名
g_class	Int	1			所属分类
g_price	Float	8			价格
g_provite	Varchar	50			供应商

表13-3　classfy数据表结构

字段名	字段类型	长度	是否为主键	自动增加	备注
c_id	Int	1	是	✓	分类号
c_name	Varchar	20			分类名
c_parent	Int	1			父类分类号

学习笔记

在classfy数据表中添加数据，如图13–40所示。

c_id ▲ 1 分类号	c_name 分类名	c_parent 父类分类号
1	电脑办公	0
2	手机通信	0
3	家用电器	0
6	电脑整机	1
7	电脑配件	1
8	手机品牌	2
9	手机外设	2
10	空调	3
11	冰箱	3

图13–40　classfy表数据截图

2. 请利用你学到的PHP与数据库相关知识实现以下要求。

（1）设计页面并编程，检索出技能训练1中的classfy数据表中所有c_parent字段值为0的记录，并以下拉列表的形式在页面中显示查询结果的分类名，参考效果如图13–41所示。

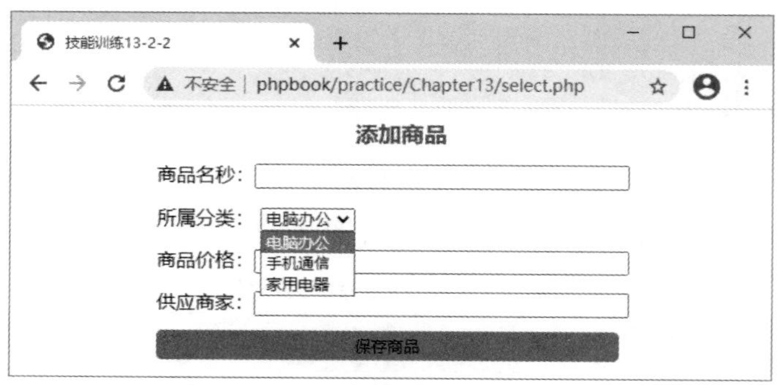

图13–41　一级商品分类列表效果

（2）在题（1）的基础上，按照表13–4所示的数据内容依次选择、填写页面的相应商品数据内容，提交后保存到技能训练1中的goods数据表中，并在页面中显示操作结果，参考效果如图13–42至图13–44所示。

表13–4　goods数据表中的数据

商品名	所属分类	价格	供应商
小米C1–钛白手机	手机通信	1138	小米京东旗舰店
格力GL–2103B	家用电器	2500	昌明电器专卖店
金士顿128G优盘	电脑办公	108.5	圳信电子数码专卖店

学习笔记

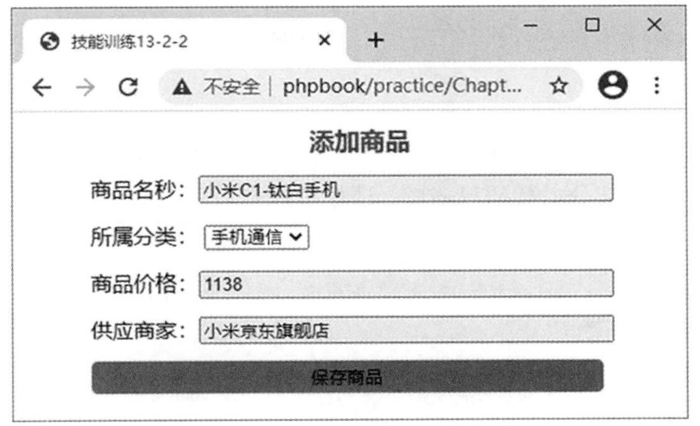

图13–42　商品信息填写页参考效果

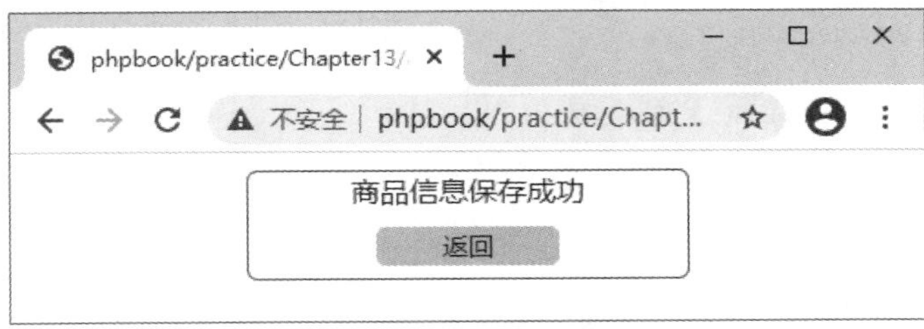

图13–43　商品信息保存成功提示参考效果

图13–44　商品信息保存失败提示参考效果

13.7　思考与练习

1. 执行完SQL查询语句以后，通过____________函数可以计算出记录集中的字段数。

2. 在MySQL中进行分页查询时，select * from words limit 10,10得到的记录集中包含了____________条记录。

3. 设数据库mydb中有一个表table_1，表中有6个字段，主键为ID，有10条记录，ID从0到9，以下代码的输出结果是__________________________。

```
<?php
$conn=mysql_connect('localhost','user','password');
$sqls='select id,name,age from table_1 where id<5';
$rs=mysql_query($sqls,$conn);
$rows=mysql_num_rows($rs);
$cols=mysql_num_fields($rs);
```

```
echo $rows;
echo $cols;
mysql_close($conn);
?>
```

4. 以下程序实现了简单的数据分页显示功能，每页显示10条记录，假定数据库服务器已成功连接，数据显示部分的代码已省略，请根据已有程序与提示将程序补充完整。

```
<?php
    //获取当前页码
    if(isset($_GET['page']))
        {$c_page=$_GET['page'];}
    else
        {$c_page=1;}
    $sqls="select * from d_table";  //查出全部记录
    $rs=mysql_query($sqls,$conn);
    $r_count=________________; //统计查询结果中的记录数
    $page_count=______________;  //计算总页数
    //以下显示当前页的内容并列出页码表
    $offset=___________;    //计算当前页的记录起始点
    $sqls="select * from d_table limit ".$offset.",10";
    $rs=mysql_query($sqls,$conn);    //查询当前页的记录
    ……//数据显示部分省略；
    ______________;    //释放记录集
    //显示页码列表
    for($i=1;_________;$i++){
        echo "<a href=pages.php?page=".$i."> ".$i." </a>";
    }
?>
```

5. 假定数据库服务器的地址是127.0.0.1，用户名为root，密码为root，下面的程序运行结束以后，最后输出的结果是________________________________。

```
<?php
    $conn=mysql_connect('127.0.0.1','rootS','root');
    if(!$conn)
        {die('数据库连接失败');}
    else
        {echo "数据库连接成功";}
?>
```